从零开始学

C程序设计

吴惠茹 等编著

机械工业出版社

China Machine Press

图书在版编目（CIP）数据

从零开始学C程序设计 / 吴惠茹等编著. —北京：机械工业出版社，2017.5

ISBN 978-7-111-56470-6

Ⅰ.①从… Ⅱ.①吴… Ⅲ.①C语言–程序设计 Ⅳ.①TP312.8

中国版本图书馆CIP数据核字（2017）第067123号

　　本书注重理论与实践结合，按C语言的功能由浅入深地介绍C语言程序设计的精髓。

　　本书分16章说明C语言相关的语法与应用。首先介绍C语言的基础语法，包括如何进行C语言程序的编写、编译、执行和除错，通过对变量、常数、数据类型的学习，进而了解各种运算符和流程控制指令；然后介绍C语言的高级语法，包括数组与字符串的声明与运用、指针的概念与实践，并示范如何自定义函数、参数传递与函数的高级应用，以及预处理器的使用；最后介绍结构数据类型的基本概念、各种文件类型的操作技巧与管理以及从C到C＋＋面向对象程序设计的过渡。

　　本书的编写以教学为背景，除了在各章正文的讲解中穿插大量范例程序的分析外，在各章的后面还辅以课后习题与解答，并提供丰富的上机程序测试题。本书适合作为大专院校计算机及相关专业的教材，也适合作为程序设计初学者的自学教材，同样可作为有一定编程经验、想快速掌握C语言的程序员的学习参考书。

从零开始学 C 程序设计

出版发行：机械工业出版社（北京市西城区百万庄大街22号　邮政编码：100037）

责任编辑：夏非彼　迟振春

印　　刷：中国电影出版社印刷厂	版　　次：2017年5月第1版第1次印刷
开　　本：188mm×260mm　1/16	印　　张：21.5
书　　号：ISBN 978-7-111-56470-6	定　　价：59.00元

前　言

在计算机发展的几十年间，众多程序设计语言不断被各个时期的"达人"创造出来，进而不断被淘汰、取代、修订、融合或改头换面。和近年流行的程序设计语言（如 Python、C#、Java、C++、PHP、JavaScript 等）相比，C 语言显得有点"古董"，因为 C 语言的发展历史最悠久——设计思想萌芽于 1970 年年初，主体完成于 1973 年。但 C 语言在 2015 年仍然高居全世界所有程序设计语言使用人数的榜首，到 2016 年才被 Java 超过而屈居第二。

C 语言之所以长久不衰，是因为程序代码简洁高效、编译方式简易、能处理底层的存储器、产生的机器代码简短精悍，而且不需要复杂的系统运行环境便能高效运行。C 语言的这些特质深受广大程序员喜爱，并被广泛应用于操作系统和编译器的开发。例如，UNIX 和 Linux 就是基于 C 语言开发出来的，其他众多系统级的工具和各种高级程序设计语言的编译器或解释器大多也是使用 C 语言开发的。所以，C 语言被称为程序员的第一程序设计语言一点都不为过。

现在学 C 语言过时吗？作为一门通用计算机程序设计语言，C 语言远没有到过时的时候，只要学习 C 语言时不禁锢于面向过程程序设计思维，从零开始迅速掌握其精髓，而后补充面向对象程序设计的新思想，之后在学习 C++、C#、Java 或 Python 语言时就能得心应手。如果从一开始就学习上述 4 种面向对象的通用程序设计语言，会感到头疼不已。在出版本书的同时，我们还出版了一本《从零开始学 C++程序设计》供大家参考。C++语言 ＝C 语言 + 面向对象的概念，在 C#、Java 甚至 Python 中均可看到 C++的影子。

本书以教学为背景，分 16 章说明 C 语言相关的语法，除了在正文的讲解中穿插大量范例程序的分析外，还在各章末尾辅以课后习题与解答，并提供了丰富的上机程序测试题。本书适合作为大专院校计算机及相关专业的教材，也适合作为程序设计初学者的自学教材，同样可作为有一定编程经验、想快速掌握 C 语言的程序员的学习参考书。

本书的范例程序有两类：一类是各章正文讲解使用的范例程序，另一类是各章后面"上机程序测验"提供的参考范例程序。读者可以从以下网址免费下载所有范例程序的源代码：

http://pan.baidu.com/s/1nvDbllZ（注意区分数字和字母大小写）

如果下载有问题，请发送电子邮件至 booksaga@126.com，邮件主题设置为"求从零开始学 C 程序代码"。

全书所有范例程序都可以在标准 C 语言编程环境中编译通过和顺利运行。本书选用免费的 Dev C++ 5.11 集成开发环境对书中所有范例程序进行编译、修改、调试和测试，确保可以准确无误地运行，读者可以放心参考、使用。另外，附录 A 包含"C 的标准函数库"，以便读者在学习的过程中速查常用的 C 语言标准函数的用法。附录 B 包含"C 编译程序的介绍与安装"，重点介绍 Dev C++集成开发环境的安装步骤和基本使用方法，读者可以在学习本书之前在自己的计算机上安装好 Dev C++集成开发环境。

本书主要由吴惠茹编著，卞诚君、王叶、周晓娟、刘雪连、吉媛媛、闫秀华；关静、孟宗斌、魏忠波、王翔、郭丹阳等人也参与了本书的编写与校对工作。虽然本书校稿过程力求无误，但是难免有疏漏之处，还望各位不吝赐教！

最后，祝大家学习顺利，迅速掌握 C 语言程序设计的精髓，进而成为使用 C 语言编程的高手，迈出成为合格程序员关键的一步。

编 者

2017 年 2 月

目　　录

第 1 章
◀ C语言的第一堂课 ▶

"程序设计语言"是人类用来和计算机沟通的语言，也是指挥计算机运行或运算的指令集合，可以将程序设计者的思考逻辑和语言转换成计算机能够理解的语言。C 语言称得上是一种历史悠久的高级程序设计语言，也往往是初学者最先接触的程序设计语言，它对近代的程序设计领域有着非凡的贡献。

1-1　C语言的起源

1972 年，贝尔实验室的 Dennis Ritchie 以 B 语言为基础，持续改善与发展，除了保留 BCLP 及 B 语言中的许多概念外，还加入了数据类型的概念和函数的功能，并且重新将它发表为 C 语言。在许多平台的主机上都有 C 语言的编译程序，例如 MS-DOS、Windows 系列操作系统、UNIX/Linux，甚至 Apple 公司的 Mac 系列系统等都有 C 语言的专用编译程序。许多程序设计人员使用 C 语言能够轻易地跨越不同平台来开发程序，因此让 C 语言广受科技界的欢迎。

由于各家厂商所开发和发布的 C 语言在编译程序时经常融入不同的特性与特殊的语法，因此给程序员在开发上增添了不少困扰。在 20 世纪 80 年代初（1980）， 美国国家标准局（American National Standard Institution）特别为 C 语言订制了一套完整的国际标准语法，称为 ANSI C，最终成为了 C 语言的业界标准。于是 1980 年后，与 C 语言程序开发相关的工具一般都支持符合 ANSI C 的语法，所以大家在学习 C 语言时，使用最纯粹且符合 ANSI C 规范的 C 语言语法，几乎可以在各个平台上通行无阻。

经过数十年的发展，市场上众多厂商开发了许多种 C 语言编译程序，其中包含 Borland 公司的 Turbo C/C++、Borland C++ 与 Borland C++ Builder 以及 Microsoft 公司的 Visual C++ 等。另外，还有免费版本的 C 语言编译程序，包含 MinGW、GCC、Dev C++ 等。

C 程序的特色

一般我们将程序设计语言分为高级语言与低级语言，但 C 语言经常被程序员称为中级语言，原因是 C 语言不但具有高级语言的亲和力（例如 C 语言的语法让人容易理解，可读性高，相当接近人类的习惯用语），而且在 C 语言的程序代码中允许开发者加入低级的汇编程序，使得 C 程序能够与硬件系统直接沟通。

在还没有正式编写 C 程序之前，大家先要了解 C 本身属于一种编译式语言，也就是使用编译程序（Compiler，或称为编译器）将源程序转换为机器可读取的可执行文件或目标程序，不过编译程序必须先把源程序读入主存储器（内存）才可以开始编译。

编译后的目标程序可直接对应成机器码，故可在计算机上直接执行，不需要每次执行时再重新编译，执行速度自然较快。每次修改源程序，必须重新经过编译程序编译，才能保持运行文件为最新版本。

> 解释式语言与编译式语言不同，前者是使用解释器（Interpreter）来对高级语言的源代码进行逐行解释，每次解释完一行程序语句才会解释下一行程序语句。解释的过程中如果发生错误，解释动作就会立刻停止。由于使用解释器解释的程序每次运行时都必须再解释一次，因此运行速度较慢，不过因为仅需存取源程序、不需要转换为其他类型的文件，所以占用的内存较少。例如，BASIC、Lisp、Prolog等语言都使用解释执行的方法。

C 语言可以直接处理底层内存，甚至用于实现位逻辑运算，因此所能实现的功能不仅仅限于开发常规的软件包，还可以开发硬件驱动程序、网络协议以及嵌入式系统等。特别值得一提的是以 C 语言开发出来的程序文件容量相对较小，并且不需要依赖虚拟机或运行时（runtime）环境就可以直接运行。与 Java、Visual Basic、Pascal 等程序设计语言相比，C 语言的执行效率相当高，运行时也相当稳定。例如，相当知名的开放源码操作系统——Linux 便是以 C 语言所编写而成的，一般对修改 Linux 源代码有兴趣的学者与工程师，肯定都要有 C 语言的基础才能够入门。C 的设计模式与语法深深影响了许多后来发展出来的程序设计语言，最显著的例子是 C++、Java、C# 等。

1-2　我的第一个C程序

其实学习程序设计语言和学游泳一样，下水直接体验才是最快的方法。从笔者多年从事程序设计语言的教学经验中得出这样的结论：在教初学者学习新的程序设计语言时，废话不要太多，让他们从无到有、实际编写和运行一个程序最为重要，许多编程高手都是程序写多了，对所使用的程序设计语言的领悟就越来越深。

早期，要学习 C 语言程序设计，首先必须找一种文本编辑器来进行程序的编辑，例如 Windows 系统下的"记事本"编辑器，或者 Linux 系统下的 vi 编辑器，接着选一种 C 语言的编译程序（如 Turbo C/C++、MinGW、GCC 等）编译，然后运行。不过现在不用这么麻烦了，只要找个可将程序的编辑、编译、运行与调试等功能集成于同一个操作环境下的"集成开发环境"（Integrated Development Environment，IDE）即可。

由于 C 语言的应用市场很大，市面上较为知名的 IDE 就有 Dev C++、Visual C++ Express 、C++ Builder、Visual C++和GCC 等。现在流行的几种 C/C++ 集成开发环境都有一些自定义的语法与特殊功能。对于初学者而言，只要从基本的内容着手，将重点放在语法、逻辑等方面就可以了。目前市面上几乎没有单纯的 C 语言编译程序，通常都是与 C++编译程序兼容，称为C/C++编译程序或编译器。注意，本书中所有的 C 程序文件都是以免费的 Dev C++集成开发环境来进行编译与运行的。

现在请各位读者按照附录 B 的说明，在你的计算机中安装好 Dev C++，然后开始运行 Dev C++ 集成开发环境，随后就会出现程序运行界面，如图 1-1 所示。

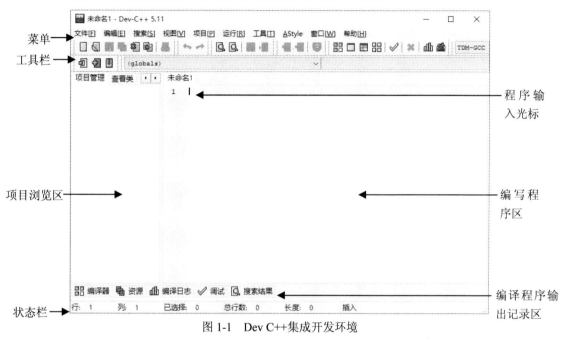

图 1-1　Dev C++集成开发环境

接下来带领大家使用 Dev C++ 来编写第一个程序 helloworld（文件名）。首先要打开的是单个文件的功能，也就是编写单个程序。请选择"文件"→"新建"→"源代码"以打开一个新的源代码文件，然后在 Dev C++的程序代码编辑区中输入第一个 C 语言练习程序代码：

```
#include <stdio.h>
#include <stdlib.h>

int main(void)
{
    int no;
    no=2;
    printf("There are %d pandas in Beijing.\n",no);
    /*输出北京有两只熊猫*/


    system("PAUSE");
    return 0;
}
```

1-2-1　程序代码编写规则

当我们开始在 Dev C++中输入程序代码时，C 语言的程序代码编写采用的是自由格式（free format），也就是只要不违背基本语法规则，就可以自由安排程序代码的位置，不过字母大小写是有区分的。请注意，Dev C++是一种可视化的窗口编辑环境，而且还会将程序代码中的字符串（红色）、指令（黑色）与注释（深蓝色）标示成不同颜色。

每一条语句以";"（分号）作为结尾与分隔，中间有空格符、Tab 键、换行，它们都算是空白（white space）。也就是说，我们可以将一条语句拆成几行，或将几条语句放在同一行。

这是因为编译程序会忽略程序代码中所有的空白（除了""""包括的内容，因为它属于字符串内容），只有当编译程序遇到";"（分号）时，才会判定该条语句结束。在同一条语句中，完整不可分割的单元称为标记符号（token），两个标记符号间必须以空格键、tab 键或回车键来分隔，如图 1-2 所示。

2. 程序写完后，单击"保存"按钮，并确定存盘路径、文件名helloword，以.c 作为扩展名

1. 请自行输入 C 程序代码

图 1-2　C 语言程序在 Dev C++集成开发环境中显示的样子

如果这个文件是新建的文件，而且尚未存盘，Dev C++ 会提醒你先将该文件存盘。在此我们将文件存为 helloworld.c，如图 1-3 所示。

图1-3　将新建的C语言程序文件存盘

1-2-2　编译程序代码

接下来开始执行编译过程，单击工具栏中的"编译"按钮 ▯▯ 或依次选择"运行"→"编译"菜单选项，接着在"编译日志"窗格中显示编译过程，代表文件正在编译，如果编译成功，就会显示出如图1-4所示的编译结果。

图1-4　编译成功后显示的编译日志

编译阶段包括"编译""链接"两个步骤，如果没有语法错误，编译程序就会把翻译结果存成目标文件（object file）。目标代码是一种二进制文件，此文件的扩展名为"*.obj"，这个目标文件经由链接程序（linker）链接到其他目标文件和函数库后，最后生成可执行文件。由于在Dev C++中默认使用完这个目标文件后会删除，因此一般看不到这类文件。

1-2-3　运行C程序

可执行文件的扩展文件名在Windows系统下是"*.exe"，当C语言的程序代码"摇身一变"成了可执行文件后，可以依次选择"运行"→"运行"菜单项或单击"运行"按钮□，出现如图 1-5 所示的运行结果，再按任意键回到 Dev C++的编辑环境。

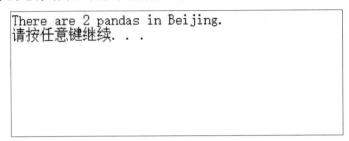

图 1-5　C 程序运行结果的范例

1-2-4　程序代码的调试

由于上面使用的是范例程序，因此不会出现错误信息。当我们编写一个新程序在第一次运行时发生错误而看到出错提示的信息时，千万不要大惊小怪。如果编写完一个较长的程序而完全没有错误，反而是件怪事。调试（Debug）是程序员编写程序时的日常工作，通常会出现的错误可以分为语法错误与逻辑错误两种。

所谓语法错误，是指程序员未按照 C 语言的语法与格式编写，从而造成编译程序解读时产生的错误。Dev C++ 编译时会自动定位错误，并在下方显示出错误的信息，以便程序员可以清楚地知道错误的位置或者错误的语法，只要加以改正，再重新编译即可。图 1-6 所示为字母小写误用大写的语法错误。

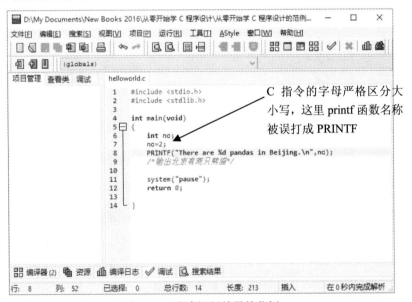

图 1-6　C 程序运行结果的范例

如果是逻辑上的错误，在编译时一般可以正常通过，但是在运行时无法得到预期的结果。对于这种错误类型，Dev C++没有办法直接告诉我们错误出现在哪里，因为我们所编写的程序代码完全符合 C 语言的规定，只是存在内在的逻辑错误，当然这种错误可能发生在任何环节中。面对这种逻辑错误，就要考验程序员的水平了，通常是将程序代码逐句确认，抽丝剥茧地找出问题所在。

1-3　helloworld程序快速解析

事实上，无论程序有多么复杂，C 程序的外观都和 helloworld 范例程序大同小异，只是程序代码不同而已。在尚未开始正式介绍 C 语言的语句之前，将针对 helloworld 范例程序中相关的语句或指令结构进行简单说明。注意在本书中的每行程序语句之前都有行号，这是为了便于书中的解说，大家不要把这些行号作为代码一起输入到自己的程序中，以免编译时发生错误。

【范例：helloworld.c】

```
01  #include <stdio.h>
02  #include <stdlib.h>
03
04  int main(void)
05  {
06      int no;
07      no=2;
08      printf(There are %d pandas in Beijing.\n",no);
09      /*输出北京有两只熊猫*/
10
11      system("PAUSE");
12      return 0;
13  }
```

1-3-1　头文件的作用

C 语言是一种符合模块化（module）设计精神的语言，模块化最大的好处是内建了许多标准函数（function）供程序设计者使用。这些函数被分门别类地放置在扩展名为 ".h" 的不同头文件（header files）中。我们只要通过 "#include" 语句就可以将相关的头文件 "包含"（include）到我们的程序中使用，而不用从头到尾自行编写，如范例 helloworod.c 中的 01 与 02 行：

```
#include <stdio.h>
#include <stdlib.h>
```

大家看 01 行中的#include <stdio.h>，就是把 C 语言中的标准输入输出函数的 stdio.h 文件 "包含" 进来。printf()函数就是定义在 stdio.h 文件中的，而 system()函数包含在 02 行中的 <stdlib.h>头文件中。表 1-1 列出了 C 语言中常见的内建头文件，以供大家参考。

表 1-1　C 语言中常见的内建头文件

头文件	说明
\<math.h>	包含数学运算函数
\<stdio.h>	包含标准输入输出函数
\<stdlib.h>	标准函数库，包含各类基本函数
\<string.h>	包含字符串处理函数
\<time.h>	包含时间、日期的处理函数

"#include" 语句的作用就是告诉编译程序要加入哪些 C 语言中所定义的头文件或指令。在 C 语言中，"#include" 语句是一种预处理指令，并不是 C 语言的正式语句，所以不需要在语句最后加上 ";" 作为结束标志。当使用 C 语言所提供的内建头文件时，还必须用 "\<>" 将其括住。如果大家使用的是自定义的头文件，就必须换成以 " " 符号来括住。

```
方式 1：#include <内建头文件的名称>
方式 2：#include "自定义头文件的名称"
```

方式 1 用来加载内建头文件，而方式 2 用来加载程序设计者自行编写的头文件。例如，在 A 文件中要引用 B 文件时，就可以在 A 文件中加入自定义的头文件#include "B.c"。

大家可能会好奇这两种加载方式的不同。事实上，两者之间的差异就在于头文件的搜索路径不同。如果采用方式 1 的加载方式，编辑器就会去寻找系统默认的函数库目录，方式 2 则会先在当前的工作目录下寻找，找不到才会寻找系统默认的函数库目录。

1-3-2　main()函数简介

首先大家要清楚一点，C 程序本身就是由各种函数所组成的。所谓函数（function），就是执行特定功能的程序语句的集合。我们可以自行建立函数，或者直接使用 C 语言中内建的标准函数库，例如 main()函数和 printf()函数都是 C 语言所提供的标准函数。

main()函数是 C 语言中一个相当特殊的函数，代表所有 C 程序的开始进入点，也是唯一且必须使用 main 作为函数名称的函数。C 程序开始运行时，不管是在程序代码中的任何位置，一定会先从 main()函数开始执行，编译程序都会找到它，然后开始编译程序内容，因此 main()函数又称为 C 语言的"主函数"。

一般来说，函数主体是以 "{ }"（一对大括号）定义的。在函数主体的程序段中，可以包含多行程序语句（statement），而每一条语句都要以 ";" 结尾。另外，程序段结束后必须以 "}"（右大括号）告知编译程序，而且在 "}" 后无须加上 ";" 作为结尾。以 main()函数来说，最简单的 C 程序可以如下定义：

```
int main( )
{
        ←─────── 没有任何语句
} /* 不用加上;号*/
```

C 语言函数前的类型声明用来表示函数执行完成后的返回值类型，例如 int main()表示返回值为整数类型。如果函数不返回值，就可以把数据类型设置为 "void"。括号中使用 void 时代表这个函数没有任何需要传入或传出函数体的参数，也可以直接以 "()"（空白括号）来表示。例如，可以声明成以下两种方式：

```
void main(void);
void main();
```

注意：在 Dev C++集成编程环境中，我们无法声明函数返回值为 void 类型，在 Dev C++中所有 main()函数都必须声明为 int 类型，否则编译时就会发生错误。以下两种方式都可以在 Dev C++中使用：

```
int main(void);
int main();
```

在此范例的 main 函数中，第 08 行调用了 printf()内建函数。printf()就是 C 语言的输出函数，会将括号中 """（引号）内的字符串输出到屏幕上，其中 "/n" 是转义字符的一种，具有换行的作用。在 printf()函数中也使用到了 "%d" 格式，表示以十进制整数格式输出变量 no 的值，后面会有更详细的说明，在此大家先有个概念即可。

第 12 行的 return 语句用来表示函数是否有返回值，在函数定义中我们可以使用 return 语句来返回对应函数的整数值，如果返回 0，就停止运行程序，并且将控制权还给操作系统。

1-3-3　system()函数的作用

system()函数是 C 语言的一种内建函数，其功能相当有趣。我们不妨把第 11 行 "system("PAUSE");" 语句拿掉，再重新编译与运行一次，会发现运行界面一闪即逝，根本来不及看清楚运行的结果，原因是当程序在 Windows 系统中正常运行结束后，Windows 会直接关掉 C/C++的运行窗口。

在程序设计中要解决这种现象有两种方法，一种是直接使用命令行操作界面（DOS 界面）来查看运行结果，另一种是加上第 11 行的 "system("PAUSE");"。因为 system()函数会调用系统参数 PAUSE，并让程序运行到这条语句时先暂停，同时在运行窗口中显示 "请按任意键继续..." 等文字，当我们按任意键后程序才会继续往下执行。

1-3-4　注释与缩排

在此特别要补充一点，虽然 helloworld 范例只是一个用于简单测试 Dev C++功能的很小的程序，但是如果从小程序就能养成使用 "注释" 的好习惯，在日后编写程序时就能提供足够的注释说明，从而提高程序的可读性。

注释（comment）既可以帮助其他程序员了解程序的内容，也能够在日后进行程序维护与修订时省下不少时间成本。在 C 语言中，只要是在"/*"与"*/"之间的文字都属于注释内容。另外，注释也能够跨行使用。例如：

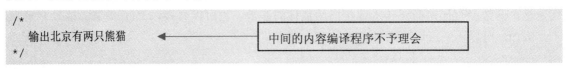

```
/*
    输出北京有两只熊猫
*/
```

中间的内容编译程序不予理会

    C 程序是由一个或数个程序区块（block）所构成的。程序区块由"{}"组成，包含多行或单行语句，就像我们一般编写文章时的段落。除了加上注释外，编写程序和写作文一样，最后都希望能够段落分明，适当的缩排就可以达到这样的效果，区分出程序区块的层次。例如，主程序中包含子区段，或者子区段中又包含其他子区段时，就可以通过缩排来区分出程序代码的层次，让程序可读性更强。

1-4　课后练习

【问答与实践题】

1. 美国国家标准协会为何要制定一个标准化的 C 语言？
2. 在程序中使用函数的优点是什么？
3. 什么是"集成开发环境"？
4. 试说明 main()函数的作用。
5. 试说明如何在程序代码中使用标准链接库所提供的功能。
6. 程序的错误按照性质可分为哪两种？
7. 请问头文件的包含方式有哪两种？
8. 请问下面的语句是否为一条合法的语句？

```
printf("我的第一个程序!!\n"); system("pause")
; return 0;
```

9. 在 Dev C++中，可否声明为 void main()？
10. 试说明 C 语言有哪些特色与优点。
11. /**/除了用来作为注释之外，有些程序员还喜欢用它将不需要的程序片段暂时隐藏起来，而不被编译程序编译，但是下面这个程序出现了问题，请问错误在哪里？

```
01#include <stdio.h>
02int main(void){
03/*
04    /*显示Hello! World!*/
05    printf("Hello World!");
06*/
07    printf("哈喽!你好");
08    return 0;
09}
```

12. 为什么 C 语言也称为中级语言？

13. 如果大家要使用自定义的头文件，语法是什么？

【习题解答】

1. 解答：随着 C 语言在不同操作平台上的发展，逐渐有不同的版本出现，它们的语法相近，却因为操作平台不同而不兼容。于是在 1983 年，美国国家标准协会开始着手制定一个标准化的 C 语言，以使同一份 C 语言程序代码能在不同平台上使用，而不需要重新改写。

2. 解答：

① 简化程序内容：从主程序中通过函数调用的方式执行各个函数中所定义的程序功能，简化了原本应编写在主程序中的程序内容。

②程序代码再用：不必每次重新编写相同的程序代码来执行同样的程序功能。

3. 解答：所谓集成开发环境，就是把有关程序的编辑（Edit）、编译（Compile）、执行/运行（Execute/Run）与调试（Debug）等功能集成在同一个操作环境下，从而简化程序开发的步骤，让程序员只需通过单一集成的环境就可以完成轻松编写、调试和运行程序的工作。

4. 解答：main()是一个相当特殊的函数，代表所有 C 程序的进入点，也是唯一且必须使用 main 作为函数名称的函数。也就是说，当程序开始运行时，一定会先运行 main()函数，不管它在程序中的什么位置，编译程序都会找到它开始编译程序的内容，因此 main()又称为"主函数"。

5. 解答：在程序代码中使用标准链接库的功能，必须要先以预处理器指令#include 来包含对应的头文件。

6. 解答：

（1）语法错误

这是在程序开发过程中最常发生的错误。语法错误在程序编译时会发生编译时错误，编译程序会将错误显示在"输出窗口"中，程序开发人员可以根据窗口上的提示迅速找出错误位置并加以修正。

（2）逻辑错误

逻辑错误是程序中最难发现的"漏洞"（bug）。这类错误在编译时并不会出现任何错误信息，必须要靠程序开发人员自行判断，与程序开发人员的专业素养、经验和细心程度有着密不可分的关系。例如，薪资的计算公式、财务报表等都必须在开发过程中以数据进行实际测试，以确保日后程序运行结果的准确性和精确性。

7. 解答：根据头文件所在路径的不同有两种包含方式：一种是以一组"＜＞"符号来包含编译环境默认路径下的头文件，另一种是以一组""""来包含与源代码相同路径下的头文件。

8. 解答：是，因为 C 语言的程序编写采用自由格式。

9. 解答：虽然语法逻辑正确，但是有些系统不能通过编译，例如本书所使用的 Dev C++就不行，所有 main()函数都必须声明为 int 类型。

10. 解答：程序可移植性高，具有跨平台能力，体积小且运行效率高，具有底层处理能力、可作为学习其他语言的基础。此外，C 语言本身可以直接处理底层的内存，甚至可以处理位逻辑运算。所能实现的功能不仅用于开发软件包，硬件驱动程序、网络协议以及嵌入式系统等也都可以用 C 语言实现。

11. 解答：/**/注释不可以使用嵌套的方式，所以在第 4 行的/*作用前，第 3 行的/*必须先对应一个*/。

12. 解答：C 语言不但具有高级语言的亲和力（例如 C 的语法让人容易理解、可读性强，相当接近人类的习惯用语），而且在 C 语言的程序代码中允许开发者加入低级的汇编程序，使得 C 程序更易于与硬件系统直接沟通，因而被称为中级语言。

13. 解答：#include "自定义头文件的名称"。

第 2 章
◀ 变量与常数 ▶

计算机主要的功能就是强大的运算能力，基本过程就是将从外界得到的数据输入计算机，并通过程序来进行运算，最后输出所要的结果。当程序运行时，外界的数据进入计算机后要有个栖身之处，这时系统会分配一个内存空间给这份数据。在程序代码中，我们所定义的变量（Variable）与常数（Constant）扮演的就是这样的角色。

变量与常数主要用来存储程序中的数据，以便程序进行各种运算。无论是变量还是常数，必须事先声明一个对应的数据类型（data type），并在内存中保留一块区域供其使用。两者之间最大的差别在于变量的值是可以改变的，而常数的值是固定不变的，如图 2-1 所示。

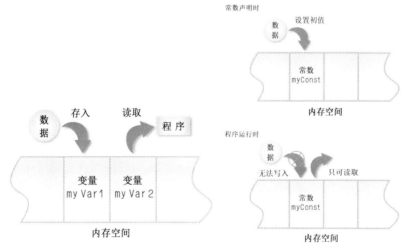

图 2-1　变量和常数在内存中存储的示意图

我们可以把计算机的主存储器（内存）想象成一个豪华旅馆、外部数据当成来住房的旅客，旅馆的房间有不同的等级，就像属于不同的数据类型，最贵的等级价格自然高，不过房间也较大，就像有些数据类型所占内存空间的字节数较多。

定义变量就像向 C 系统要房间，这个房间的房号就是内存中的地址，房间的等级就是数据的类型，当然这个房间的客人是可以变动的。而常数就像是被长期租用的房间，不可以再变更住客，除非这个程序运行结束。

2-1 认识变量

变量是程序设计语言中不可或缺的部分，代表可变更数据的内存空间。变量声明的作用在于告知计算机所声明的变量需要多少内存空间。C 语言属于一种强类型（strongly typed）语言，当声明变量时，必须以数据类型作为声明变量的依据，同时要设好变量的名称。基本上，变量具备 4 个形成要素，如图 2-2 所示。

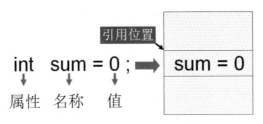

图 2-2　变量的 4 个要素

（1）名称：变量在程序中的名字，必须符合 C 语言中标识符的命名规则及可读性。

（2）值：程序中变量所赋予的值。

（3）引用位置：变量在内存中存储的位置。

（4）属性：变量在程序中的数据类型，如整数、浮点数或字符。

2-1-1　变量命名原则

在 C 语言的程序代码中所看到的代号，通常不是标识符（IDentifier）就是关键字（Keyword）。在真实世界中，每个人、事及物都有一个名称，程序设计也不例外，标识符包括变量、常数、函数、结构、联合、枚举等代号（由英文大小写字母、数字或下划线组合而成），例如 helloworld 范例中的 no、printf、system 都属于标识符。至于关键字，就是具有语法功能的保留字，所有程序员自行定义的标识符都不能与关键字相同，在 ANSI C 中共定义了表 2-1 所示的 32 个关键字，在 Dev C++中会以粗黑体字来显示这些关键字，如 helloworld 程序中的 int、void、return 就是关键字。

表 2-1　ANSI C 中定义的 32 个关键字

关键字	关键字	关键字	关键字
auto	break	case	char
const	continue	default	do
double	else	enum	extern
float	for	goto	if
int	long	register	return
short	signed	sizeof	static
struct	switch	typedef	union
unsigned	void	volatile	while

基本上，变量名称都是由程序设计者自行定义的，为了考虑程序的可读性，大家最好以符合变量赋予的功能与意义来给变量命名，例如总和取名为"sum"、薪资取名为"salary"等，程序规模越大越重要。变量属于标识符的一种，必须遵守以下基本规则：

（1）变量名称开头可以是英文字母或下划线，但不可以是数字，名称中间也不可以有空白。

（2）变量名称中间可以有下划线，例如 int_age，但是不可以使用-、*、$、@、…等符号。

（3）变量名称长度不可超过 127 个字符，另外根据 ANSI C 标准（C99 标准），只有前面 63 个字符被视为变量的有效名称，后面的 64 个字符会被舍弃。

（4）变量名称必须区分字母的大小写，例如 Tom 与 TOM 会视为两个不同的变量。

（5）不可使用关键字（Keyword）或与内建函数名称相同的名字。

为了程序可读性，建议对于一般变量进行声明时以小写字母开头，例如 name、address 等，而常数最好以大写字母开头并配合"_"（下划线），如 PI、MAX_SIZE。

至于函数名称，习惯以小写字母开头，如果由多个英文单词组成，那么其他英文单词的开头字母为大写，如 copyWord、calSalary 等。下面对合法与不合法的变量名称进行比较。

合法变量名称	不合法变量名称
abc	@abc,5abc
apple, Apple	dollar$, *salary
structure	struct

2-1-2　变量的声明

由于变量的值可以改变，因此不同数据类型的变量所使用的内存空间大小以及可表示的数据范围有所不同。在程序设计语言中，有关变量存储地址的方法有两种，如表 2-2 所示。

表 2-2　变量存储地址的方法

内存分配法	特色与说明
动态内存分配法	变量内存分配的过程是在程序运行时（Running Time）进行的，如 BASIC、Lisp 语言等。运行时才确定变量的类型称为"动态检查"（Dynamic Checking），变量的类型与名称可在运行时随时改变
静态内存分配法	变量内存分配的过程是在程序编译时（Compiling Time）进行的，如 C/C++、Pascal 语言等。在编译时确定变量的类型称为"静态检查"（Static Checking），变量的类型与名称在编译时才确定

由于 C 语言属于"静态内存分配"（Static Storage Allocation，或称为静态存储器分配）的程序设计语言，必须在编译时分配内存空间给变量，因此 C 语言的变量必须先声明再使用。正确的变量声明由数据类型加上变量名称与分号构成，语法如下：

```
数据类型 变量名称 1，变量名称 2，…… ，变量名称 n;
变量名称 1=初始值 1;
变量名称 2=初始值 2;
……
```

我们知道在 C 语言中共有整数（int）、浮点数（float）、双精度浮点数（double）以及字符（char）四种基本数据类型可用于变量声明，关于这些数据类型的细节会在后面的章节中进行介绍。

例如，声明整数类型的变量 var1 如下：

```
int var1;
var1=100;
```

以上这两行程序代码类似于我们到餐厅订位，先预定 var1 的位置（具有 4 个字节的整数空间），但是不确定这个地址上的数值是什么，只是先把它保留下来。如果变量设置初始值为100，就会将 100 放入这 4 个字节的整数空间。

【范例：CH02_01.c】

在声明变量的同时可自行决定是否要赋予初值。如果尚未设置初值就直接输出变量的内容，通常会打印出无法预料的数字。

```
01  #include <stdio.h>
02  #include <stdlib.h>
03
04  int main()
05  {
06    int a;
07    int b=12;
08    float _c=117.12345;
09
10    printf("变量a=%d\n",a); /*打印出未初始化的 a 值*/
11    printf("变量b=%d\n",b); /*打印出已初始化的 b 值*/
12    printf("变量_c=%f\n",_c);/*打印出已初始化的_c 值*/
13
14    system("pause");
15    return 0;
16  }
```

运行结果如图 2-3 所示。

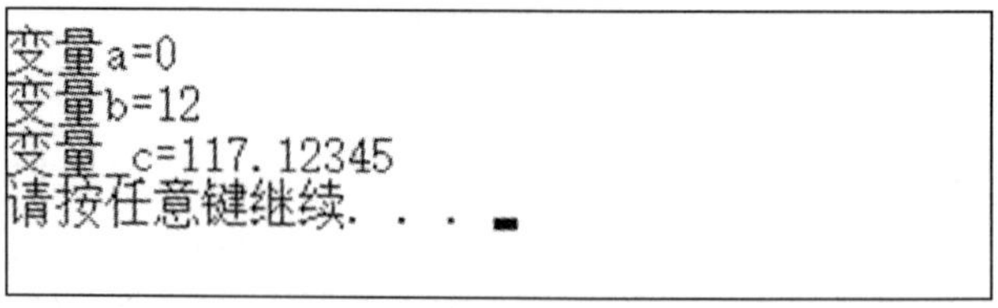

```
变量a=0
变量b=12
变量_c=117.12345
请按任意键继续. . . ▄
```

图 2-3　范例程序 CH02_01.c 的运行结果

【程序说明】

第 6~8 行：声明了 3 个变量，其中 a 变量并未设置初始值。

第 10 行：输出 a 时会在屏幕上发现 a=0。若显示的不是 0 也很正常，因为系统并未清除原先地址上的内容或值，出现的是先前存放的数值。因此，建议在声明变量后最好能同时设置初始值。

以上示范是声明变量后再设置值，当然也可以在声明时同步设置初值，语法如下：

```
数据类型 变量名称1=初始值1;
数据类型 变量名称2=初始值2;
数据类型 变量名称3=初始值3;
…
```

例如，声明两个整数变量num1、num2，其中int为C语言中整数声明的关键字：

```
int num1=30;
int num2=77;
```

这时C语言会分别自动分配4个字节的内存空间给变量num1和num2，它们的存储值分别为30和77。当程序运行过程中需要存取这块内存时，就可以直接使用变量名称num1与num2进行存取，如图2-4所示。

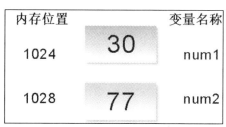

图2-4　C语言自动分配内存和设置初值的示意图

如果要一次声明多个相同数据类型的变量，可以使用"，"隔开变量名称。为了养成良好的编写程序习惯，变量声明部分最好放在程序代码的开头，也就是紧接在"{"符号后声明（如main函数或其他函数）。例如：

```
int a,b,c;
int total =5000; /* int 为声明整数的关键字 */
float x,y,z;
int month, year=2003, day=10;
```

2-2　变量的作用域

变量除了有可变动的特性，在程序中不同的位置声明也会有不同的生命周期。我们知道语句（statement，或称为指令）是C语言最基本的执行单位，每一行语句都必须加上"；"作为结束。在C程序中，可以使用"{ }"将多个语句包围起来，形式如下：

```
{
  程序语句;
  程序语句;
  程序语句;
}
```

以上程序代码以大括号"包围"的多行语句称为程序区块（statement block，或称为语句区块）。变量作用域（或称变量的有效范围）是根据变量所在的位置决定的，也就是用来判断在程序中有哪些程序区块中的语句（Statement）可以合法使用这个变量。在 C 语言中，变量的作用域通常可分为三个层次：全局变量（Global Variable）、局部变量（Local Variable）与区块变量（Block Variable）。

2-2-1　全局变量

全局变量是指在主函数 main()外声明的变量，在整个程序中任何位置的语句都可以合法使用这种变量。简单来说，声明在程序区块与函数外，且在声明语句以下的所有函数和程序区块都可以使用全局变量。通常全局变量用来定义一些不会经常改变的数值，不过初学者不应该为了方便而将所有变量都设置为全局变量，否则将来会发生变量名称管理上的问题，全局变量的生命周期始于程序开始之时，终于程序运行结束之后。

```
float pi=3.14; /* pi 是全局变量 */

int main()
{
…
  …
}
```

2-2-2　局部变量

局部变量是指在函数内声明的变量，或者声明在参数行中的变量，作用域只在声明的函数区块中，其他函数不可以使用这种变量。局部变量的生命周期开始于函数被调用之后，终止于该函数运行完毕之时。

```
void circle()
{
 float pi=3.14; /* pi 是 circle()函数中的局部变量 */
}
int main()
{
…
  …
}
```

2-2-3　区块变量

区块变量是指在某个程序区块中声明的变量，也是局部变量的一种，不过作用域更小。在某些程序代码区块中声明的变量有效范围仅在此区块中，此程序区块以外的程序代码都不能使用这个变量。

```
{
    /*在此区块中声明一个变量 sum, 有效范围仅在此"程序区块"内*/
    int sum ;
    ...
}
```

【范例：CH02_02.c】

在这个范例程序中，我们在不同的位置声明 salary 变量，这个变量的生命周期有不同的意义，尤其当区块变量与全局变量同名时，以区块变量优先，大家可以仔细观察与比较。不过全局变量与区块变量同名很容易引起混淆，影响程序的可读性，大家在编写程序时最好避免这种情况。

```
01  #include<stdio.h>
02  #include<stdlib.h>
03
04  int salary=17500;/* 声明 salary 为全局变量 */
05
06  int main()
07  {
08
09    printf("salary=%d\n",salary);
10    {
11     int salary=22000;/* 在此声明 salary 为区块变量 */
12     printf("salary=%d\n",salary);
13    }
14    printf("salary=%d\n",salary);
15
16    system("pause");
17    return 0;
18  }
```

运行结果如图 2-5 所示。

```
salary=17500
salary=22000
salary=17500
请按任意键继续. . .
```

图 2-5　范例程序 CH02_02.c 的运行结果

【程序说明】

第 4 行：声明 salary 为全局变量，在整个程序中任何位置的语句都可以合法使用该变量。

第 9 行：输出全局变量 salary 的值。

第 11 行：声明 salary 为区块变量。

第 12 行：输出区块变量 salary 的值。

第 14 行：因为离开了程序区块，所以又将输出全局变量 salary 的值。

2-3　常数

前面谈的变量可以在程序运行过程中改变其值，常数在程序运行时会固定不变。例如，10、-568、0、5000 等是整数常数，3.1416、0.001、82.51 等是浮点数常数。如果是字符常数，就必须以单引号 " ' " 括住字符（如'a' 'c'）；如果数据类型为字符串，就必须以双引号 " " " 括住字符串，例如 "程序设计" "Happy Birthday"等。

2-3-1　常数命名规则

常数在程序中的应用也和变量一样，可以用一个标识符来表示，唯一的不同之处在于这个标识符所代表的数据值在此程序运行时是绝对无法改变的。例如，一个计算圆面积的程序，其中的 PI 值就可以使用常数标识符来表示。

通常有两种定义方式，标识符的命名规则与变量相同，习惯上会以大写英文字母来定义名称。这样不但可以增加程序的可读性，而且对程序的调试与维护有帮助。

● 方式 1：#define 常数名称 常数值

使用宏指令#define 来声明。所谓宏（Macro），又称为"替换指令"，主要功能是以简单的名称取代某些特定常数、字符串或函数，善用宏可以节省不少程序开发的时间。由于#define 为一种宏指令，并不是赋值语句，因此不用加上 "="与 ";"。例如，定义常数的方式如下：

```
#define PI 3.14159
```

当使用#define 定义常数时，程序会在编译前先调用宏处理程序（Macro Processor），用宏的内容来取代所定义的标识符，然后进行编译的操作。简单来说，就是将程序中所有 PI 出现的部分都替换成 3.14159，这就是使用宏指令的特点。

【范例：CH02_03.c】

下面的范例程序说明如何以#define 形式声明常数。与一般的指令不同，无须声明标识符的数据类型和使用 "="赋值符号，通常是将其加在程序最前端的预处理指令区。

```
01  #include<stdio.h>
02  #include<stdlib.h>
03
04  #define PI 3.14159  /*声明 PI 为 3.14159*/
05
06  int main()
07  {
08
```

```
09      float radius =5.0,Area; /*声明与设置圆半径 */
10
11      Area=radius*radius*PI;      /* 计算圆面积 */
12
13      printf("圆的半径为=%f ,面积为=%f \n",radius,Area);
14
15      system("pause");
16      return 0;
17  }
```

运行结果如图 2-6 所示。

```
圆的半径为=5.000000 ,面积为=78.539749
请按任意键继续. . . ▂
```

图 2-6　范例程序 CH02_03.c 的运行结果

【程序说明】

第 4 行：使用#define 声明 PI 为 3.14159，声明后程序中所有出现 PI 的部分都代表常数值 3.14159，指令结束时也不用加分号。

第 11 行：计算圆面积的公式。

- 方式 2：const 数据类型 常数名称=常数值；

使用 const 保留修饰词来声明与设置常数标识符名称之后的数值，其实还是将所声明的变量进行限制，即在运行中都无法改变其数值。如果声明时并未设置初值，之后也就不能设置数值了。使用 const 保留字定义常数的方式如下：

```
const float  PI=3.14159;
```

【范例：CH02_04.c】

在下面的范例程序中，我们要特别说明，在使用#define 来定义常数时，其生命周期一直到这个程序运行结束，或使用到取消定义（undefined）为止。而 const 所定义的常数还有其生命范围的问题，例如在 main 函数中声明了一个 const 类型的常数 salary，但如果在函数程序区块中也声明了一个 const 类型的常数 salary，就可以改变其值。请大家注意，如果第 10 行中把 const int 拿掉，只有 salary=17500，即要修改由 const 声明后的变量值，那么在编译时就会出现报错的信息。

```
01  #include<stdio.h>
02  #include<stdlib.h>
03
04  int main()
05  {
06    const int salary=25000;/* 声明 salary 为常数 */
07
```

```
08   printf("salary=%d\n",salary);
09   {
10     const int salary=17500;/* 在此程序区块中声明 salary 为常数 */
11     printf("salary=%d\n",salary);
12   }
13
14   printf("salary=%d\n",salary);
15
16   system("pause");
17   return 0;
18 }
```

运行结果如图 2-7 所示。

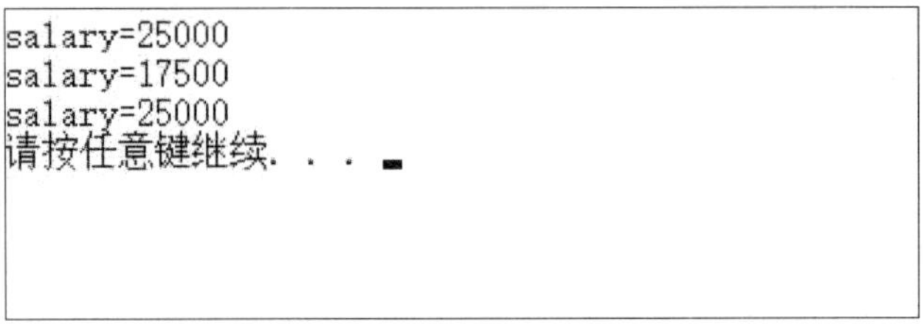

```
salary=25000
salary=17500
salary=25000
请按任意键继续. . .
```

图 2-7　范例程序 CH02_04.c 的运行结果

【程序说明】

第 6 行：声明 salary 为常数。

第 10 行：在此程序区块中声明 salary 为常数。

第 11、14 行：这两行输出的 salary 值并不相同，一个为局部常数，一个为全局常数。

2-4　课后练习

【问答与实践题】

1. 什么是变量，什么是常数？

2. 请问程序设计习惯与变量或常数的存储长度有何关系？

3. 试简述变量命名必须遵守哪些规则。

4. 变量具备哪 4 个形成要素？

5. 变量存储地址的方法有哪两种？

6. 试说明区块变量的意义及特性。

7. 当使用#define 来定义常数时，程序会在编译前先进行哪些操作？

8. C 语言的字符常数与字符串必须如何表示？

9. 简介动态内存分配法。

10. 什么是关键字？

【习题解答】

1. 解答：变量代表计算机中的一个内存存储位置，供用户设置数据并存储数据，其数值可变更，因此被称为"变量"。常数是在声明要使用内存位置的同时就已经给予固定的数据类型和数值，在程序运行中其数值不能做任何变动。

2. 解答：一个好的程序设计习惯要学会充分考虑程序代码中变量或常数的存储长度。当使用较多字节存储时，优点是有更高的有效位数，缺点是会影响程序执行的性能。

3. 解答：

（1）变量名称必须由"英文字母""数字"或"_"（下划线）组成，开头字符可以是英文字母或下划线，但不可以是数字。

（2）变量名称中间可以有下划线，但是不可以使用-、*、$、@、…等符号。

（3）变量名称区分大小写字母，例如 Ave 与 AVE 会视为两个不同的变量。

（4）不可使用保留字或与函数名称相同的名字。

4. 解答：

（1）名称：变量在程序中的名字，必须符合标识符的命名规则及可读性。

（2）值：程序中变量所赋予的值。

（3）引用位置：变量在内存中存储的位置。

（4）属性：变量在程序中的数据类型，如整数、浮点数或字符。

5. 解答：

内存分配法	特色与说明
动态内存分配法	变量内存分配的过程是在程序运行时（Running Time）进行的，如 BASIC、Lisp 语言等。运行时才确定变量的类型称为"动态检查"（Dynamic Checking），变量的类型与名称可在运行时随时改变
静态内存分配法	变量内存分配的过程是在程序编译时（Compiling Time）进行的，如 C/C++、Pascal 语言等。在编译时确定变量的类型称为"静态检查"（Static Checking），变量的类型与名称在编译时才确定

6. 解答：区块变量是指声明在某个程序区块中的变量，也是局部变量的一种。在程序代码区块中所声明的变量，有效范围仅在此程序代码区块中，此程序代码区块以外的程序代码都不能引用该变量。

7. 解答：当使用#define 来定义常数时，程序会在编译前先调用宏处理程序，用宏的内容来替换宏所定义的标识符，然后才进行编译的操作。

8. 如果是字符常数，就必须用单引号"' '"括住字符，例如 'a' 'c'。如果数据类型为字符串，就必须用双引号"" ""括住字符串，例如 "程序设计" "Happy Birthday"等。

9. 解答：变量内存分配的过程是在程序运行时进行的，如 BASIC、Visual Basic、Lisp 语言等。运行时才确定变量的类型称为"动态检查"，变量的类型与名称可在运行时随时改变。

10. 解答：关键字是具有语法功能的保留字,程序员自行定义的标识符不能与关键字相同。

第 3 章
◀ C语言的基本数据类型 ▶

C 语言属于一种强类型语言，在声明变量时必须指定数据类型。C 语言的基本数据类型有整数、浮点数和字符 3 种。数据类型在程序设计语言的定义中包含两个必备的层次，即规范性（specification）和实现性（implementation）。规范性包括数据属性，代表数值与该属性可能进行的各种运算。实现性包括数据的内存描述、数据类型的运算以及数据对象的存储器描述。

3-1　认识基本数据类型

对于程序设计语言来说，不有基本数据类型的集合，还允许程序员定义更具有可读性的派生数据类型。由于数据类型各不相同，在存储时所需要的容量也不一样，因此必须分配不同大小的内存空间存储。下面分别介绍 C 语言中的整数、浮点数、字符 3 种基本数据类型以及转义字符。

3-1-1　整数

C 语言的整数（int）和数学上的意义相同，存储方式会保留 4 个字节（32 位，即 32 比特）的空间，例如-1、-2、-100、0、1、2、1005 等。在声明变量或常数数据类型时，可以同时设置初值，也可以不设置初值。在设置初值时，这个初值可以是十进制数、八进制数或十六进制数。

在 C 语言中，表示八进制数时必须在数值前加上数字 0（例如 073，也就是表示成十进制数的 59）。在数值前加上"0x"或"0X"是 C 语言中十六进制数的表示法。例如，将 no 变量设置为整数 80 可以采用下列 3 种不同进制的方式表示：

```
int no=80;        /* 十进制表示法 */
int no=0120;      /* 八进制表示法 */
int no=0x50;      /* 十六进制表示法 */
```

此外，C 语言的整数类型还可按照 short、long、signed 和 unsigned 修饰词来进行不同程度的定义。一个好的程序员首先应该学习控制程序运行时所占有的内存容量，原则就是"当省则省"，例如有些变量的数据值很小，声明为 int 类型要花费 4 个字节，但是加上 short 修饰词就会缩小到 2 个字节，能够节省内存，不要小看节省的 2 个字节，对于一个大型程序而言，能够积少成多。

```
short int no=58;
```

long 修饰词的作用正好相反，表示长整数。我们知道不同的数据类型所占内存空间的大小是不同的，往往也会因为计算机硬件与编译程序的位数不同而有所差异。在 16 位的系统下（如 DOS、Turbo C），int 的长度为 2 个字节，不过当一个整数声明为 long int 时，它的数据长度为 4 个字节，为之前的 2 倍。

如果读者所选的编译程序为 32 位（如 Dev C++、Visual C++等），int 数据类型会占用 4 个字节，而 long int 数据类型也是 4 个字节。简单来说，在目前的 Dev C++系统下，声明 int 或 long int 所占据内存空间的大小是相同的。类型所占内存空间的字节数越大，代表可表示的数值范围越大。表 3-1 所示为 C 语言中各种整数类型的声明、数据长度以及数值范围。

表 3-1 C 语言中各种整数类型的声明、数据长度以及数值范围

数据类型声明	数据长度（字节）	最小值	最大值
short int	2	-32768	32767
signed short int	2	-32768	32767
unsigned short int	2	0	65535
int	4	-2147483648	2147483647
signed int	4	-2147483648	2147483647
unsigned int	4	0	4294967295
long int	4	-2147483648	2147483647
signed long int	4	-2147483648	2147483647
unsigned long int	4	0	4294967295

在 C 语言中，我们可以使用 sizeof()函数来显示各种数据类型声明后的数据长度，这个函数就放在 stdio.h 头文件中。使用格式如下：

```
sizeof(标识符名称);
```

接下来介绍有符号整数（signed），就是有正负号之分的整数。在数据类型之前加上 signed 修饰词，该变量就可以存储具有正负符号的数据。如果省略 signed 修饰词，编译程序会将该变量视为有符号整数。这种修饰词看起来有些多余，在程序中的用途其实是为了增加可读性。声明整数类型变量的数值范围只能在-2147483648 和 2147483647 之间，例如：

```
signed int no=58;
```

不过，如果在数据类型前加上另一种无符号整数（unsigned）修饰词，该变量只能存储正整数的数据（例如公司的员工人数，总不能是负的），那么它的数值范围中就能够表示更多的正整数。声明这种类型的 unsigned int 变量数据值，范围会变成在 0 到 4294967295 之间，例如：

```
unsigned int no=58;
```

此外，英文字母"U""u"与"L""l"可直接放在整数常数后标示其为无符号整数（unsigned）和长整数（long）数据类型，例如：

```
45U、45u      /* 45 为无符号整数 */
45L、45l      /* 45 为长整数 */
45UL、45UL          /* 45 为无符号长整数 */
```

【范例：CH03_01.c】

我们知道整数的修饰词能够限制整数变量的数值范围，如果超过限定的范围就会"溢出"。下面的范例程序将分别设置两个无符号短整数变量 s1、s2，请大家观察溢出后的输出结果。

```
01  #include <stdio.h>
02  #include <stdlib.h>
03
04  int main()
05  {
06
07      unsigned short int s1=-1;/* 超过无符号短整数的下限值 */
08      short int s2=32768;  /* 超过短整数的上限值 */
09
10
11      printf("s1=%d\n",s1);
12      printf("s2=%d\n",s2);
13
14      system("pause");
15      return 0;
16  }
```

运行结果如图 3-1 所示。

图 3-1 范例程序 CH03_01.c 的运行结果

【程序说明】

第 7、8 行：分别设置了 s1 与 s2 的值，并让 s1 超过无符号短整数的最小下限值，而让 s2 超过短整数的最大上限值。

第 11、12 行：输出数据时发现 s1 的值为 65535、s2 的值为-32768。事实上，必须将 C 语言的整数溢出处理看成是一种时钟般的循环概念：当比最小表示的值小 1 时，就会变为最大表示的值，如 s1=65535；当比最大表示的值大 1 时，就会变为最小表示的值，如 s2=-32768。

3-1-2 浮点数

浮点数（floating point）是带有小数点的数值，当程序中需要更精确的数值结果时，整数类型就不够用了，从数学的角度来看，浮点数就是实数（real number），例如 1.99、387.211、0.5 等。C 语言的浮点数可以分为单精度浮点数（float）和双精度浮点数（double）两种类型，两者间的差别在于表示的数值范围大小不同，如表 3-2 所示。

表 3-2　单精度浮点数与双精度浮点数的差别

数据类型	数据长度/字节	数值范围	说明
float	4	$1.2 \times 10^{-38} \sim 3.4 \times 10^{+38}$	单精度浮点数，有效位数为 7~8 位
double	8	$2.2 \times 10^{-308} \sim 1.8 \times 10^{+308}$	双精度浮点数，有效位数为 15~16 位

在 C 语言中浮点数默认的数据类型为 double，因此在指定浮点常数值时，可以在数值后加上"f"或"F"将数值转换成 float 类型，这样只需要 4 个字节存储，可以节省内存空间。例如，3.14159F、7.8f、10000.213f。下面是将一般变量声明为浮点数类型的方法：

```
float 变量名称；
或
float 变量名称=初始值；
double 变量名称；
或
double 变量名称=初始值；
```

【范例：CH03_02.c】

下面的范例程序用于展示 C 语言中单精度与双精度浮点数存储位数之间的差异，主要说明在程序中使用浮点数来运算会因为存储精度位数的差别带来的细微误差。

```
01  #include <stdio.h>
02  #include <stdlib.h>
03
04  int main()
05  {
06
07      float f1=123.4568357109375F;/* 声明单精度浮点数 */
08      float f2=21341372.1357912;/* 声明具有 8 个整数部分的单精度浮点数 */
09      double d1=123456789.123456789123;/* 声明双精度浮点数 */
10
11      printf("f1=%f\n",f1);
12      printf("f2=%f\n",f2);
13      printf("d1=%f\n",d1);
14
15      system("pause");
16      return 0;
17  }
```

运行结果如图 3-2 所示。

```
f1=123.456836
f2=21341372.000000
d1=123456789.123457
请按任意键继续. . .
```

图 3-2　范例程序 CH03_02.c 的运行结果

【程序说明】

第 7~9 行：声明了 3 个变量。其中，f1、f2 分别声明为单精度浮点数，值设置为 123.4568357109375F 与 21341372.1357912；d1 声明为双精度浮点数，值设置为 123456789.123456789123。

第 11~13 行：关于输出值的小数点部分，Dev C++都保留 6 位有效位数字。

此外，我们知道浮点数能以十进制或科学记数法的方式表示，以下示范是用这两种表示法来将浮点数变量 num 的初始值设置为 7645.8：

```
double product=7645.8; /*十进制表示法，设置 product 的初始值为 7645.8 */
double product=7.6458e3; /*科学记数表示法，设置 product 的初始值为 7645.8*/
```

从数学的角度来看，任何浮点数都可以表示成科学记数法，例如：

```
M*10ˣ
```

其中，M 称为实数，代表此数字的有效数字，而 X 表示以 10 为基底的指数部分，称为指数。科学记数法的各个数字与符号间不可有间隔，其中的"e"也可写成大写"E"，其后所接的数字为 10 的次幂，因此 7.6458e3 所表示的浮点数为：

$$7.6458 \times 10^3 = 7645.8$$

表 3-3 所示为小数点表示法与科学记数法的比较互换。

表 3-3　小数表示法与科学记数法的比较互换

小数点表示法	科学记数法
0.06	6e-2
-543.236	-5.432360e+02
1234.555	1.234555e+03
-51200	5.12E4
-0.0001234	-1.234E-4

基本上，无论是 float 还是 double，当以 printf()函数输出时，所采取的输出格式化字符都是%f，这点和整数输出方式采用%d 格式化字符类似。不过如果以科学记数方式输出，格式化字符就必须使用%e。

【范例：CH03_03.c】

下面的范例程序用于示范浮点数的十进制和科学记数法之间的互换，只要我们在输出时以格式化字符%f 或%e 来显示，就可以达到互换的效果。

```
01  #include <stdio.h>
02  #include <stdlib.h>
03
04  int main()
05  {
06
07      float f1=0.654321;
08      float f2=5467.1234;
09
10      printf("f1=%f=%e\n",f1,f1); /* 分别以十进制数与科学记数方式输出 */
11      printf("f2=%f=%e\n",f2,f2); /* 分别以十进制数与科学记数方式输出 */
12
13      system("pause");
14      return 0;
15  }
```

运行结果如图 3-3 所示。

```
f1=0.654321=6.543210e-001
f2=5467.123535=5.467124e+003
请按任意键继续. . .
```

图 3-3　范例程序 CH03_03.c 的运行结果

【程序说明】

第 7、8 行：声明并设置单精度浮点数 f1 与 f2 的值。

第 10、11 行：直接使用%e 格式化字符输出其科学记数法的值。请注意第 11 行的输出结果，在第 8 行设置 f2=5467.1234，但在输出时 f2=5467.123535，产生变化的原因是存储精度的问题，输出时多出的位数保留为内存中的残留值。

3-1-3　字符类型

字符类型包含字母、数字、标点符号及控制符号等，在内存中是以整数数值的方式来存储的，每一个字符占用 1 个字节（8 个二进制位）的数据长度，所以字符 ASCII 编码的数值范围在 0～127 之间。例如，字符"A"的数值为 65、字符"0"的数值为 48。

提示 ASCII（American Standard Code for Information Interchange）采用 8 个二进制位来表示不同的字符（8 bit 或一个字节），即制定了计算机中的内码，不过最左边为校验位，实际上仅用到 7 个二进制位进行字符编码。也就是说，ASCII 码最多只能表示 $2^7 = 128$ 个不同的字符，可以表示大小英文字母、数字、符号及各种控制字符。

字符类型是以整数方式存储的，范围为-128~127，与整数一样也可以使用signed与unsigned修饰词，数值范围如表3-4所示。

表 3-4 字符类型的数值范围

数据类型	数据长度（字节）	最小值	最大值
char	1	-128	127
signed char	1	-128	127
unsigned char	1	0	255

当程序中要加入一个字符符号时，必须用单引号将这个字符括起来，也可以直接使用ASCII 码（整数值）定义字符，例如：

```
char ch='A'    /*声明 ch 为字符变量，并设置初始值为'A'*/
char ch=65;    /*声明 ch 为字符变量，并设置初始值为 65*/
```

当然，也可以使用"\x"开头的十六进制 ASCII 码或"\"开头的八进制 ASCII 码来表示字符，例如：

```
char my_char='\x41';   /* 十六进制ASCII 码表示 A 字符 */
char my_char=0x41;     /* 十六进制数值表示 A 字符 */
char my_char='\101';   /* 八进制ASCII 码表示 A 字符 */
char my_char=0101;     /* 八进制数值表示 A 字符 */
```

虽然字符的 ASCII 值为数值，但是数字字符和它相对应的 ASCII 码是不同的，如 '5' 字符的 ASCII 码是 53。当然也可以让字符与一般的数值进行四则运算，只不过加上的是代表此字符的 ASCII 码的数值。例如：

```
printf("%d\n",100+'A');
printf("%d\n",100-'A');
```

由于字符 'A' 的 ASCII 码为 65，因此上面运算后的输出结果为 165 与 35。

printf()函数中有关字符的输出格式化字符有两种，使用 %c 可以输出字符，使用 %d 可以输出 ASCII 码的整数值。此外，字符也可以和整数进行运算，所得的结果是字符或整数。

【范例：CH03_04.c】

下面的范例程序用于示范两种字符变量声明的方式，并分别进行加法与减法运算，最后以字符及 ASCII 码输出结果。

```
01  #include<stdio.h>
02  #include <stdlib.h>
03
04  int main()
05  {
06      /*声明字符变量*/
07      char char1='Y';/* 加上单引号 */
08      char char2=88;
09      /*输出字符和它的ASCII 码*/
10
11    printf("字符 char1= %c 的 ASCII 码=%d\n",char1,char1);
12        char1=char1+32; /* 字符的运算功能 */
13    printf("字符 char1= %c 的 ASCII 码= %d\n",char1,char1);
14     /* 输出加法运算后的字符和ASCII 码 */
15
16    printf("字符 char2= %c 的 ASCII 码=%d\n",char2,char2);
17    char2=char2-32; /* 字符的运算功能 */
18    printf("字符 char2= %c 的 ASCII 码= %d\n",char2,char2);
19     /* 输出减法运算后的字符和ASCII 码 */
20
21    system("pause");
22    return 0;
23  }
```

运行结果如图 3-4 所示。

```
字符char1= Y 的 ASCII码=89
字符char1= y 的 ASCII码= 121
字符char2= X 的 ASCII码=88
字符char2= 8 的 ASCII码= 56
请按任意键继续. . .
```

图 3-4　范例程序 CH03_04.c 的运行结果

【程序说明】

第 7、8 行：声明两个字符变量 char1、char2。

第 12、17 行：分别对字符变量 char1 与 char2 进行加法与减法运算。

第 13、18 行：分别输出运算的结果。

在本节有关字符的说明结束之前，我们还要学习字符串的概念。事实上，C 语言中并没有字符串的基本数据类型。如果要在 C 程序中存储字符串，只能使用字符数组的方式来表示，因此字符串可看成是比基本数据类型更高一层的派生数据类型（Derived Data Types）。字符串的应用在 C 语言中相当广泛，在此我们先做个简单的介绍，后续会有专门的章节进行详细说明。

简单来说，'a'是一个字符，以单引号(')包括起来；"a"是一个字符串，用双引号(")包括起来。两者的差别在于字符串的结束处会多安排 1 个字节的空间来存放 '\0' 字符（Null 字符，ASCII 码为 0），在 C 语言中作为字符串结束时的符号。

在 C 语言中, 字符串的声明方式有两种, 都会使用到数组 (数组会在第 8 章详细说明) 的方式:

方式 1: char 字符串变量[字符串长度]="初始字符串";
方式 2: char 字符串变量[字符串长度]={'字符 1', '字符 2', ... ,'字符 n', '\0'};

例如, 声明字符串:

char str[]="STRING"; /* []内不用填上数字, 系统会自动计算要预留多少数组空间给字符串 STRING */
或
char str[7]={ 'S', 'T' , 'R', 'I', 'N', 'G', '\0'};/* 由于 str 字符串有 7 个字符, 因此在[] 内填入 7*/

字符串在内存中的存储方式如图 3-5 所示, 其中数组的下标值从 0 开始。

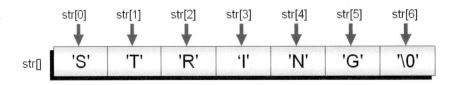

图 3-5 字符串在内存中存储的示意图

当使用 printf()函数输出字符串时, 必须使用格式化字符%s 来输出字符串, 例如:

```
char Str[]="World!";
printf("字符串 Str 的内容: %s", Str); /* 显示 Str 的内容 */
```

【范例: CH03_05.c】

下面的范例程序主要用来说明字符与字符串的差别,其中声明了一个字符变量 ch1 与字符串变量 ch2, 两者都存储了小写字母 a, 最后分别输出两个变量的数据内容与所占的位数, 读者可以比较两者的差异。

```
01  #include <stdio.h>
02  #include <stdlib.h>
03
04  int main()
05  {
06
07      char ch1='a';/* 声明 ch1 为字符变量 */
08      char ch2[]="a";/* 声明 ch2 为字符串变量 */
09
10      printf("ch1=%c 有%d 个字节\n",ch1,sizeof(ch1));
11      /* 输出 ch1 的值及所占的字节数 */
12      printf("ch2=%s 有%d 个字节\n",ch2,sizeof(ch2));
13      /* 输出 ch2 的值及所占的字节数 */
14
15      system("pause");
16      return 0;
```

```
17  }
```

运行结果如图 3-6 所示。

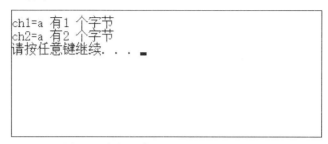

```
ch1=a 有1 个字节
ch2=a 有2 个字节
请按任意键继续. . . ■
```

图 3-6　范例程序 CH03_05.c 的运行结果

【程序说明】

第 7~8 行：分别声明字符变量 ch1 与字符串变量 ch2，ch1 以单引号括住字符，ch2 以双引号括住字符串。

第 10、12 行：输出变量内的内容及所占的字节数，两者之间的差异是字符串多了一个空字符（\0）。

3-1-4　转义字符简介

"转义字符"（escape character）以 "\" 表示，功能是进行某些特殊的控制，格式是以反斜杠开头，表示反斜杠之后的字符将转义——改变了原来字符的意义而代表另一个新功能，所以也被称为转义序列（escape sequence）。之前的范例程序中所使用的 '\n' 就能将所输出的内容换行。下面整理出 C 语言中常用的转义字符，如表 3-5 所示。

表 3-5　C 语言中常用的转义字符

转义字符	说明	十进制 ASCII 码	八进制 ASCII 码	十六进制 ASCII 码
\0	字符串终止符（Null Character）	0	0	0x00
\a	警告（Alarm）字符，使计算机发出 "嘟" 声	7	007	0x7
\b	回退字符（Backspace），回退一格	8	010	0x8
\t	水平制表符（Horizontal Tab）	9	011	0x9
\n	换行字符（New Line）	10	012	0xA
\v	垂直制表字符（Vertical Tab）	11	013	0xB
\f	换页字符（Form Feed）	12	014	0xC
\r	回车字符（Carriage Return）	13	015	0xD
\"	显示双引号（Double Quote）	34	042	0x22
\'	显示单引号（Single Quote）	39	047	0x27
\\	显示反斜杠（Backslash）	92	0134	0x5C

此外，也可以使用 "\ooo" 模式表示八进制的 ASCII 码，每个 o 表示一个八进制数字。"\xhh" 模式表示十六进制的 ASCII 码，其中每个 h 表示一个十六进制数字。例如：

```
printf(''\110\145\154\154\157\n''); /* 输出 Hello 字符串 */
printf(''\x48\x65\x6c\x6c\x6f\n''); /* 输出 Hello 字符串 */
```

【范例：CH03_06.c】

下面的范例程序展示了一个小技巧，就是将"\""（转义字符）的八进制 ASCII 码赋值给 ch，再将 ch 所代表的双引号打印出来，最后在屏幕上显示带有双引号的"荣钦科技"字样，并且发出"嘟"声。

```
01  #include<stdio.h>
02  #include <stdlib.h>
03  Int main()
04  {
05      /*声明字符变量*/
06      char ch=042;/*双引号的八进制 ASCII 码*/
07      /*打印出字符和它的 ASCII 码*/
08      printf("打印出八进制 042 所代表的字符符号= %c\n",ch);
09      printf("双引号的应用->%c 荣钦科技%c\n",ch,ch); /*双引号的应用*/
10      printf("%c",'\a');
11      system("pause");
12      return 0;
13  }
```

运行结果如图 3-7 所示。

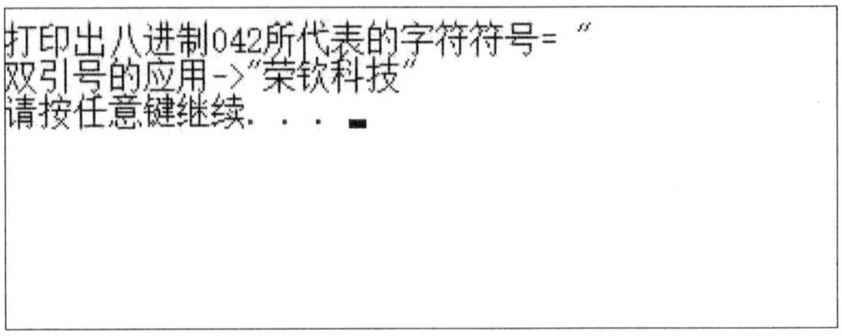

打印出八进制042所代表的字符符号＝"
双引号的应用->"荣钦科技"
请按任意键继续. . .

图 3-7　范例程序 CH03_06.c 的运行结果

【程序说明】

第 6 行：以八进制 ASCII 码声明一个字符变量。

第 8 行：打印出 ch 所代表的字符"。

第 9 行：双引号的应用，打印出了"荣钦科技"。

第 10 行：输出警告字符（\a），发出"嘟"声。

3-2　数据类型转换

在 C 语言的数据类型应用中，用不同数据类型的变量参与运算往往会造成数据类型间的不一致与冲突，如果不小心处理，就会造成许多边际效应问题，这时"数据类型强制转换"（Data Type Coercion）功能就派上用场了。数据类型强制转换功能在 C 语言中可以分为自动类型转换与强制类型转换两种。

3-2-1　自动类型转换

一般来说，在程序运行过程中，表达式中往往会使用不同类型的变量（如整数或浮点数），这时 C 编译程序会自动将变量存储的数据转换成相同的数据类型再进行运算。

系统遵循的类型转换原则是在表达式中选择类型数值范围大的数据作为转换的对象，例如整数类型会自动转成浮点数类型，字符类型会转成 short 类型的 ASCII 码。

```
char c1;
int no;

no=no+c1; /* c1 会自动转为 ASCII 码 */
```

此外，如果赋值语句"="两边的类型不同，就会一律转换成与左边变量相同的类型。当然在这种情况下，要注意运行结果可能会有所改变，例如将 double 类型赋值给 short 类型，可能会遗失小数点后的精度。数据类型的转换顺序如下：

```
Double > float > unsigned long > long > unsigned int > int
```

例如：

```
int i=3;
float f=5.2;
double d;

d=i+f;
```

转换规则如图 3-8 所示。

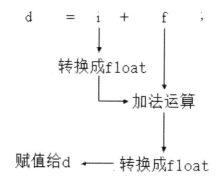

图 3-8　数据类型转换顺序的示范

当"="运算符左右两边的数据类型不相同时，以"="运算符左边的数据类型为主。以上述范例来说，赋值运算符左边的数据类型大于右边的，所以转换上不会有问题；相反，如果"="运算符左边的数据类型小于右边的数据类型，就会发生部分数据被舍去的情况，例如将

float 类型赋值给 int 类型，可能会遗失小数点后的精度。另外，如果表达式使用到 char 数据类型，在计算表达式的值时，编译程序就会自动把 char 数据类型转换为 int 数据类型，不过并不会影响变量的数据类型和长度。

3-2-2 强制类型转换

除了由编译程序自行转换的自动类型转换外，C 语言也允许用户强制转换数据类型。例如想让两个整数相除时，可以用强制类型转换暂时将整数类型转换成浮点数类型。

在表达式中强制转换数据类型的语法如下：

(强制转换类型名称) 表达式或变量;

例如以下程序片段：

```
int a,b,avg;
avg=(float)(a+b)/2; /* 将 a+b 的值转换为浮点数类型 */
double a=3.1416;

int b;
b=(int)a; /* b 的值为 3 */
```

请注意，包含转换类型名称的小括号绝对不可以省略，还有当浮点数转换为整数时不会四舍五入，而是直接舍弃小数部分。另外，在赋值运算符（=）左边的变量不能进行强制数据类型转换，例如：

```
(float)avg=(a+b)/2;   /* 不合法的语句 */
```

【范例：CH03_07.c】

在这个范例程序中，我们使用强制类型转换将浮点数转为整数，值得一提的是被转换的浮点数变量部分并不会受到任何影响。

```
01  #include <stdio.h>
02  #include <stdlib.h>
03
04  int main()
05  {
06
07      int no1,no2;            /* 声明整数变量 no1,no2 */
08      float f1=456.78,f2=888.333;  /* 声明浮点数变量 f1,f2*/
09
10      no1=(int)f1; /* 整数强制类型转换 */
11      no2=(int)f2; /* 整数强制类型转换 */
12
13      printf("no1=%d no2=%d f1=%f f2=%f \n",no1,no2,f1,f2);
14
15      system("pause");
```

```
16      return 0;
17  }
```

运行结果如图 3-9 所示。

```
no1=456 no2=888 f1=456.779999 f2=888.333008
请按任意键继续. . .
```

图 3-9 范例程序 CH03_07.c 的运行结果

【程序说明】

第 7、8 行：声明整数与浮点数变量。

第 10、11 行：进行整数强制类型转换，注意这个包含类型名称的小括号绝对不能省略。

第 13 行：输出数据时发现 no1 与 no2 的值是 f1 与 f2 的整数值，而且 f1 与 f2 的值没有受到四舍五入的影响，因为直接舍去了小数值。

3-3 上机程序测验

1. 请设计一个程序，输出以下 3 种类型的整数变量在内存中所占的字节数。

```
short int no1=200;
int no2=200;
long int no3=200;
```

解答：参考范例程序 ex03_01.c

2. 请设计一个程序，并使用以下 3 种不同的数字系统来设置变量的初始值，最后以十进制输出结果。

```
int Num=100;
int OctNum=0200;
int HexNum=0x33f;
```

解答：参考范例程序 ex03_02.c

3. 请设计一个程序，如果两个浮点数之间的误差绝对值小于某个极小的数，就代表两数相等。请使用 fabs()函数，功能是取绝对值，并且包含 math.h 函数库的头文件。

解答：参考范例程序 ex03_03.c

4. 请设计一个程序，发出 4 声"嘟"声，并以十六进制 ASCII 码的转义序列表示法来设置"WORLD!"字符串并输出此字符串。

解答：参考范例程序 ex03_04.c

5. 请设计一个程序，使用转义字符（\）在 printf()函数中输出单引号（'）与双引号（"）。

解答：参考范例程序 ex03_05.c

6. 请使用 sizeof() 函数来设计一个程序，可查询以下数据类型所占的字节数，如 short int、long int、char、float、double。

解答：参考范例程序 ex03_06.c

7. 假设某桥梁的全长为 765 米，现在要在桥路面的两旁每 17 米插上一面旗子，如果每面旗子需要 210 元，请设计一个程序计算共要花费多少元？

解答：参考范例程序 ex03_7.c

8. 请根据表 3-6 设计 C 程序，计算某人的基金总值。

表 3-6　某人购买基金的当前状况

基金种类	现在净值	汇率	单位数
怡富东方小型成长基金	34.3	34.47	20.54
富兰克林高成长基金	23.5	34.47	76.55
怡富泰国基金	12.7	34.47	87.86
保德信高成长基金	24.3	1.00	1423.7

解答：参考范例程序 ex03_08.c

3-4　课后练习

【问答与实践题】

1. 请将整数值 45 以 C 语言中的八进制数与十六进制数表示法来表示，并简单说明规则。

2. 如何在赋值浮点常数值时将数值转换成 float 类型？

3. 有一个个人资料输入程序，但是无法顺利编译，编译程序指出下面这段程序代码出了问题，请指出问题的所在：

```
printf("请输入学号"08004512": ");
```

4. 请说明以下转义字符的含义：

(a)'\t'　(b)'\n'　(c)'\"'　(d)'\''　(e)'\\'

5. 声明 unsigned 类型的变量有何特点？

6. 试举例说明在 C 语言中可以使用哪一个函数来显示各种数据类型或变量的数据长度。

7. 字符数据类型在输入输出上有哪两种选择？

8. 请问以下程序代码中，s1 与 s2 的值是什么？

```
unsigned short int s1=-2;/* 超过无符号短整数的下限值 */
short int s2=32769;  /* 超过短整数的上限值 */
printf("s1=%d\n",s1);
printf("s2=%d\n",s2);
```

9. 在目前的 Dev C++ 系统下，声明 int 或 long int 所占据的字节数是否一样？两者所表示的范围是多少？

10. 请问以下程序代码的输出值是多少？

```
int i=299;
printf("i=%c\n",i);
```

11. 请问以下程序代码输出哪个字符串？

```
printf("\x48\x67\x6c\x61\x6f\n");
```

12. 请问 C 语言在表达式中强制转换数据类型的语法是什么？

13. 请问 C 语言中自动类型转换的原则是什么？

【习题解答】

1. 解答：八进制数为 055，十六进制数为 0x2d。

八进制数：在数字前加上数值 0。例如 023，也就是十进制数的 19。

十六进制数：在数字前加上"0x"或"0X"来表示十六进制。例如 0x3a，也就是十进制数的 58。

2. 解答：在 C 语言中，浮点数默认的数据类型为 double，因此在赋值浮点常数值时，可以在数值后加上"f"或"F"，以便将数值转换成 float 类型。

3. 解答：若要显示"""符号，必须使用转义字符（\），程序代码应更改如下：

```
printf("请输入学号\"08004512\"：");
```

4. 解答：

转义字符	说明
\t	水平制表字符（Horizontal Tab）
\n	换行字符（New Line）
\"	显示双引号（Double Quote）
\'	显示单引号（Single Quote）
\\	显示反斜杠（Backslash）

5. 解答：如果在数据类型前加上 unsigned 修饰词，那么该变量只能存储正整数。由于无符号整数不区分正负值，数据长度可以省下一位（bit），因此在它的数值范围中能够表示更多正数。

6. 解答：在 C 语言中可以使用 sizeof()函数来显示各种数据类型或变量的数据长度。使用格式如下：

```
sizeof(变量名称);
```

例如：

```
int salary=100;/*声明为整数类型*/
printf( "salary的数据长度=%d 字节\n",sizeof(salary));
```

7. 解答：

（1）%c：按照字符的形式输入输出。

（2）%d：按照 ASCII 编码的数值输入输出。

8. 解答：65534，-32767。

9. 解答：在目前的 Dev C++系统下，声明 int 或 long int 所占据的字节大小是相同的，范围为-2147483648~2147483647。

10. 解答：由于%c 最大值为 255，i 为整数，占 4 个字节，i 的值为 0100101011，只截取 00101011 一个字节，因此输出为+号。

11. 解答：字符串为 Hglao。

12. 解答：(强制转换类型名称) 表达式或变量；

13. 解答：系统遵循的类型转换原则是在表达式中选择类型数值范围大的数据作为转换的对象，例如整数类型会自动转成浮点数类型，字符类型会转成 short 类型的 ASCII 码。如果赋值语句"="两边的类型不同，就会一律转换成与左边变量相同的类型。

第 4 章
◀ 格式化输入与输出函数 ▶

程序设计的目的在于将用户所输入的数据和信息经由计算机运算或处理后再将结果输出。事实上，C 语言中并没有直接处理数据或信息输入与输出的能力，所有有关输入与输出的操作都是通过调用函数（function）完成的，这些标准 I/O 函数的原型声明都放在<stdio.h>头文件中，通过这些函数可以读取（或输出）数据或信息到标准输入与输出设备。

例如，之前的范例主要使用 printf()函数作为输出函数。首先，以表 4-1、表 4-2 简单说明本章中即将介绍的标准输入/输出函数。

表 4-1　标准输入函数

标准输入函数	简介与说明
scanf()函数	从标准输入设备（键盘）通过格式化说明字符（format specifier，或称为格式化字符）的设置把所输入的数值、字符或字符串传送给指定的变量
getchar()函数	从标准输入设备（键盘）读入单个字符
getche()函数	从键盘读入一个字符，返回给用户，并在屏幕上显示读入的字符
getch()函数	从键盘读入一个字符，不过不会将所输入的字符显示到屏幕上
gets()函数	从标准输入设备（键盘）读取整段字符串到标准输出设备（屏幕）

表 4-2　标准输出函数

标准输出函数	简介与说明
printf()函数	将指定的文字或字符串通过格式化说明字符的设置，按格式输出到标准输出设备
putchar()函数	可用来输出指定的单个字符到屏幕上
puts()函数	可用来输出指定的字符串

4-1　printf()函数

在 C 语言中将信息输出至终端称为"标准输出"（Standard Output）。相信大家对于 printf()函数应该已经不陌生了，其实它是 C 语言中最常用的输出函数，通过格式化说明字符的设置把设计者所要输出的构想与格式相当精准地呈现出来。下面更详细地说明这个函数，printf()函数原型如表 4-3 所示。

表 4-3　printf()函数原型

函数原型	功能与说明
printf(char* 字符串)	直接输出字符串
printf(char* 格式化字符串,参数行)	格式化字符串中含有以%字符开头的格式化字符,并对应参数行的数据,再将数据按序输出

在 printf()函数中的参数行可以是变量、常数或表达式的组合,每一个参数行中的各项,只要对应到格式化字符串中以%字符开头的格式化字符,就可以出现预期的输出效果。例如:

```
printf("一个包子要%d 元,妈妈买了%d 个,一共花了%d 元\n",price,no,no*price);
```

其中, "一个包子要%d 元,妈妈买了%d 个,一共花了%d 元\n" 就是格式化字符串,里面包括 3 个%d 的格式化字符,参数行中则有 price、no、no*price 三项。

此外,如果适当搭配第 3 章中介绍的转义序列功能,就可以让输出的效果运用得更加灵活与美观,例如"\n"(换行功能)就经常与格式化字符串搭配使用。表 4-4 所示是 C 语言中常用的转义序列。

表 4-4　C 语言中常用的转义序列

转义字符	说明
\a	使计算机发出"嘟"声
\b	回退一格
\f	换页
\n	换行
\r	回车
\t	水平制表符,相当于按一次 Tab 键
\v	垂直制表符
\'	显示单引号'
\"	显示双引号"
\\	显示反斜杠\

【范例:CH04_01.c】

在这个范例程序中,我们将使用前面章节介绍过的格式化字符展示格式化字符串及参数行中各项的对应关系。简单来说,格式化字符串中有多少个格式化字符,参数行中就应该有多少个对应的项。

```
01  #include <stdio.h>
02  #include <stdlib.h>
03
04  int main()
05  {
06      int no=25;
07      float price=15.5;
08      char food[]="三明治";
09
10      printf("今天是星期天,天气晴朗.\n");
```

```
11        printf("一个%s 要%f 元,建民买了%d 个,一共花了%f 元\n",
12        food,price,no,no*price);
13        /* 格式化字符与参数行中各项的对应 */
14        system("pause");
15        return 0;
16  }
```

运行结果如图 4-1 所示。

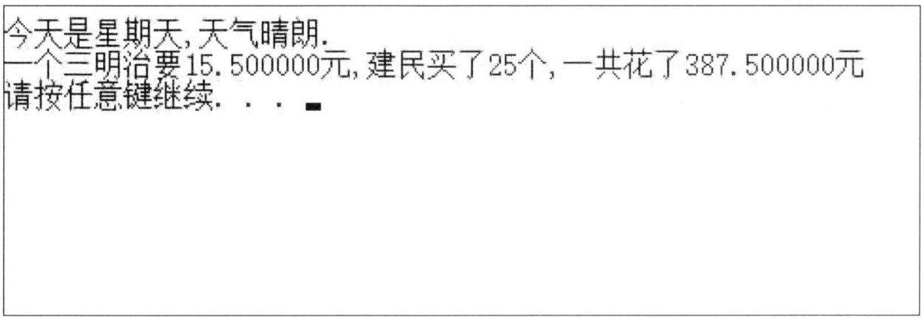

```
今天是星期天,天气晴朗.
一个三明治要15.500000元,建民买了25个,一共花了387.500000元
请按任意键继续. . .
```

图 4-1 范例程序 CH04_01.c 的运行结果

【程序说明】

第 6~8 行：分别声明整数、浮点数与字符串 3 种变量。

第 10 行：printf()函数只是简单输出字符串，因此直接放入 "今天是星期天,天气晴朗.\n"
字符串即可。

第 11 行：在 printf()函数中，第一个出现的格式化字符 "%s" 对应参数行中的 food 字符
串变量，第二个出现的 "%f" 对应 price 浮点数变量，第 3 个 "%d" 对应整数变量 no，第 4
个 "%f" 对应一个表达式。

4-1-1 格式化字符

格式化字符是控制输出格式时唯一不可省略的项。如果想要将 printf()函数的功能发挥得
淋漓尽致，对格式化字符的认识就格外重要。原则是要显示什么数据类型就必须搭配对应数据
类型的格式化字符。

表 4-5 为最常用的格式化字符。

表 4-5 常用的格式化字符

格式化字符	说明
%c	输出字符
%s	输出字符数组或字符指针所指的字符串数据
%d	输出十进制数
%u	输出不含符号的十进制整数值
%o	输出八进制数
%x	输出十六进制数，超过 10 的数字以小写字母表示
%X	输出十六进制数，超过 10 的数字以大写字母表示
%f	输出浮点数

（续表）

格式化字符	说明
%e	使用科学记数表示法，例如 3.14e+05
%E	使用科学记数表示法，例如 3.14E+05（使用大写 E）
%g、%G	输出浮点数，不过是输出%e 与%f 长度较短者
%p	输出指针的数值，按系统位数决定输出数值的长度
%%	输出的内容带有%符号

【范例：CH04_02.c】

在这个范例程序中，我们直接使用格式化字符将一个十进制整数变量 Value 的输出结果转为八进制与十六进制数。

```
01  #include <stdio.h>
02  #include <stdlib.h>
03
04  int main()
05  {
06      int Value=138;
07
08      printf("Value 的八进制数=%o\n",Value); /* 以%o 格式化字符输出 */
09      printf("Value 的十六进制数=%x\n",Value); /* 以%x 格式化字符输出 */
10      printf("Value 的十六进制数=%X\n",Value); /* 以%X 格式化字符输出 */
11
12      system("pause");
13      return 0;
14  }
```

运行结果如图 4-2 所示。

```
Value的八进制数=212
Value的十六进制数=8a
Value的十六进制数=8A
请按任意键继续. . . ▉
```

图 4-2　范例程序 CH04_02.c 的运行结果

【程序说明】

第 6 行：声明并设置一个十进制整数 Value。

第 8 行：以%o 输出 Value 八进制数表示法。

第 9、10 行：分别以%x 与%X 输出 Value 十六进制数的小写与大写表示法。

【范例：CH04_03.c】

有关浮点数输出的格式化字符共有 3 种，分别是%f、%e、%g。在这个范例程序中，我们将声明一个浮点数 number，并分别以这 3 种格式输出，希望大家能比较它们之间的差异。通常以%g 来输出时，如果指数（e）的值在-4~5 之间，就会以小数显示；如果指数小于-4 或大于 5，就会以科学记数表示法显示。

```
01  #include <stdio.h>
02  #include <stdlib.h>
03
04  int main()
05  {
06      float number=123.456;
07      float number1=1234567.1234;
08
09      printf("number 的 f 格式输出结果=%f\n",number); /*以%f 格式化字符输出*/
10      printf("number 的 e 格式输出结果=%e\n",number); /*以%e 格式化字符输出*/
11      printf("number 的 g 格式输出结果=%g\n",number); /*以%g 格式化字符输出*/
12      printf("-----------------------------------\n");
13      printf("number1 的 f 格式输出结果=%f\n",number1); /*以%f 格式化字符输出*/
14      printf("number1 的 e 格式输出结果=%e\n",number1); /*以%e 格式化字符输出*/
15      printf("number1 的 g 格式输出结果=%g\n",number1); /*以%g 格式化字符输出*/
16
17      system("pause");
18      return 0;
19  }
```

运行结果如图 4-3 所示。

```
number的f格式输出结果=123.456001
number的e格式输出结果=1.234560e+002
number的g格式输出结果=123.456
-----------------------------------
number1的f格式输出结果=1234567.125000
number1的e格式输出结果=1.234567e+006
number1的g格式输出结果=1.23457e+006
请按任意键继续. . .
```

图 4-3 范例程序 CH04_03.c 的运行结果

【程序说明】

第 6、7 行：声明并设置两个浮点数 number、number1。

第 9 行：以一般的浮点数格式%f 输出。

第 10 行：以科学记数法格式%e 输出。

第 11 行：选择%f 与%e 中较短的%e 格式输出。

第 15 行：与第 11 行的结果进行比较，在此提醒大家%g 默认只会显示 6 位有效数字。

4-1-2 字段宽度设置功能

在输出数据时，通过格式化字符的字段宽度设置可以达到在屏幕上对齐打印输出的效果，让数据在阅读时更加整齐和清晰。在设置字段宽度时，可以将预备设置的字段宽度值放置于格式化字符之前。语法如下：

%[width]格式化字符

其中，width 用来指定输出字段宽度的宽度值。例如，%5d 表示以 5 个数字宽度来输出十进制整数。在设置字段宽度后，输出数据时以字段宽度值为基准让该数据靠右显示。如果设置的字段宽度小于要显示数据的长度，数据就按照原来的长度靠右显示；如果字段宽度值大于要显示数据的长度，就会自动在显示数据之前填入空格。

【范例：CH04_04.c】

在这个范例程序中，我们声明了一个 4 位整数变量 no，并且设置不同的字段宽度值来输出十进制整数，这个范例有利于我们了解如何控制输出时的样式与输出数值彼此的间距。

```
01  #include <stdio.h>
02  #include <stdlib.h>
03
04  int main()
05  {
06      int no=1234;
07
08      printf("no=%d\n",no);
09      printf("no=%6d\n",no);/* 设置字段宽度为 6 */
10      printf("no=%8d\n",no);/* 设置字段宽度为 8 */
11      printf("no=%2d\n",no);/* 字段宽度设置值小于实际要显示的字符数 */
12
13      system("pause");
14      return 0;
15  }
```

运行结果如图 4-4 所示。

```
no=1234
no=  1234
no=    1234
no=1234
请按任意键继续. . .
```

图 4-4　范例程序 CH04_04.c 的运行结果

【程序说明】

第 6 行：声明一个十进制的 4 位整数。

第 8 行：直接以%d 格式化字符输出，所以会靠右对齐，与"="间没有空格。

第 9 行：设置字段宽为 6。由于 no 只有 4 位数，因此输出时会向右进两格，与"="间有 2 个空格。

第 10 行：设置字段宽度为 8，所以输出时会向右进 4 格，与"="间有 4 个空格。

第 11 行：由于字段宽度的设置值小于实际要显示的字符数，所以和%d 的输出结果一致。

此外，字段宽度设置也可以采用另一种方式，就是直接使用参数方式设置字段宽度，在原格式化字符之前改用"*"字符代替设置值，语句如下：

```
printf("no=%*d\n",1,no);
printf("no=%*d\n",6,no);/* 字段宽度设置为 6 */
printf("no=%*d\n",8,no);/* 字段宽度设置为 8 */
```

4-1-3　精度设置功能

通过精度（或称精确度）设置可以使数值输出时按照精度所指定的精确位数输出。语法格式与字段宽度设置类似，但需要多加一个小数点 (.)，也就是在小数点后加上数字，该数字就是精度。格式如下：

```
%[.precision]格式化字符
```

无论是数值还是字符串，精度都可以搭配字段宽度来一起设置，我们也可以指定输出时至少要预留的字符宽度，格式如下：

```
%[width][.precision]格式化字符
```

例如，"%6.2f"表示输出浮点数时含 6 位小数点，但小数位数只有两位。"%4.3d"表示输出整数时以 4 个数字宽度输出十进制整数部分，并且设置小数部分的精度为 3。如果字段宽度值大于要显示的数据长度就会自动填入空格，否则以原数据的长度输出。此外，如果精度设置值大于要输出的整数位数，就要在数值前补足位数，不足的部分补 0；如果小于要输出的整数位数，就正常输出数据。

下面我们针对整数、浮点数与字符串 3 种格式输出的精度设置进行介绍，并使用程序实现来直接说明，大家可以从屏幕上的实际输出结果来仔细比较。

【范例：CH04_05.c】

对于整数精度设置的原则是，当精度设置值大于要输出的整数位数时在数值前补足位数，不足的部分补 0；当小于要输出的整数位数时正常输出数据。在此范例程序中，将分别进行不同的精度设置，大家可以观察其中的差异。

```
01  #include <stdio.h>
02  #include <stdlib.h>
03
04  int main()
05  {
06      int no=1234;
07
08      printf("no=%d\n",no);
09      printf("no=%.6d\n",no);/* 设置精度为.6 */
10      printf("no=%.8d\n",no);/* 设置精度为.8 */
11      printf("no=%.2d\n",no);/* 精度设置值小于实际要显示的字符数 */
12      printf("no=%8.2d\n",no);/* 8 表示预留 8 个字符宽度 */
13
```

```
14      system("pause");
15      return 0;
16  }
```

运行结果如图 4-5 所示。

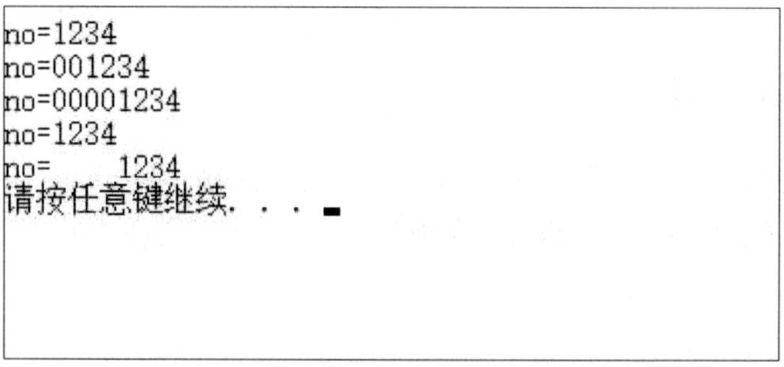

```
no=1234
no=001234
no=00001234
no=1234
no=    1234
请按任意键继续. . .
```

图 4-5　范例程序 CH04_05.c 的运行结果

【程序说明】

第 9 行：设置整数输出的精度为 .6。由于 no 只有 4 位数，因此输出时会向右进两格，与 "=" 间补两个 0。

第 10 行：设置整数输出的精度为 .8。输出时会向右进 4 格，与 "=" 间补 4 个 0。

第 11 行：精度设置值小于实际要显示的位数不会产生任何影响，就如同没有设置一样。

第 12 行：整数 8 表示预留 8 个字符宽度，不足的部分由空格符补上，1234 只占 4 个字符位置，所以前面补 4 个空格符。

【范例：CH04_06.c】

浮点数精度的作用是用来表示此浮点数的小数点之后的位数。当精度设置值大于浮点数的小数位数时，要在小数点后用 0 补足位数。当精度设置值小于小数位数时，按精度所设置的值来输出小数位数，过长则四舍五入。

```
01  #include <stdio.h>
02  #include <stdlib.h>
03
04  int main()
05  {
06      float fo=234.567;
07
08      printf("fo=%f\n",fo);
09      printf("fo=%.2f\n",fo);/* 设置精度为.2 */
10      printf("fo=%.3f\n",fo);/* 设置精度为.3 */
11      printf("fo=%.5f\n",fo);/* 精度设置值大于实际的小数位数 */
12      printf("fo=%8.2f\n",fo);/* 8表示预留8个字符宽度 */
13
14      system("pause");
15      return 0;
16  }
```

运行结果如图 4-6 所示。

```
fo=234.567001
fo=234.57
fo=234.567
fo=234.56700
fo=   234.57
请按任意键继续. . .
```

图 4-6　范例程序 CH04_06.c 的运行结果

【程序说明】

第 6 行：声明 fo 为一个浮点数，设置值为 234.567。

第 8 行：以%f 格式输出，不设置精度。

第 9 行：设置精度为.2，输出时小数位数只有 2 位，第 3 位则四舍五入。

第 10 行：设置精度为.3，输出时小数位数则有 3 位。

第 11 行：精度设置值大于 fo 的小数位数，不足的位数补 0。

第 12 行：整数 8 表示预留 8 个字符宽度，不足的部分由空格符补上，234.567 只占 6 个字符，所以前面补两个空格符。

【范例：CH04_07.c】

设置字符串精度的规则是，当精度设置值大于要输出字符串的字符数时，正常输出字符串；当精度设置值小于字符串字符数时，则从左到右输出精度设置值个数的字符数。

```
01  #include <stdio.h>
02  #include <stdlib.h>
03
04  int main()
05  {
06      char name[]="Applepine";
07
08      printf("name=%s\n",name);
09      printf("name=%.2s\n",name);/* 设置精度为.2 */
10      printf("name=%.5s\n",name);/* 设置精度为.5 */
11      printf("name=%.10s\n",name);/* 精度设置值大于实际的字符数 */
12      printf("name=%12.10s\n",name);/* 12 表示预留 12 个字符宽度 */
13
14      system("pause");
15      return 0;
16  }
```

运行结果如图 4-7 所示。

```
name=Applepine
name=Ap
name=Apple
name=Applepine
name=    Applepine
请按任意键继续. . . ■
```

图 4-7　范例程序 CH04_07.c 的运行结果

【程序说明】

第 6 行：声明字符串变量 name 并设置值为 Applepine。

第 9 行：设置精度为 .2，输出时会从左到右输出此字符串的 2 个字符。

第 10 行：设置精度为 .5，输出时会从左到右输出此字符串的 5 个字符。

第 11 行：因为精度设置值大于实际的字符数，所以还是输出原来的字符串。

第 12 行：整数 12 表示预留 12 个字符宽度，不足的部分由空格符补上，所以前面补 3 个空格符。

4-1-4　标志设置功能

标志设置功能主要使用+、−等字符指定输出格式来显示正负号、数据对齐方式以及格式符号等。例如，如果大家使用正号（+），靠右对齐输出，就会同时显示数值的正负号；如果使用负号（-），就会靠左对齐输出。基本上，这项参数可有可无，也可以选择一个或一个以上的参数设置值，语法格式如下：

```
%[flag][width][.precision]格式化字符
```

C 语言中标志设置字符的种类如表 4-6 所示。

表 4-6　C 语言中标志设置字符的种类

标志设置字符	特色与说明
+	如果使用正号（+），靠右对齐输出，并同时显示数值的正负号，再以空格符补齐左边的空位
未指定	显示时按照指定格式向右对齐
-	显示时靠左对齐
#	按照格式符号的不同有不同的作用。显示八进制数时，会在数值前面加上数字 0。显示十六进制数时，在数值前面加上 0x。如果配合%f、%e 等浮点数格式化字符，即使所设置的数值不含小数位数，仍会包含小数点
空白	输出值为正数或 0 时，显示空白；输出值为负数时，显示负号
0	设置字段宽度时，若数值位数小于字段宽度值，不足数时在数值左侧补 0

【范例：CH04_08.c】

下面这个范例程序使用不同整数标志的设置字符而得到不同的结果。大家可以按照表 4-6

的说明加以对比。

```
01  #include <stdio.h>
02  #include <stdlib.h>
03
04  int main()
05  {
06      int iVal=345;/* 声明 iVal 整数值 */
07
08      /* 标志设置字符的示范 */
09      printf("%%d  格式输出的结果=%d\n",iVal);
10      printf("+6d 格式输出的结果=%+6d\n",iVal);
11      printf("-6d 格式输出的结果=%-6d\n",iVal);
12      printf("+#6o 格式输出的结果=%+#6o\n",iVal);
13      printf("+#6x 格式输出的结果=%+#6x\n",iVal);
14      printf("06d 格式输出的结果=%06d\n\n",iVal);
15
16      system("pause");
17      return 0;
18  }
```

运行结果如图 4-8 所示。

```
%d  格式输出的结果=345
+6d 格式输出的结果=  +345
-6d 格式输出的结果=345
+#6o格式输出的结果=  0531
+#6x格式输出的结果= 0x159
06d 格式输出的结果=000345

请按任意键继续. . . _
```

图 4-8 范例程序 CH04_08.c 的运行结果

【程序说明】

第 6 行：声明一个十进制整数 iVal=345。

第 10 行：输出结果带有 "+" 号。

第 11 行：靠左对齐输出。

第 12 行：加上 "#" 输出八进制数时会在数值之前加上数字 "0"。

第 13 行：加上 "#" 输出十六进制数时会在数值之前加上 "0x"。

第 14 行：加上 "0" 输出十进制数，因为数值位数小于字段宽度值，所以会在数值左侧补上 3 个 0。

4-2 scanf()函数

如果大家打算获取用户的输入，可以使用 "标准输入"（Standard Input）的 scanf()函数，通过 scanf()函数可以从标准输入设备（键盘）把用户输入的数值、字符或字符串传送给指定变量。scanf()函数是 C 语言中最常用的输入函数，使用方法与 printf()函数十分类似，也是定义在 stdio.h 头文件中，在本节中我们会详细为大家说明。

4-2-1　格式化字符

scanf()函数可以配合以"%"字符开头的格式化说明字符。如果输入的数值为整数，就使用格式化字符"%d"；如果输入的是其他数据类型，就必须使用对应的格式化字符。不过，与printf()函数最大的不同是必须传入变量地址作为参数，参数行中每个变量前要加上取址运算符（&）传入变量地址。这个道理很简单，我们把输入的数据值赋给变量，其实就是把这个数据值存储在变量指向的地址上。scanf()函数的语法原型如下：

```
scanf(char* 格式化字符串,参数行);
```

如果连续输入 3 个数值，并且都以%d 格式化字符读取，那么 scanf()函数会按照顺序将所读取的数值写入对应变量中，格式如下：

```
scanf("%d%d%d", &N1, &N2,&N3);
```

scanf()函数中的格式化字符等相关设置都与 printf()函数极为相似,常用的格式化字符如表4-7 所示。

表 4-7　常用的格式化字符

格式化字符	说明
%c	输出字符
%s	输出字符数组或字符指针所指的字符串数据
%d	输出十进制数
%o	输出八进制数
%x	输出十六进制数，超过 10 的数字以小写字母表示
%X	输出十六进制数，超过 10 的数字以大写字母表示
%f	输出浮点数
%e	使用科学记数表示法，例如 3.14e+05
%E	使用科学记数表示法，例如 3.14E+05（使用大写 E）

请注意，scanf()函数读取数值数据不区分英文字母的大小写，所以使用%X 与%x 会得到相同的输出结果（%e 与%E 同理）。如果输入的是 double 类型，就要特别注意使用%lf 作为格式化字符。

当我们准备在标准输入设备上输入时，通常用空格符分隔输入的符号，也可以使用 Enter键或 Tab 键分隔输入的数据，格式如下：

```
100 25 33 【Enter】
或
100 【Enter】
25  【Enter】
```

```
33 【Enter】
```

【范例：CH04_09.c】

下面这个范例程序使用 scanf()函数让用户输入两个数据，并且输出这两个数的和。大家务必记得在 scanf()函数中加上"&"符号，这是很多人经常会疏忽的问题。

```
01 #include <stdio.h>
02 #include <stdlib.h>
03
04 int main()
05 {
06     float no1,no2;
07
08     scanf("%f%f",&no1,&no2);/* 输入两个浮点数变量的值 */
09     printf("%f\n",no1+no2); /* 计算出两数的和 */
10
11     system("pause");
12     return 0;
13 }
```

运行结果如图 4-9 所示。

```
122.45 85.99
208.440002
请按任意键继续. . . ▇
```

图 4-9 范例程序 CH04_09.c 的运行结果

【程序说明】

第 6 行：声明两个浮点数 no1 与 no2。

第 8 行：因为要输入两个单精度浮点数，所以格式化字符串中用了两个格式化字符%f。

第 9 行：直接输出两个数的和。可以直接输入两个浮点数，中间加一个空格，再按 Enter 键，格式如下：

```
122.45 85.99 【Enter】
```

接下来会直接输出两个数的和，因为 scanf()函数会自动把 122.45 写到 no1 的地址，而 85.99 写到 no2 的地址上。

在输入时用来分隔数据的符号也可以由用户指定，例如在 scanf()函数中使用","，那么输入时也必须以","分隔，格式如下：

```
scanf("%d,%f", &N1, &N2);
```

当我们输入数据时也必须以逗号分隔，格式如下：

```
100,300.999
```

4-2-2　加上提示字符

在 printf()函数中除了格式化字符外，也可以加入其他提示输入字符。scanf()函数有一个有趣的现象，就是虽然可以加入其他字符，但是作用却完全不同了。例如以下语句：

```
scanf("no:%d",&no);/* 输入一个整数变量的值 */
```

格式化字符串中的"no:"是不会在输入数据时自动输出的，反而是我们在输入数据时也必须同时输入字符"no:"，否则所输入的值就会发生错误，格式如下：

```
no:176【Enter】
```

大家可能会好奇，应该如何在输入时加上提示字符呢？这时必须使用 printf()函数，改成如下语句即可：

```
printf("no:");
scanf("%d",&no);
```

【范例：CH04_10.c】

下面这个范例程序将示范在 scanf()函数中加上提示字符的输入方法，以及使用 printf()函数为 scanf()函数输入时加上提示字符的正确方法。

```
01  #include <stdio.h>
02  #include <stdlib.h>
03
04  int main()
05  {
06      int no,no1;
07
08
09      scanf("no:%d",&no);/* 加上提示字符,输入一个整数值 */
10
11      printf("no1:");/* 使用printf()函数加上提示字符 */
12      scanf("%d",&no1);
13
14      printf("no=%d\n",no);
15      printf("no1=%d\n",no1);
16
17
18      system("pause");
19      return 0;
20  }
```

运行结果如图 4-10 所示。

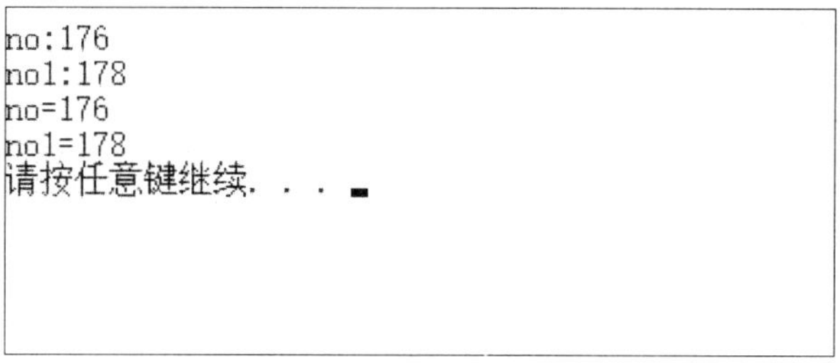

```
no:176
no1:178
no=176
no1=178
请按任意键继续. . . ▄
```

图 4-10 范例程序 CH04_10.c 的运行结果

【程序说明】

第 6 行：声明两个整数变量 no、no1。

第 9 行：scanf()函数加上提示字符，输入一个整数值，在输入整数值时前面要加上提示字符 "no:"。

第 11、12 行：使用 printf()函数，以便在 scanf()函数输入数据时加上提示字符。

我们使用 scanf()函数输入字符，使用%c 格式化字符，表示每次可读取一个字符。输入字符时不能空一格，否则会出现一些特别的情况，请看以下说明。

【范例：CH04_11.c】

下面这个范例程序将示范在 scanf()函数中输入字符的方法，我们将使用%c%c 两个格式化字符来输入两个字符，并输出所输入的字符及其 ASCII 码。

```
01  #include <stdio.h>
02  #include <stdlib.h>
03
04  int main()
05  {
06      char c1,c2;
07
08
09      printf("请输入两个字符:");
10      scanf("%c%c",&c1,&c2);/* 连续输入两个字符 */
11
12      printf("c1=%c ASCII 码=%d\n",c1,c1); /* 输出字符及其 ASCII 码 */
13      printf("c2=%c ASCII 码=%d\n",c2,c2); /* 输出字符及其 ASCII 码 */
14
15      system("pause");
16      return 0;
17  }
```

运行结果如图 4-11 所示。

```
请输入两个字符:ah
c1=a ASCII码=97
c2=h ASCII码=104
请按任意键继续. . . _
```

图 4-11   范例程序 CH04_11.c 的运行结果

【程序说明】

第 10 行：以两个连续%c 控制输入格式。

第 12、13 行：如果在第 10 行输入 a、h 两个字符，就会输出 a、h 与两者的 ASCII 码 97、104；如果在第 10 行输入一个 c，然后空一格，接着输入 d，再按 Enter 键，在第 12、13 行就会输出 c、空格与两者的 ASCII 码 99、32，输入的 d 字符不予理会。

4-2-3   字段宽度设置功能

字段宽度设置是一个很实用的功能，当使用 scanf()函数读取数据时，通过字段宽度的设置，可以以所设置的字段宽度值为长度分段读取数据。通常用于用户一次输入一整串长数据，为了运算方便，可将该数据按照一定的长度进行分割，并分别存储于不同的变量中。

【范例：CH04_12.c】

下面这个范例程序用来说明使用 scanf()函数读取数据时，通过字段宽度设置功能，可以按照所设置的字段宽度值来分段读取所输入的长整数。

```c
01  #include <stdio.h>
02  #include <stdlib.h>
03
04  int main()
05  {
06      int first,last;
07
08      printf("请输入 9 个数字:");
09      scanf("%4d%5d",&first,&last);
10      /* 将这个整数分割为四位数与五位数*/
11      printf("第一个数字为:%d\n",first);
12      printf("第二个数字为:%d\n",last);
13      printf("两者的和为:%d\n",first+last); /* 计算两者的和 */
14
15      system("pause");
16      return 0;
17  }
```

运行结果如图 4-12 所示。

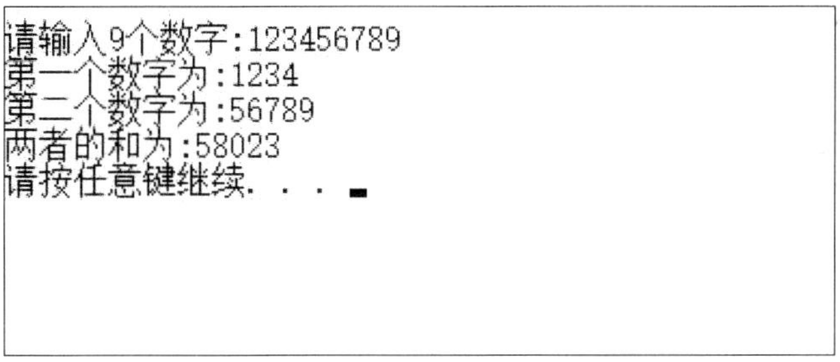

图 4-12　范例程序 CH04_12.c 的运行结果

【程序说明】

第 9 行：将所输入的数值分别以 4 位数与 5 位数的整数值读取与存储。

第 11 行：输出 4 位数。

第 12 行：输出 5 位数。

第 13 行：计算两者的和。

4-2-4　输入字符串

接下来讨论 scanf()函数对于字符串的输入方法。之前我们说明过字符串是将多个字符存储在字符数组中，并以空字符 "\0" 结尾而组成的类型。例如声明以下字符串：

```
char name[10];
```

这个 name 字符数组拥有存储 10 个字符长度的存储空间，大家别忘了必须保留空字符 "\0" 作为结尾，所以当我们准备使用 scanf()函数输入字符串时，最多只能从外部输入 9 个字符，否则就会发生错误。当我们输入完字符串中的所有字符并按 Enter 键后，系统会自动将这些字符写入 name 字符数组，并在最后加上空字符 "\0"，代表此字符串结束。

scanf()函数以%s 格式化字符来读取所输入的字符串，在找到第一个非空白的字符后，逐个读取字符，直到遇到下一个空格符为止。在中间不能有任何空格符，因为从读取第一个非空格符到出现空格符后自动停止。可以写成如下语句：

```
scanf("%s",name);
```

大家是否发现在上述语句中，之前千叮万嘱要在变量前加的 "&" 符号竟然没加上。原因是 name 为字符数组，在 C 语言中数组名可以代表这个数组的地址，所以 name 之前就不用加 "&" 符号了。有关数组的相关内容，在第 8 章中会有更深入的说明。

【范例：CH04_13.c】

下面这个范例程序用于展示如何使用 scanf()函数读取字符串数据，包括一次输入一个字符串，使用空格键（空格符）、Tab 键或 Enter 键分隔以及一次输入两个字符串的方式。

```
01  #include <stdio.h>
02  #include <stdlib.h>
03
```

```
04  int main()
05  {
06      char name[10],name1[10],name2[10];
07
08      printf("请输入一个字符串:");
09      scanf("%s",name);/* 输入一个字符串, name 之前不用加&符号 */
10      printf("%s\n",name);
11
12      printf("请再输入两个字符串:");
13      scanf("%s%s",name1,name2);/* 输入两个字符串, 以空格键来分隔*/
14      printf("%s  %s\n",name1,name2);
15
16      system("pause");
17      return 0;
18  }
```

运行结果如图 4-13 所示。

```
请输入一个字符串:happy
happy
请再输入两个字符串:new year
new  year
请按任意键继续. . .
```

图 4-13　范例程序 CH04_13.c 的运行结果

【程序说明】

第 6 行：声明 3 个字符数组，可用来存放最多 10 个字符，分别是 name、name1、name2。

第 9 行：输入一个字符串，name 之前不用加&符号，输入完所有字符后按 Enter 键，这时会在所输入的最后一个字符后加 '\0'。

第 10 行：逐个输出此字符数组的每一个字符，直到遇到 '\0'为止。

第 13 行：输入两个字符串，两个字符串之间可以用空格键、Tab 键或 Enter 键分隔。

【范例：CH04_14.c】

输入字符串时使用字段宽度设置功能也非常方便。以下范例将介绍如何将一大串输入的字符按照需求分别设置不同数目的字符给不同的字符串。

```
01  #include <stdio.h>
02  #include <stdlib.h>
03  int main()
04  {
05      char area[4],tel[9];
06
07      printf("请输入电话号码(含区号)共十个数字:");
08      scanf("%3s%7s",area,tel);
09      /* 以三位数与七位数来输入整数*/
```

```
10
11     printf("您的电话区号为:%s\n",area);
12     printf("您的电话号码为:%s\n",tel);
13     /* 打印出电话区号与电话号码 */
14     system("pause");
15     return 0;
16 }
```

运行结果如图 4-14 所示。

```
请输入电话号码(含区号)共十个数字:0387654321
您的电话区号为:038
您的电话号码为:7654321
请按任意键继续. . .
```

图 4-14　范例程序 CH04_14.c 的运行结果

【程序说明】

第 5 行：声明两个字符数组，分别是 area 和 tel。

第 8 行：输入一串字符，使用%3s 与%7s 两个格式化字符将这串字符拆成 3 个与 7 个字符，分别存储在两个字符串中。

第 11~12 行：直接使用%s 输出这两个字符串。

4-3　其他输入/输出函数

除了 scanf()函数与 print()函数扮演了 C 语言中最重要的输入/输出功能外，C 函数库中还提供了其他字符与字符串输入及输出函数，它们的原型都定义在 stdio.h 头文件中，包括 getchar()函数、putchar()函数、getche()函数、getch()函数、gets()函数、puts()函数等。

4-3-1　getchar()函数与 putchar()函数

getchar()函数的功能是让程序停留在该处，等到用户从键盘输入一个字符并按 Enter 键后才开始接收、读取第一个字符。语法格式如下：

```
char 字符变量
字符变量=getchar();
```

putchar()函数的功能正好相反，可用来将指定的单个字符输出到屏幕上。语法格式如下：

```
putchar(字符变量);
```

如果输入超过一个字符，其他字符将会被忽略，继续保留在缓冲区中，等待下一个读取字符或字符串函数的读入。

【范例：CH04_15.c】

下面的范例程序将简单示范 getchar()函数与 putchar()函数的正确使用方法，并使用 putchar()函数来输出转义字符（\n）。

```
01  #include <stdio.h>
02  #include <stdlib.h>
03
04  int main()
05  {
06      char c1;/* 声明一个字符变量 */
07
08      c1=getchar();
09      printf("刚刚输入的字符是:");
10      putchar(c1);
11      putchar('\n');/* 使用putchar()来实现转义序列的功能 */
12
13
14      system("pause");
15      return 0;
16  }
```

运行结果如图 4-15 所示。

图 4-15 范例程序 CH04_15.c 的运行结果

【程序说明】

第 8 行：读入第一个输入的字符，输入完毕后按 Enter 键就会把这个字符存储到 c1 中。

第 10 行：以 putchar()函数输出 c1 字符。

第 11 行：使用 putchar()实现转义序列中换行的功能。

4-3-2　getche()函数与 getch()函数

getche()函数与 getch()函数的功能与 getchar()函数类似，都可用来读取一个字符，最大的不同之处是 getchar()函数需要按 Enter 键才能终止输入动作。

getche()函数与 getch()函数都不必读取缓冲区的字符，只要用户输入字符，就会立刻读取，而不需要等待按 Enter 键。通常应用于程序中只需要用户输入一个字符就可以直接往下继续运行，例如在程序代码中有"按任意键继续…Y/N"等情况。

这两个函数之间的唯一差别是：getch()函数不会将所输入的字符显示到屏幕上，而 getche() 函数会在屏幕上回显（echo）读入的字符，也就是立刻将用户输入的字符显示在屏幕上。语法格式如下：

```
字符变量=getche(); /* 显示输出的字符 */
字符变量=getch();/* 不会显示输出的字符 */
```

【范例：CH04_16.c】

下面的范例程序将为大家说明使用 getche()与 getch()函数读取字符时的差异，请大家注意输入字符后屏幕上的显示情况。

```
01  #include <stdio.h>
02  #include <stdlib.h>
03
04  int main()
05  {
06      char c1,c2;  /* 定义字符变量 c1,c2 */
07
08      printf("按任意键继续(getche())...");
09      c1=getche();/* 使用 getche()输入字符 */
10      printf("  输入的字符:%c\n",c1);
11      printf("\n");
12
13      printf("按任意键继续(getch())...");
14      c2=getch();/* 使用 getch()输入字符 */
15      printf("  输入的字符:%c\n",c2);
16      printf("\n");
17
18      system("pause");
19      return 0;
20  }
```

运行结果如图 4-16 所示。

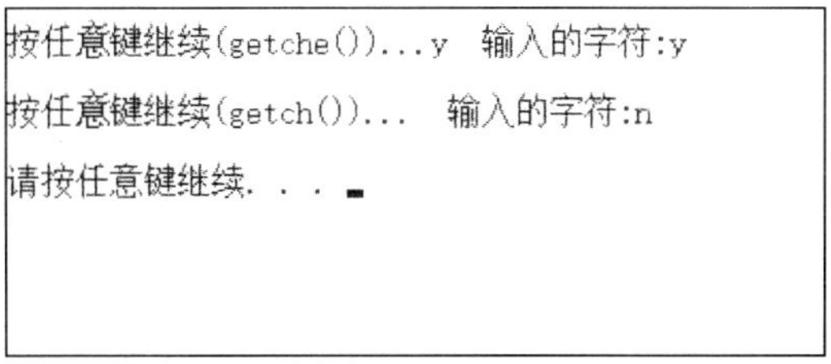

图 4-16　范例程序 CH04_16.c 的运行结果

【程序说明】

第 6 行：声明并定义字符变量 c1、c2。

第 9 行：使用 getche()输入字符，输入任意一个字符后即可自动往下运行，还会将输入的字符回显到屏幕上。

第 14 行：使用 getch()函数输入字符，注意此时不会将所输入的字符回显到屏幕上。

4-3-3 gets()函数与 puts()函数

相信大家在使用 scanf()函数输入字符串时总会觉得有点不方便,因为所输入的字符串中间不可以有任何空格,遇到输入字符串中有空格或 tab 字符时会自动视为字符串输入结束,在输入整个句子时就会很麻烦。使用 gets()函数可以轻松解决这个问题。

gets()函数不需要配合格式化字符串的设置,会直接回显用户输入的整段字符串到标准输出设备(屏幕),用户按 Enter 键后会读取缓冲区的所有字符并存放到指定字符数组中,还能自动在最后加上"\0"字符。语法格式如下:

```
gets (字符串变量);
```

puts()函数用来逐一输出指定字符串,直到遇到'\0'字符才会停止,并且执行换行的操作。语法格式如下:

```
puts(字符串);
```

尽管在puts()函数中无法使用格式化字符串来控制输出格式,应用上不如printf()函数实用,不过它具有语句简短、方便的优点。

【范例:CH04_17.c】

下面的范例程序将从标准输入设备上输入一个英文单词组成的句子,展示 gets()函数中所输入的字符串充许有空格,最后使用 puts()函数将这个字符串输出。

```
01  #include <stdio.h>
02  #include <stdlib.h>
03
04  int main()
05  {
06      char sentence[20];/* 声明字符数组 */
07
08      printf("请输入一个英文句子:");
09      gets(sentence);
10      puts("--------------------------------");/* 输出完后会自动换行 */
11      puts(sentence);
12
13      system("pause");
14      return 0;
15  }
```

运行结果如图 4-17 所示。

```
请输入一个英文句子:Never put off until1 tomorrow what you can do today.
------------------------------------
Never put off until1 tomorrow what you can do today.
请按任意键继续. . .
```

图 4-17 范例程序 CH04_17.c 的运行结果

【程序说明】

第 6 行：声明 sentence 为可存储 20 个字符的字符数组。

第 9 行：使用 gets()函数来输入英文句子，中间可以含空格符或 Tab 字符，按 Enter 键后会将输入的所有字符存储到字符数组。

第 10、11 行：使用 puts()函数输出数据，输出完后会自动换行。

4-4　上机程序测验

1. 请设计一个程序，使用 printf()函数将输出的内容加上百分比符号（%）。

解答：参考范例程序 ex04_01.c

2. 请设计一个程序，能比较出不同整数与浮点数格式化输出时当加上正号（+）或负号（-）等标志时设置功能会有哪些不同结果。

解答：参考范例程序 ex04_02.c

3. 请设计一个程序，让用户从标准输入设备分别输入两个数据，最后在屏幕上输出这两个数据。

解答：参考范例程序 ex04_03.c

4. 请设计一个程序，让用户任意输入十进制数，并分别输出该数的八进制与十六进制数的数值。

解答：参考范例程序 ex04_04.c

5. getchar()函数一次只能读取一个字符，putchar()函数只能输出一个字符，而一个中文汉字需要 2 个字节（byte）才能表示。请使用这两个函数设计一个 C 程序，试着输入一个中文汉字，并显示这个完整的中文汉字。

解答：参考范例程序 ex04_05.c

6. 我们知道 getchar()会从键盘读取所输入字符的第一个字符，当输入的字符不止一个时（例如输入"applepine"），请设计一个 C 程序，可使用 scanf()函数来读出剩下的字符。

解答：参考范例程序 ex04_06.c

7. 通过 printf()函数中字段宽度的设置可以将输出的数字向左或向右对齐。请设计一个 C 程序，分别将整数 12345 向左对齐与向右对齐输出。

解答：参考范例程序 ex04_07.c

8. 请设计一个 C 程序，可以让用户输入日期，格式为 YYYY-MM-DD，并显示输入的结果。

解答：参考范例程序 ex04_08.c

9. 月球引力约为地球引力的 17%，请设计一个 C 程序让用户输入体重，以求得该用户在月球上的体重。

解答：参考范例程序 ex04_09.c

4-5 课后练习

【问答与实践题】

1. 以下 C 程序代码片段包含 scanf() 函数：

```
int a,b,c;
scanf("%d,%d,%d",&a,&b,&c);
printf("%d %d %d\n",a,b,c);
```

请问当输入数据时，能否用以下方式输入？试说明原因。

```
87 176 65
```

2. 试说明 scanf() 函数中字段宽度设置的作用。

3. 试比较 scanf() 函数和 gets() 函数在打印字符时的差异。

4. 试给出以下程序代码的运行结果。

```
printf("%5s\n","***");
printf("%5s\n","****");
printf("%5s\n","*****");
```

5. 试比较 getche() 与 getch() 函数的差别。

6. 请问以下程序代码的输出结果是什么？

```
printf("\"\\n 是一种跳行字符\"\n");
```

7. 在以下程序片段中：

```
scanf("%d",&num);
printf("num=%d\n",num);
```

如果输入" 7654abcd"字符串，那么打印出来的 num 值是什么？

8. 什么是 printf() 函数的精度设置？

9. 请问在 printf() 函数中如何使用参数方式设置字段宽度？试举例说明。

10. 请简要说明%u 与%%格式化字符的作用。

11. 请简要说明 printf() 函数中标志设置字符#的作用。

12. 请问以下程序代码的输出结果是什么？

```
int no1=1005;
```

```
printf("%8.6d\n",no1);
```

【习题解答】

1. 解答：不行，输入时用来分隔输入的符号也可以由用户指定，因此在 scanf()函数中使用 "，"，输入时也必须以 "，"分隔。

2. 解答：字段宽度设置是一个很实用的功能，当使用 scanf()函数读取数据时，通过字段宽度设置，可以以所设置的字段宽度值为长度分段读取数据。通常用户会一次输入整个长数据，为了运算方便，可将该数据做一定长度的分割并存储于不同变量中。

3. 解答：使用 scanf()函数输入字符串的缺点是当遇到输入字符串中有空格符或 Tab 字符时会自动视为字符串输入结束。gets()函数会回显用户输入的字符串到标准输出设备（屏幕），用户按 Enter 键后会读取缓冲区的所有字符并存放到指定字符数组中。

4. 解答：

```
    ***
   ****
  *****
```

5. 解答：getche()函数会从键盘读入一个字符，返回给用户，并在屏幕上回显读入的字符。getch()函数则与前面介绍的 getche()函数用法相同，唯一不同之处是 getch()函数不会将输入的字符回显到屏幕上。

6. 解答：" \n 是一种跳行字符"

7. 解答：7654，因为使用 scanf()函数时，会略过空格符而直接读取数字及字符，直到读取完毕为止，而且后面的 abcd 字符不会读入。

8. 解答：通过精度设置可以使数值数据在输出时按照精度所设置的位数输出。设置时必须在格式化字符前加入 ".位数"。如果搭配字段宽度设置，格式化字符前就必须加入 "字段宽度.位数"。

9. 解答：字段宽度设置也可以用另一种方式，就是直接使用参数方式设置字段宽度，即将原格式化字符前的设置值用 "*"字符代替。格式如下：

```
printf("no=%*d\n",1,no);
printf("no=%*d\n",6,no);/* 设置字段宽度为 6 */
printf("no=%*d\n",8,no);/* 设置字段宽度为 8 */
```

10. 解答：u%输出不含符号的十进制整数值，%%输出的内容带有%符号。

11. 解答：#会按照格式符号的不同有不同的作用：显示八进制时，会在数值前加上数字 0；显示十六进制时，会在数值前加上 0x。如果配合%f、%e 等浮点数格式化字符，即使所设置的数值不含小数位数，也会包含小数点。

12. 解答："%8.6d"表示输出整数时，以 8 个字符宽度（数字字符宽度）来输出十进制整数，并且设置精度为 6，因为不足 6 个字符，所以前面补 0。结果为：   001005。

第 5 章
◀ 表达式与运算符 ▶

早期的数学家花数年时间才能计算出圆周率 π 小数点后几百个精确位数，今天的计算机只要花数秒就可以计算到小数点后数百万位甚至数千万位以上。精确快速的计算能力是计算机最重要的能力之一，这些就是通过程序设计语言的各种语句和指令来实现的，而语句和指令的基本单位就是表达式与运算符。

表达式就像平常所用的数学公式一样，由运算符（Operator）与操作数（Operand）组成。其中，=、+、*及/符号属于运算符，变量 A、x、c 及常数 10、3 属于操作数，例如 C 语言的一个表达式：

```
x=100*2y-a+0.7*3*c;
```

在 C 语言中，操作数包括常数、变量、函数调用及其他表达式，而运算符有赋值运算符、算术运算符、比较运算符、逻辑运算符、递增递减运算符以及位运算符 6 种。

5-1 表达式简介

在程序设计语言中，根据运算符在表达式中的位置可分为以下 3 种表示法。

（1）中序法（Infix）：运算符在两个操作数中间，例如 A+B、(A+B)*(C+D)等都是中序表示法。

（2）前序法（Prefix）：运算符在操作数的前面，例如+AB、*+AB+CD 等都是前序表示法。

（3）后序法（Postfix）：运算符在操作数的后面，例如 AB+、AB+CD+*等都是后序表示法。C 语言中的表达式使用的是中序法，同时也会涉及运算符的优先级与结合性等问题。

表达式分类

C 语言的表达式按照运算符处理操作数的个数不同可以分为"一元表达式""二元表达式"和"三元表达式"3 种。下面简单介绍这些表达式的特性与范例。

- **一元表达式：**由一元运算符所组成的表达式，在运算符左侧或右侧仅有一个操作数。

例如，-100（负数）、tmp--（递减）、sum++（递增）等。

- **二元表达式：**由二元运算符所组成的表达式，在运算符两侧都有操作数。例如，A+B（加）、A=10（等于）、x+=y（递增等于）等。
- **三元表达式：**由三元运算符所组成的表达式。由于此类型的运算符仅有"?:"（条件）运算符，因此三元表达式又称为"条件表达式"。例如，a>b ? 'Y':'N'。

5-2　认识运算符

在 C 语言中，表达式组成了各种程序计算的成果，运算符则是运算舞台上的演员。运算符的种类相当多，可以分门别类地执行各种计算功能。在尚未正式介绍运算符之前，我们先来认识运算符的优先级（priority）。

一个表达式中往往包含许多运算符，要安排彼此间执行的先后顺序就需要根据优先级来建立运算规则。小时候大家在上数学课时背诵的口诀"先乘除，后加减"就是优先级的基本概念。

当遇到一个以上运算符的 C 语言表达式时，首先要区分运算符与操作数。接下来按照运算符的优先级进行整理操作，当然也可以使用"( )"（括号）改变优先级。最后从左到右考虑运算符的结合性（associativity），也就是遇到相同优先级的运算符会从最左边的操作数开始处理。C 语言中各种运算符计算的优先级如表 5-1 所示。

表 5-1　C 语言中各种运算符计算的优先级

运算符的优先级	说明
()	括号，从左到右
〔〕	方括号，从左到右
!	逻辑运算 NOT
-	负号
~	位逻辑运算，从右到左
++、--	递增与递减运算，从右到左
*	乘法运算
/	除法运算
%	余数运算，从左到右
+	加法运算
-	减法运算，从左到右
<<	位左移运算
>>	位右移运算，从左到右
>	比较运算，大于
>=	比较运算，大于等于
<	比较运算，小于
<=	比较运算，小于等于
==	比较运算，等于
!=	比较运算，不等于，从左到右

（续表）

运算符的优先级	说明
& ^ |	位运算 AND，从左到右 位运算 XOR 位运算 OR，从左到右
&& ||	逻辑运算 AND 逻辑运算 OR，从左到右
?:	条件运算，从右到左
=	赋值运算，从右到左

5-2-1　赋值运算符

记得早期初学计算机时，最不能理解的就是 "=" （等号）在程序设计语言中的意义。例如，经常看到下面这样的指令：

```
sum=5;
sum=sum+1;
```

以往总是认为上述指令是相等或等于，sum=5 还说得通，而 sum=sum+1 这条指令就让人一头雾水了。其实 "=" 的主要功能是 "赋值" （assign），当声明变量时会先在内存上安排地址，等到使用赋值运算符（=）设置数值时才将数值赋给该地址存储。sum=sum+1 可以看成是将 sum 地址中的原数据值加 1 后重新赋给 sum 的地址。

在 C 语言中 "=" 符号称为赋值运算符（assignment operator），由至少两个操作数组成，主要作用是将等号右方的值赋给等号左方的变量。赋值运算符的使用方式如下：

```
变量名称 = 欲赋值的值 或 表达式;
```

赋值运算符（=）右侧可以是常数、变量或表达式，最终都会将值赋给左侧的变量。运算符左侧也只能是变量，不能是数值、函数或表达式等。例如：

```
a=5;
b=a+3;
c=a*0.5+7*3;
x-y=z; /* 不合法的语句，运算符左侧只能是变量 */
```

C 语言的赋值运算符除了一次赋值一个数值给变量外，还能够同时把一个数值赋给多个变量。例如：

```
int a,b,c;
a=b=c=100;     /* 同时把一个值赋值给不同变量 */
```

此时表达式的执行会从右到左，也就是变量 a、b 及 c 的内容值都是 100。

5-2-2　算术运算符

算术运算符（arithmetic operator）是最常用的运算符类型，主要包含数学运算中的四则运算以及递增、递减、正/负数等运算符。算术运算符的符号、名称与使用语法如表 5-2 所示。

表 5-2　算术运算符的符号、名称与使用语法

运算符	说明	使用语法	运算结果（A=25, B=7）
+	加	A + B	25+7=32
-	减	A - B	25-7=18
*	乘	A * B	25*7=175
/	除	A / B	25/7=3
%	求余数	A % B	25%7=4
+	正号	+A	+25
-	负号	-B	-7

+-*/运算符与我们常用的数学运算方法相同，优先级为"先乘除，后加减"。正、负号运算符主要表示操作数的正/负值，通常设置常数为正数时可以省略+号，例如"a=5"与"a=+5"的意义是相同的；负号的作用除了表示常数为负数外，也可以使得原来为负数的数值变成正数。余数运算符"%"是计算两个操作数相除后的余数，而且这两个操作数必须为整数、短整数或长整数类型，例如：

```
int a=29, b=8;
printf("%d",a%b);  /*运行结果为5*/
```

算术运算符的优先级是递增与递减最为优先，然后是正/负号，接着是乘除与求余数，最后才是加减运算符。如果表达式中运算符的优先级相同，那么会从左到右进行运算。

【范例：CH05_01.c】

这个范例程序用于展示余数运算符的实现，不过%运算符两端的操作数都必须是整数。下面求 125 分别除以 4、5、6 的余数。

```
01  #include <stdio.h>
02  #include <stdlib.h>
03
04  int main()
05  {
06      int a=125;
07
08      printf("%d%%4=%d\n",a,a%4);/* 输出 125%4 */
09      printf("%d%%5=%d\n",a,a%5); /* 输出 125%5 */
10      printf("%d%%6=%d\n",a,a%6); /* 输出 125%6 */
11
12      system("pause");
13      return 0;
14  }
```

运行结果如图 5-1 所示。

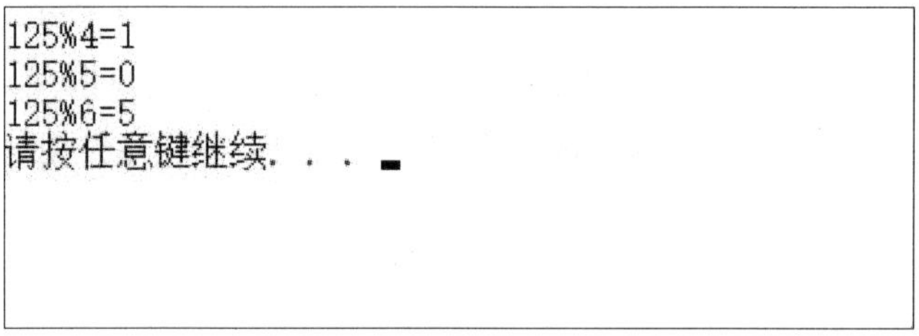

```
125%4=1
125%5=0
125%6=5
请按任意键继续. . .
```

图 5-1　范例程序 CH05_01.c 的运行结果

【程序说明】

第 8 行：125 除以 4 的余数为 1。

第 9 行：125 除以 5 的余数为 0。

第 10 行：125 除以 6 的余数为 5。

5-2-3　关系运算符

关系运算符主要用于比较两个数值之间的大小关系，例如 if-else 或 while 这类流程判断语句（if 相关语句在第 6 章中会详细说明）。当使用关系运算符时，所运算的结果有成立或不成立两种。如果成立，就称之为"真（true）"；如果不成立，就称之为"假（false）"。

在 C 语言中并没有特别的类型代表 false 或 true（C++中有布尔类型)。false 用数值 0 表示，其他所有非 0 的数值都表示 true（通常会以数值 1 表示）。关系比较运算符共有 6 种，如表 5-3 所示。

表 5-3　6 种关系比较运算符

关系运算符	功能说明	用法	运算结果（A=15，B=2）
>	大于	A>B	15>2，结果为 true(1)
<	小于	A<B	15<2，结果为 false(0)
>=	大于等于	A>=B	15>=2，结果为 true(1)
<=	小于等于	A<=B	15<=2，结果为 false(0)
==	等于	A==B	15==2，结果为 false(0)
!=	不等于	A!=B	15!=2，结果为 true(1)

【范例：CH05_02.c】

这个范例程序用于输出两个整数变量之间各种关系运算符间的真值表，以 0 表示结果为假、1 表示结果为真。

```
01  #include<stdio.h>
02  #include<stdlib.h>
03
04  int main()
05  {
06      int a=19,b=13;  /* 声明两个整数变量*/
07      /*比较运算符运算关系*/
```

```
08     printf("a=%d b=%d \n",a,b);
09     printf("--------------------------------\n");
10     printf("a>b,比较结果为 %d 值\n",a>b);
11     printf("a<b,比较结果为 %d 值\n",a<b);
12     printf("a>=b,比较结果为 %d 值\n",a>=b);
13     printf("a<=b,比较结果为 %d 值\n",a<=b);
14     printf("a==b,比较结果为 %d 值\n",a==b);
15     printf("a!=b,比较结果为 %d 值\n",a!=b);
16
17     system("pause");
18     return 0;
19 }
```

运行结果如图 5-2 所示。

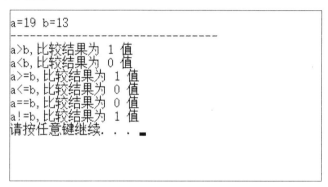

图 5-2　范例程序 CH05_02.c 的运行结果

【程序说明】

第 6 行：声明 a、b 的值。

第 8~15 行：分别输出 a、b 及其关系运算符的比较结果，真时显示为 1，假时显示为 0。

之前我们提过关系运算符在 if 语句中的应用最为普遍，而且有一些较为特殊的用法。if 语句的格式有许多种，我们先来说明最简单的 if 语法。

```
if(条件表达式)
{
程序语句区块；
}
```

例如：

```
if(a>5)
 printf("a 的值大于 5\n");
```

5-2-4　逻辑运算符

逻辑运算符运用在逻辑判断的时候，可控制程序的流程，通常用于两个表示式之间的关系判断，经常与关系运算符合用，仅有"真"与"假"两种值，并且输出数值分别为"1"与

"0"。C语言中的逻辑运算符共有3种，如表5-4所示。

表 5-4　三种逻辑运算符

运算符	功能	用法
&&	AND	a>b && a<c
||	OR	a>b || a<c
!	NOT	!(a>b)

- **&& 运算符**

当&&运算符（AND）两边的表达式都为真（1）时，运行结果为真（1）；任何一边为假（0），运行结果都为假（0）。其真值表如表5-5所示。

表 5-5　&&运算符真值表

&& 逻辑运算符		A	
		1	0
B	1	1	0
	0	0	0

- **\|\| 运算符**

\|\|运算符（OR）两边的表达式中只要有一边为真（1），运行结果就为真（1）。其真值表如表5-6所示。

表 5-6　\|\|运算符真值表

|| 逻辑运算符		A	
		1	0
B	1	1	1
	0	1	0

- **! 运算符**

! 运算符（NOT）是一元运算符，会将比较表达式的结果做求反运算，也就是返回与操作数相反的值。其真值表如表5-7所示。

表 5-7　!运算符真值表

A	1	0
! 运算符	0	1

下面借一个例子来看逻辑运算符的使用方式。

```
int result;
int a=5,b=10,c=6;
result = a>b && b>c; /*a>b 的返回值与条件式 b>c 的返回值做 AND 运算*/
result = a<b || c!=a; /*a<b 的返回值与 c!=a 的返回值做 OR 运算*/
result = !result; /* 将 result 的值做 NOT 运算 */
```

上述例子中，第 3、4 行语句分别以&&、||运算符结合两个条件表达式将运算后的结果存储到整数变量 result 中，由于&&与||运算符的运算符优先级比关系运算符>、<、!=的优先级低，因此运算时会先计算条件表达式的值，再进行 AND 或 OR 的逻辑运算。

第 5 行语句以!运算符进行 NOT 逻辑运算，取得变量 result 的相反值(true 的相反值为 false，false 的相反值为 true)，并将返回值重新赋给变量 result，这行语句执行后的结果会使变量 result 的值与原来的相反。

【范例：CH05_03.c】

下面的范例程序用于输出 3 个整数及其逻辑运算符相互关系的真值表，要特别留意运算符之间的交互运算规则及优先次序。

```
01  #include <stdio.h>
02  #include <stdlib.h>
03
04  int main()
05  {
06
07    int a=3,b=5,c=7;        /*声明a、b及c三个整数变量*/
08
09    printf("a= %d b= %d c= %d\n",a,b,c);
10    printf("=================================\n");
11
12    printf("a<b && b<c||c<a = %d\n",a<b&&b<c||c<a);
13    printf("!(a==b)&&(!a<b) = %d\n",!(a==b)&&(!a<b));
14     /* 包含关系与逻辑运算符的表达式求值 */
15
16    system("pause");
17    return 0;
18
19  }
```

运行结果如图 5-3 所示。

```
a= 3 b= 5 c= 7
=================================
a<b && b<c||c<a = 1
!(a==b)&&(!a<b) = 1
请按任意键继续. . .
```

图 5-3 范例程序 CH05_03.c 的运行结果

【程序说明】

第 7 行：声明 a、b 及 c 三个整数变量，并设置不同的值。

第 12 行：连续使用逻辑运算符，计算顺序为从左到右，也就是先计算"a<b && b<c"，然后将结果与"c<a"进行 OR 的运算。

第 13 行：先从括号内开始运算，再从左到右按序进行。

5-2-5　位运算符

在 C 语言中，位运算符能够针对整数和字符数据的位（bit）进行逻辑与位移的运算，通常区分为"位逻辑运算符"与"位位移运算符"两种。

1. 位逻辑运算符

位逻辑运算符和前面提到的逻辑运算符并不相同，逻辑运算符是对整个数值进行判断，而位逻辑运算符是特别针对整数中的位值进行计算的。C 语言提供 4 种位逻辑运算符，分别是 &（AND，与运算）、|（OR，或运算）、^（XOR，异或运算）与~（NOT，非运算）。

- &（AND，与运算）

执行 AND 运算时，对应的两个位（bit）都为 1 时，运算结果才为 1，否则为 0。例如，a=12，则 a&38 得到的结果为 4，12 的二进制表示法为 1100，38 的二进制表示法为 00100110，两者执行 AND 运算后，结果为十进制的 4。运算过程如图 5-4 所示。

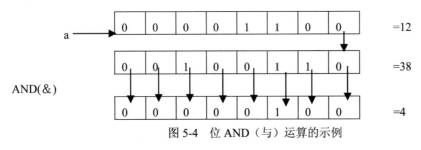

图 5-4　位 AND（与）运算的示例

- |（OR，或运算）

执行 OR 运算时，对应的两个位（bit）只要有任意一个为 1，运算结果就为 1，也就是只有两位都为 0 时，运算结果才为 0。例如，a=12，则 a|38 得到的结果为 46，运算过程如图 5-5 所示。

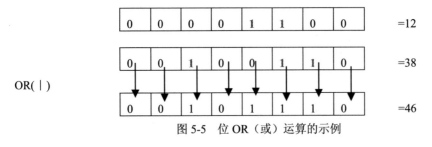

图 5-5　位 OR（或）运算的示例

- ^（XOR，异或运算）

执行 XOR 运算时，对应的两位只要有任意一位为 1，运算结果就为 1；如果同时为 1 或 0，运算结果就为 0。例如，a=12，则 a^38 得到的结果为 42，运算过程如图 5-6 所示。

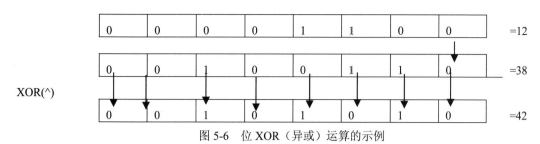

图 5-6 位 XOR（异或）运算的示例

● ～（NOT，非运算）

NOT 的作用是取 1 的补码（complement），在二进制中也就是 0 与 1 互换。例如，a=12，二进制表示法为 1100，取 1 的补码后，由于所有位都会进行 0 与 1 互换，因此运算后的结果为-13，运算过程如果图 5-7 所示。

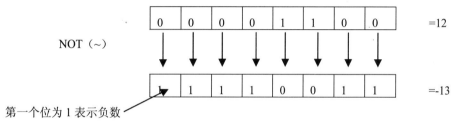

图 5-7 位 NOT（非）运算的示例

【范例：CH05_04.c】

下面的范例程序将实现图 5-4～图 5-7 图解的部分，在程序中声明 a=12、b=38，并输出 a 与 b 进行位逻辑运算后的输出结果。

```
01  #include<stdio.h>
02  #include<stdlib.h>
03
04  int main()
05  {
06      int a=12,b=38;
07
08      printf("%d&%d=%d\n",a,b,a&b);/* AND 运算 */
09      printf("%d|%d=%d\n",a,b,a| b);/* OR 运算 */
10      printf("%d^%d=%d\n",a,b,a^b);/* XOR 运算 */
11      printf("~%d=%d\n",a,~a);/* NOT 运算 */
12
13      system("pause");
14      return 0;
15  }
```

运行结果如图 5-8 所示。

```
12&38=4
12|38=46
12^38=42
~12=-13
请按任意键继续. . . _
```

图 5-8　范例程序 CH05_04.c 的运行结果

【程序说明】

第 6 行：声明 a=12，b=38。

第 8 行：输出 a 与 b 的位 AND 运算后的结果。

第 9 行：输出 a 与 b 的位 OR 运算后的结果。

第 10 行：输出 a 与 b 的位 XOR 运算后的结果。

第 11 行：输出 a 的位 NOT 运算后的结果。

2. 位位移运算符

位位移运算符会将整数值的各个位向左或向右移动指定的位数，C 语言提供两种位位移运算符，分别是左移运算符（<<）与右移运算符（>>）。

● 　<<（左移）

左移运算符（<<）可将操作数的各个位向左移动 n 位，左移后超出存储范围就舍去，右边空出的位补 0。语法格式如下：

```
a<<n
```

例如，表达式"12<<2"，数值 12 的二进制值为 1100，向左移动两位后成为 110000，也就是十进制的 48。运算过程如图 5-9 所示。

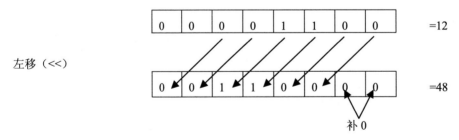

图 5-9　位左移运算的示例

● 　>>（右移）

右移运算符（>>）与左移相反，可将操作数的各个位右移 n 位，右移后超出存储范围就舍去。注意右边空出的位，如果数值是正数就补 0、是负数则补 1。语法格式如下：

```
a>>n
```

例如，表达式"12>>2"，数值 12 的二进制值为 1100，向右移动两位后成为 0011，也就是十进制的 3。运算过程如图 5-10 所示。

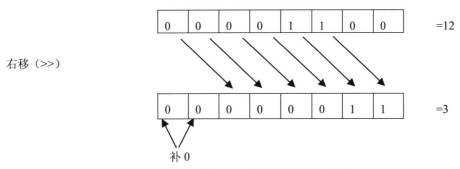

图 5-10　位右移运算的示例

接下来讨论负数与左移运算符（<<）及右移运算符（>>）的关系。如果是-12<<2 与-12>>2，那么结果是什么呢？首先我们要求出-12 的二进制表示法。

（1）12 的二进制表示法如下：

| 0 | 0 | 0 | 0 | 1 | 1 | 0 | 0 | =12 |

（2）求取 1 的补码，"1 的补码"是指如果两数之和为 1，这两个数互为 1 的补码，即 0 和 1 互为 1 的补码。也就是说，要求二进制数的补码，只需将 0 变成 1、1 变成 0。

| 1 | 1 | 1 | 1 | 0 | 0 | 1 | 1 |

（3）目前计算机所采用的负数表示法使用"2 的补码法"，因此现在还要取 2 的补码，先计算出该数 1 的补码，再加 1 即可。

| 1 | 1 | 1 | 1 | 0 | 1 | 0 | 0 | =-12 |

（4）进行-12<<2 的运算，这时左移两位，如果超出存储范围就舍去，右边空出的位补 0，得到如下二进制数：

| 1 | 1 | 0 | 1 | 0 | 0 | 0 | 0 |

（5）将此数减 1，可得 1 的补码。

| 1 | 1 | 0 | 0 | 1 | 1 | 1 | 1 |

（6）再还原回去，也就是将 1 改为 0、0 改为 1，结果是负数，所以结果还要*(-1)。

-1* | 0 | 0 | 1 | 1 | 0 | 0 | 0 | 0 | =-48

（7）如果是-12>>2 运算，就右移 2 位。

| 1 | 1 | 1 | 1 | 0 | 1 | 0 | 0 | =-12

（8）右移后超出存储范围就舍去。对于右边空出的位，如果数值是正数就补 0，如果数值是负数就填 1。

1	1	1	1	1	1	0	1

（9）将此数减 1，可得 1 的补码。

1	1	1	1	1	1	0	0

（10）再还原回去，也就是将 1 改为 0，0 改为 1，结果是负数，所以结果还要*(-1)。

-1* | 0 | 0 | 0 | 0 | 0 | 0 | 1 | 1 | =-3

【范例：CH05_05.c】

下面的范例程序用于验证负数与左移运算符及右移运算符的关系。我们声明 a=12，分别计算 12<<2 与 12>>2 的值，接着重新设置 a=-12，求-12<<2 与-12>>2 的值。

```
01  #include<stdio.h>
02  #include<stdlib.h>
03
04  int main()
05  {
06      int a=12; /* a 的二进制数为 00001100 */
07
08
09      printf("%d<<%d=%d\n",a,2,a<<2);/* 左移 2 位运算 */
10      printf("%d>>%d=%d\n",a,2,a>>2);/* 右移 2 位运算 */
11
12      a=-12;/* a 的二进制数为 11110100 */
13      printf("%d<<%d=%d\n",a,2,a<<2);/* 左移 2 位运算 */
14      printf("%d>>%d=%d\n",a,2,a>>2);/* 右移 2 位运算 */
15
16      system("pause");
17      return 0;
18  }
```

运行结果如图 5-11 所示。

```
12<<2=48
12>>2=3
-12<<2=-48
-12>>2=-3
请按任意键继续. . .
```

图 5-11　范例程序 CH05_05.c 的运行结果

【程序说明】

第 6 行：声明 a=12，二进制表示法为 00001100。

第 9 行：左移两位运算。

第 10 行：右移两位运算。

第 12 行：声明 a=-12，二进制表示法为 11110100。

第 13 行：左移两位运算。

第 14 行：右移两位运算。

5-2-6 递增与递减运算符

递增运算符（++）与递减运算符（--）是 C 语言中对变量操作数加、减 1 的简化写法，可以细分成"前置型"和"后置型"两种，属于一元运算符，可增加程序代码的简洁性。

● 递增运算符++

递增运算符可放在操作数的前方或后方，不同的位置会产生截然不同的计算顺序，当然得到的结果也不会相同。语法如下：

```
++变量名称;
变量名称++;
```

如果放在操作数之前，操作数递增的操作就会优先执行；如果放在操作数之后，递增操作就会在最后阶段执行。表 5-8 说明了递增运算符两种格式的运算方式。

表 5-8　递增运算符两种格式的运算方式

表达式	执行顺序说明
int a=0, b=0; b=++a;	/*声明 a 与 b 为整数，初始值都为 0*/ a=a+1;　　/*先将 a 值加 1，此时 a=1*/ b=a;　　　/*再将 a 值赋给 b，此时 b=1*/
int a=0, b=0; b=a++;	/*声明 a 与 b 为整数，初始值都为 0*/ b=a;　　　/*先将 a 值赋给 b，此时 a、b 都是 0*/ a=a+1;　　/*a 值加 1，b 值不变，此时 a=1、b=0*/

● 递减运算符--

递减运算符与递增运算符的格式与功能相似，只是将操作数的值减 1。语法如下：

```
--变量名称;
变量名称--;
```

递减运算符可放在操作数的前方或后方，不同位置会产生截然不同的计算顺序，如表 5-9 所示。

表 5-9　递减运算符不同位置的计算顺序

表达式	执行顺序说明
int a=0, b=0; b=--a;	/*声明 a 与 b 为整数，初始值都为 0*/ a=a-1;　　/*先将 a 值减 1，此时 a=-1*/ b=a;　　　/*将 a 值赋给 b，此时 b=-1*/
int a=0, b=0; b=a--;	/*声明 a 与 b 为整数，初始值都为 0*/ b=a;　　　/*先将 a 值赋给 b，此时 a、b 都是 0*/ a=a-1;　　/*a 值减 1，b 值不变，此时 a=-1、b=0*/

【范例：CH05_06.c】

下面的范例程序将示范前置型递增运算符、后置型递增运算符、前置型递减运算符、后置型递减运算符在运算前后的执行过程，大家比较结果后自然会有清晰的认识。

```
01  #include<stdio.h>
02  #include<stdlib.h>
03  int main()
04  {
05      int a,b;
06
07      a=15;
08      printf("a= %d \n",a);
09          b=++a;/* 前置型递增运算符*/
10          printf("前置型递增运算符:b=++a\n a=%d,b=%d\n",a,b);
11      a=15;
12      printf("a= %d \n",a);
13      b=a++; /* 后置型递增运算符*/
14          printf("后置型递增运算符:b=a++\n a=%d,b=%d\n",a,b);
15      a=15;
16      printf("a= %d \n",a);
17          b=--a;/* 前置型递减运算符*/
18          printf("前置型递减运算符:b=--a\n a=%d,b=%d\n",a,b);
19      a=15;
20      printf("a= %d \n",a);
21      b=a--;/* 后置型递减运算符*/
22          printf("后置型递减运算符:b=a-- \na=%d,b=%d\n",a,b);
23
24      system("pause");
25      return 0;
26  }
```

运行结果如图 5-12 所示。

```
a= 15
前置型递增运算符:b=++a
 a=16,b=16
a= 15
后置型递增运算符:b=a++
 a=16,b=15
a= 15
前置型递减运算符:b=--a
 a=14,b=14
a= 15
后置型递减运算符:b=a--
a=14,b=15
请按任意键继续. . .
```

图 5-12　范例程序 CH05_06.c 的运行结果

【程序说明】

第 7 行：声明 a=15。

第 9 行：使用前置型递增运算符，所以 b=16。

第 10 行：输出 a=16、b=16。

第 11 行：声明 a=15。

第 13 行：使用后置型递增运算符，所以 b=15。

第 14 行：输出 a=16、b=15 。

第 15 行：声明 a=15。

第 17 行：使用前置型递减运算符，所以 b=14。

第 18 行：输出 a=14、b=14。

第 19 行：声明 a=15。

第 21 行：使用后置型递减运算符，所以 b=15。

第 22 行：输出 a=14、b=15。

5-2-7　复合赋值运算符

复合赋值运算符（compound assignment operator）是由赋值运算符"="与其他运算符结合而成的。先决条件是"="右方的源操作数必须有一个和左方接收赋值数值的操作数相同。语法格式如下：

```
a op= b;
```

此表达式的含义是将 a 的值与 b 的值以 op 运算符进行计算，然后将结果赋值给 a。例如，变量 a 的初始值为 5，经过表达式"a+=3"运算后，a 的值会变成 8。复合赋值运算符有表 5-10 所示的 10 种。

表 5-10　复合赋值运算符

运算符	说明	使用语法
+=	加法赋值运算	A += B
-=	减法赋值运算	A -= B
*=	乘法赋值运算	A *= B
/=	除法赋值运算	A /= B
%=	求余数赋值运算	A %= B
&=	AND 位赋值运算	A &= B
|=	OR 位赋值运算	A |= B
^=	NOT 位赋值运算	A ^= B
<<=	位左移赋值运算	A <<= B
>>=	位右移赋值运算	A >>= B

5-3　上机程序测验

1. 请设计一个程序，计算与输出以下表达式的结果：

```
5*9+(3+7%2)-20*7%(5%3)
```

解答：参考范例程序 ex05_01.c

2. 请设计一个程序，当输入 sum 的值后，计算 sum=sum+1 执行后的结果。

解答：参考范例程序 ex05_02.c

3. 请设计一个程序，a、b 变量可由读者自行输入，计算与输出以下表达式结果：

```
a-b%6+12*b/2
(a*5)%8/5-2*b)
(a%8)/12*6+12-b/2
```

解答：ex05_03.c

4. 请设计一个程序，已知 a=b=5，x=10、y=20、z=30，计算经过 x*=a+=y%=b-=z*=5 运算后 x 的值。

解答：参考范例程序 ex05_04.c

5-4　课后练习

【问答与实践题】

1.下面这个程序进行除法运算，如果想得到较精确的结果，请问当中有什么错误？

```
01    int main()
02    {
03        int x = 13, y = 5;
04        printf("x /y = %f\n", x/y);
```

```
05        return 0;
06    }
```

2. 简述三元表达式。

3. 简述 C 语言中的 3 种"逻辑运算符",并分别说明用法。

4. 请比较以下两个程序片段所输出的结果:

(a)

```
int i = 2;
printf("%d %d",2*i++,i);
```

(b)

```
int i = 2;
printf("%d %d",2*++i,i);
```

5. 请说明下列复合赋值运算符的含义。

(a) += (b) -= (c) %=

6. 试说明~(NOT)运算符的作用。

7. 下面是判断变量 a 是否同时大于变量 b 与变量 c 的程序片段,请问此段程序是否正确?如果不正确,请试着将其修正。

```
bool result;
int a=5,b=3,c=10;

result = a>b & a>c;
```

8. 请问 C 语言中的"=="运算符与"="运算符有什么不同?

9. 已知 a=15、b=20,请问以下程序代码中各个 printf()函数的 a、b 值是多少?

```
a/=b++*2;
printf("%d %d\n",a,b);
a%=--b*2;
printf("%d %d\n",a,b);
a*=b--*a++;
printf("%d %d\n",a,b);
```

10. 以下程序代码的打印结果是什么?

```
int a,b;

a=5;
b=a+++a--;
printf("%d\n",b);
```

11. 已知 a=20、b=30,请计算下列各表达式的结果:

```
a-b%6+12*b/2
```

```
(a*5)%8/5-2*b)
(a%8)/12*6+12-b/2
```

12. 请问在 C 语言中 13|57 与 13^57 的值分别是多少?

13. 简述二元运算符。

14. 若 a=15,则 "a&10" 的结果是什么?

15. 请问 C 语言中提供了哪 4 种位逻辑运算符?

【习题解答】

1. 解答:浮点数的存储方式与整数不同,原程序会得到结果 2。若要得到正确的结果,必须将第 03 行改为:

```
float x = 13, y = 5;
```

2. 解答:由三元运算符所组成的表达式。由于这种类型的运算符仅有 ":?"(条件)运算符,因此三元表达式又称为 "条件表达式",例如 a>b?'Y':'N'。

3. 解答:

符号	名称	用法	说明
&&	AND	if((条件 A)&&(条件 B))	如果条件 A 与条件 B 同时成立
||	OR	if((条件 A)||(条件 B))	如果条件 A 与条件 B 有一个成立
!	NOT	if(!条件 A)	如果条件 A 不成立

4. 解答:

(a) 4   3

(b) 6   3

5. 解答:

运算符	说明
+=	加法复合赋值
-=	减法复合赋值
%=	求余数复合赋值

6. 解答:NOT 是位运算符中较为特殊的一种,只需一个操作数即可运算。运行结果是把操作数内的每一位求反,也就是原来的 1 变成 0,原来的 0 变成 1。

7. 解答:不正确,将 "result = a>b & a>c;" 语句中的&位运算符改为&&逻辑运算符。

8. 解答:C 语言中的相等关系用 "==" 运算符表示,而 "=" 是赋值运算符,这种差距很容易造成程序代码编写时的疏忽,需要多加留意。

9. 解答:

0 21

0 20

0 19

10. 解答:10

11. 解答：200　-60　-3

12. 解答：61　52

13. 解答：每一个运算符两旁通常都会有一个操作数，如此整个表达式才算是完整的，也称为"二元表达式"，例如 A+B（加）、A=10（赋值）、x+=y（加法复合赋值）等。

14. 解答：因为 15 的二进制表示法为 1111，10 的二进制表示法为 1010，两者执行 AND 运算后，结果为$(1010)_2$，也就是$(10)_{10}$。

15. 解答：分别是&（AND）、|（OR）、^（XOR）与~（NOT）。

第 6 章
◀ 流程控制与选择性结构 ▶

程序设计语言经过数十年的发展，结构化程序设计的趋势慢慢成为程序开发的主流，主要精神与模式是将整个问题从上而下、从大到小逐步分解成较小的单元，这些单元被称为模块（module）。

C 语言是一种相当符合模块化设计精神的语言。也就是说，C 程序是由各种函数组成的。所谓函数（function），就是具有特定功能的语句集合，可以视其为一种模块，不但方便程序的编写、减轻程序员的负担，还可以让程序日后易于修改和维护。

除了模块化设计，"结构化程序设计"（Structured Programming）还包括 3 种流程控制结构："顺序结构"（Sequential structure）、"选择结构"（Selection structure）以及"循环结构"（Repetition structure）。也就是说，一个结构化设计的程序无论程序结构如何复杂，都可以使用这 3 种基本流程控制结构加以表达与陈述。

6-1   顺序结构

顺序结构就是程序语句自上而下、一个程序语句接着一个程序语句执行的结构，如图 6-1 所示。

图 6-1 顺序结构

程序区块

语句（Statement）是 C 语言最基本的执行单位，每一行语句都必须以分号（;）结束。在 C 程序中，我们可以使用"{ }"（大括号）将多条语句包围起来，这些被包围的语句就称为程序区块（statement block，或语句区块）。形式如下：

```
{
  程序语句;
  程序语句;
  程序语句;
}
```

在 C 语言中，程序区块可以被看作最基本的语句区块，使用上就像一般的程序语句，它也是顺序结构中最基本的单元。将上面的形式改成如下形式可能更加易于理解：

```
{ 程序语句;  程序语句;  程序语句; }
```

C 语言的选择结构与循环结构经常使用这样的形式，只要记住一个概念，使用程序区块分析与编写程序时就比较容易阅读与了解。有时在编写程序的过程中可能会出现以下复合形式：

```
{
 程序语句;
   {
    程序语句;
    程序语句;
   }
}
```

这样的形式被称为嵌套（nesting）区块，即在程序区块中又包含一个程序区块。编写 C 程序时，使用选择结构与循环结构处理较复杂的运算，嵌套形式的程序区块经常会被广泛使用。

6-2 选择结构

选择结构（Selection structure）是一种条件控制语句，包含一个条件表达式，如果条件为真，就执行某些语句；一旦条件为假，则执行另一些语句。选择结构的条件语句是让程序能够选择应该执行的程序代码，就好比大家开车到十字路口，可以根据不同的情况来选择需要的路径，如图 6-2 所示。

选择结构必须配合逻辑判断式来建立条件语句，C 语言中提供了 4 种条件控制语句，分别是 if 条件语句、if-else 条件语句、条件运算符以及 switch 语句。

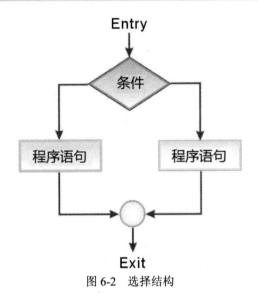

图 6-2 选择结构

6-2-1 if 条件语句

在说明关系运算符时曾经简单介绍过 if 条件语句的用法，C 语言程序设计的 if 条件语句是个相当普遍且实用的语句。当 if 的判断条件成立时（返回 1），程序就会执行括号内的语句；当判断条件不成立（返回 0）时，就不执行括号内的语句，并结束 if 语句。

想要编写一段用来决定要穿什么样式衣服的程序时，要使用的分类条件是什么？可以使用 C 语言中的 if 语句条件表达式来达到目的。

if 语句的语法格式如下：

```
if (条件运算符)
{
    程序语句区块；
}
```

如果{}区块中只包含一条程序语句，就可以省略"{}"大括号，语法如下：

```
if (条件运算符)
    程序语句；
```

在 if 语句下执行多行程序的语句称为复合语句，此时必须按照前面介绍的语法用"{}"（大括号）将语句区块包括起来。如果是单条程序语句，直接写在 if 语句下面即可。以下面的两个例子来说明。

例 1：

```
01  /*单行语句*/
02  if(test_score>=60)
03      printf("You Pass!\n");
```

例2：

```
01  /* 多行语句 */
02  if(test_score>=60){
03     printf("You Pass!\n");
04     printf("Your score is%d\n",test_score); /* 同时输出成绩 */
05  }
```

在例1中只需要执行 "You Pass!\n "这一行显示语句，所以不需要以大括号将程序代码包括起来。例2中除了要执行"You Pass!\n " 这行显示语句外，还加入了一条显示分数的语句，所以必须用大括号将程序代码包括起来。

【范例：CH06_01.c】

下面的范例程序是让大家输入停车小时数，并打印出停车小时数及总费用（以一小时 4 元收费，大于一小时才开始收费）。

```
01  #include<stdio.h>
02  #include<stdlib.h>
03
04  int main()
05  {
06    int t,total;
07    printf("停车超过一小时,每小时收费4元\n");
08    printf("请输入停车几小时: ");
09    scanf("%d",&t);/*输入小时数*/
10    if(t>=1)
11    {
12      total=t*4;     /*计算费用*/
13      printf("停车%d小时,总费用为:%d元\n",t,total);
14    }
15    system("pause");
16    return 0;
17  }
```

运行结果如图6-3所示。

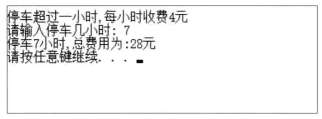

图 6-3 范例程序 CH06_01.c 的运行结果

【程序说明】

第9行：输入停车小时数。

第10行：使用 if 语句，当输入的数字大于 1 时，执行第 11~14 行程序语句。

6-2-2　if-else 条件语句

之前介绍的例子都是条件成立时才执行 if 语句下的程序，如果条件不成立也想让程序做点事情要怎么办呢？譬如今天不止要告知成绩及格的学生及格了，也要告知成绩不及格的学生不及格。在这样的情况下，我们只要以分数大于等于或小于 60 分作为条件依据就可以在"如果"分数符合此条件时显示及格，"否则"显示不及格，这时 if-else 条件语句就派上用场了。

if-else 指令提供了两种不同的选择，当 if 的判断条件成立时（返回 1），执行 if 程序语句区块内的程序；否则执行 else 程序区块内的程序语句，然后结束 if 语句，如图 6-4 所示。

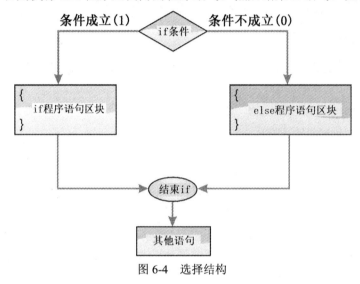

图 6-4　选择结构

if-else 语句的语法格式如下：

```
if (条件表达式)
{
    程序语句区块;
}
else
{
    程序语句区块;
}
```

当然，如果 if-else{}区块内只包含一条程序语句，就可以省略大括号，语法如下：

```
if (条件表达式)
程序语句;
else
程序语句;
```

和 if 语句一样，在 else 语句下所要执行的程序语句可以是单行或用大括号包含的多行程序语句。用一个简单的例子来说明 if-else 语句的使用：

```
01      printf("请输入一个数字(1~100):");
02      scanf("%d", &num);              /*输入数值*/
03      if(num%2)                        /*如果整数除以 2 的余数等于 0*/
04       printf("您输入的数为奇数。\n");      /*就显示奇数"*/
05      else                             /*否则*/
06       printf("您输入的数为偶数。\n");     /*输出偶数"*/
```

在第 3 行的 if(num%2)判断式中，由于整数除以 2 余数只有 1 或 0 两种，因此当余数等于 1 时，条件表达式返回 true（条件成立）；当余数为 0 时，条件表达式返回 false，执行第 5 行 else 之后的语句。

【范例：CH06_02.c】

下面的范例程序使用 if else 语句让用户输入一个整数，并判断是否为 2 或 3 的倍数，但不能是 6 的倍数。

```
01  #include <stdio.h>
02  #include <stdlib.h>
03
04  int main()
05  {
06    int value;
07
08      printf("请任意输入一个整数：");
09      scanf("%d", &value);/* 输入一个整数 */
10
11    if(value%2==0 || value%3==0)/* 判断是否为 2 或 3 的倍数 */
12     if(value%6!=0)
13     printf("符合所要的条件\n");
14     else
15     printf("不符合所要的条件\n");/* 为 6 的倍数 */
16    else
17     printf("不符合所要的条件\n");
18
19      system("pause");
20      return 0;
21  }
```

运行结果如图 6-5 所示。

```
请任意输入一个整数：8
符合所要的条件
请按任意键继续. . .
```

图 6-5　范例程序 CH06_02.c 的运行结果

【程序说明】

第 9 行：输出"请任意输入一个整数："。

第 11 行：使用 if 语句判断是否为 2 或 3 的倍数，与第 16 行的 else 语句为一组。

第 12~14 行：是一组 if else 语句，用来判断是否为 6 的倍数。

在判断条件复杂的情况下，有时会出现 if 条件语句所包含的复合语句中又有另一层 if 条件语句，这样多层的选择结构称为嵌套 if 条件语句。在 C 语言中并非每个 if 都有对应的 else，但是 else 一定会对应最近的 if。除了 if 语句可以使用嵌套结构外，else 语句也可以使用嵌套结构。为了程序阅读的便利性，我们并不鼓励大量使用 else 嵌套语句。请看以下例子：

```
01  if(price <200){
02      printf("buy this \n");
03  }else
04  {
05      if(price<400){
06          printf("ask mother\n");
07      }
08      else{
09          printf( "do not buy \n");
10      }
11  }
```

使用 else 语句要注意缩排，如果所执行的程序代码都是单行语句，就要加上大括号，不然很容易发生以下错误：

```
01  if(exam_done)
02  if(exam_score<60)
03   printf("再试一次!\n");
04  else
05   printf("成绩及格\n");
```

从上面的例子可以看出这里的 else 属于哪条 if 语句吗？相信有点难，因此修改写成以下方式：

```
01  if(exam_done){
02      if(exam_score<60){
03        printf("再试一次!\n");
04      }
05      else{
06          printf("成绩及格\n");
07      }
08  }
```

这样就容易看出 else 属于哪一条 if 语句了，这就是善用缩排及大括号的好处。

接着来看 if else if 条件语句，这是一种多选一的条件语句，让用户在 if 语句和 else if 中选择符合条件表达式的程序语句区块，如果以上条件表达式都不符合，就会执行最后的 else 语句，也可以看成是一种嵌套 if else 结构。语法格式如下：

```
if(条件表达式)
{
    程序区块;
}
else if(条件表达式)
{
    程序区块;
}
……
else{
    程序区块;
}
```

事实上，C 语言中并没有 else if 语法，以上语法结构只是将 if 语句接在 else 之后。通常为了增加程序的可读性与正确性，最好将对应的 if-else 以大括号包含在一起，并使用缩排效果。

【范例：CH06_03.c】

下面的范例程序可以让消费者输入购买金额，并根据不同的消费等级提供不同的折扣，使用 if else if 语句输出最后要花费的金额，如表 6-1 所示。

表 6-1　不同消费等级提供的折扣

消费金额	折扣
10 万元	15%
5 万元	10%
2 万元以下	5%

```c
01  #include <stdio.h>
02  #include <stdlib.h>
03
04  int main()
05  {
06      float cost=0;           /*声明整数变量*/
07       printf("请输入消费总金额:");
08       scanf("%f", &cost);
09      if(cost>=100000)
10        cost=cost*0.85;/* 10 万元以上打 85 折 */
11      else if(cost>=50000)
12        cost=cost*0.9; /* 5 万元到 10 万元之间打 9 折 */
13      else
14        cost=cost*0.95;/* 5 万元以下打 95 折 */
15        printf("实际消费总额:%.1f 元\n",cost);
16
17      system("pause");
18      return 0;
19  }
```

运行结果如图 6-6 所示。

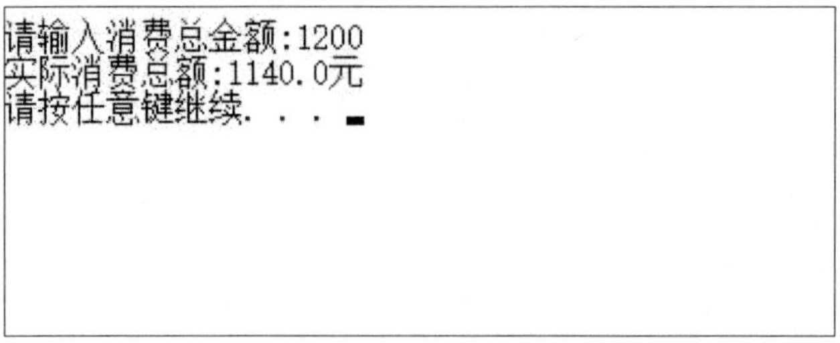

图 6-6 范例程序 CH06_03.c 的运行结果

【程序说明】

第 8 行：输入消费总金额，因为结果会有小数点位数，所以变量采用单精度浮点数类型。

第 9 行：if 条件表达式为如果 cost 在 10 万元以上打 85 折。

第 11 行：if 条件表达式为如果 cost 在 5 万元到 10 万元之间打 9 折。

第 13 行：else 语句为 cost 小于 5 万元打 95 折。

6-2-3 条件运算符

C 语言还提供了一种条件运算符，和 if else 条件语句功能一样，可以用来代替简单的 if else 条件语句，让程序代码看起来更为简洁，不过这里的程序语句只允许使用单行表达式。语法格式如下：

```
条件表达式? 程序语句一: 程序语句二;
```

条件表达式的结果如果成立，就执行"？"后面的程序语句一；如果不成立，就执行"："后面的程序语句二。以 if else 说明相当于下面的形式：

```
if （条件表达式）
  程序语句一;
else
  程序语句二;
```

下面使用 if else 语句判断所输入的数字为偶数或奇数：

```
01    if(num%2)    /*如果整数除以 2 的余数等于 0*/
02     printf("您输入的数为奇数。\n");      /*为奇数*/
03    else
04     printf("您输入的数为偶数。\n");      /*为偶数*/
```

如果改为条件运算符，格式如下：

```
(number%2==0)?printf("输入的数字为偶数\n"):printf("输入的数字为奇数\n");
```

【范例：CH06_04.c】

下面的范例程序使用条件运算符判断所输入的两科成绩，并判断这两科成绩是否都大于等于 60 分，是代表及格，将会输出 Y 字符，否则输出 N 字符。

```
01  /*条件运算符练习*/
02  #include <stdio.h>
03  #include <stdlib.h>
04
05  int main()
06  {
07   int math,physical;        /*声明表示两科分数的整数变量*/
08   char chr_pass;                /*声明表示合格的字符变量*/
09
10   printf("请输入数学与物理成绩:");
11   scanf("%d%d",&math,&physical);
12   printf("数学 = %d 分与 物理 = %d 分\n",math,physical);
13
14   chr_pass = ( math >= 60 && physical >= 60 )?'Y':'N';
15   /* 输出 chr_pass 变量的内容，显示该考生是否合格 */
16   printf( "该名考生是否合格? %c\n", chr_pass );
17
18    system("pause");
19    return 0;
20   }
```

运行结果如图 6-7 所示。

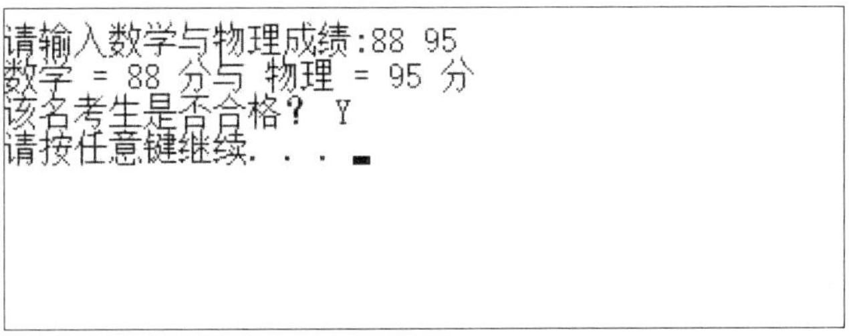

```
请输入数学与物理成绩:88 95
数学 = 88 分与 物理 = 95 分
该名考生是否合格? Y
请按任意键继续. . .
```

图 6-7 范例程序 CH06_04.c 的运行结果

【程序说明】

第 7 行：声明表示两科分数的整数变量。

第 8 行：声明表示合格的字符变量。

第 12 行：输入两科成绩。

第 14 行：使用条件运算符判断该考生是否合格。

6-2-4 switch 选择语句

if…else if 条件语句虽然可以实现多选一的结构，但是当条件表达式增多时，使用时不如本节中要介绍的 switch 条件语句简洁易懂，特别是过多的 else-if 语句常会给日后程序维护带来困扰。下面我们先使用流程图来简单说明 switch 语句的执行方式，如图 6-8 所示。

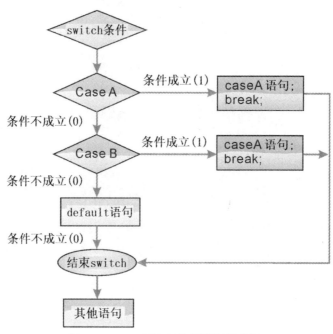

图 6-8　switch 语句的执行流程示意图

switch 条件语句的语法格式如下：

```
switch （表达式）
{
case 判断值1：
        程序语句1；
          ：
        break；
case 判断值2：
        程序语句2；
          ：
        break；
：
case 判断值n：
        程序语句n；
          ：
        break；
：
default：
        default 程序语句；
          ：
}
```

首先来看 switch 的括号部分，其中所放的表达式是要与大括号里的 case 标签内所定义的判断值进行比较的变量。当获得变量中的数值后，程序开始与先前定义在 case 内的数字或字符进行对比，如果符合就执行该 case 下的程序代码，直到遇到 break 后离开 switch 程序区块；如果没有符合的数值或字符，程序就会执行 default 下的程序语句。

例如，以下代码段使用 switch 语句完成简单的计算器功能，可由用户输入两个数字，再键入+、-、*、/任意一个键就可以进行运算。

```
01    switch(op_key)
02    {
03     case '+':      /*如果 op_key 等于'+'*/
04      printf("\n%.2f %c %.2f = %.2f\n", a, op_key, b, a+b);
05      break;      /*跳出 switch*/
06     case '-':  /*如果 op_key 等于'-'*/
07      printf("\n%.2f %c %.2f = %.2f\n", a, op_key, b, a-b);
08      break;   /*跳出 switch*/
09     case '*':  /*如果 op_key 等于'*'*/
10      printf("\n%.2f %c %.2f = %.2f\n", a, op_key, b, a*b);
11      break;          /*跳出 switch*/
12    case '/':      /*如果 op_key 等于'/'*/
13      printf("\n%.2f %c %.2f = %.2f\n", a, op_key, b, a-b);
14      break;             /*跳出 switch*/
15    default:      /*如果 op_key 不等于 + - * / 任何一个*/
16      printf("表达式有误\n");
17    }
```

default 标签的使用是可有可无的，如果我们要去处理一些条件表达式的结果值并且不在预先定义的判断值内，就可以在 default 标签下定义要执行的程序语句。switch 语句的执行过程重点整理如下：

（1）先求出表达式的值，再将此值与 case 的判断值进行对比，而 switch 的判断值必须是整数或字符。

（2）如果找到相同的值就执行 case 内的程序语句，执行完任意 case 程序区块后，并不会离开 switch 程序区块，而是往下继续执行其他 case 语句与 default 语句，因此在 case 语句的最后必须加上 break 指令来结束 switch 语句。

（3）如果找不到符合的判断值，就会执行 default 语句；如果没有 default 语句，就结束 switch 语句。

下面让我们用一个简单的例子来说明 switch 语句的使用，在此以不同的选择值来执行相同的程序语句，例如 90 分以上（含 100 分）都会输出 A 级。

```
01 int score = 0;
02 int level = 0;
03 cout << "输入分数: ";
04 cin >> score;
05 level = (int) score/10;
06 switch(level) {       /*level 为 switch 的条件表达式*/
07     case 10:case 9:
08         printf("A 级\n") ;
09         break;
10     case 8:case 7:
11         printf("B 级\n") ;
12         break;
```

```
13      default:
14          printf("C 级\n") ;
15  }
```

在上述例子中，如果 level 变量中的数值不是任何预先定义的值，就去执行 default 标签下的程序语句，这个例子中只要经计算后数值在 7 以下的都会评为 C 级。此外，我们对同一个 case 定义了两个不同的判断值，但是执行的是相同的程序语句，这是因为 switch 语句中可以一次定义多个判断值。

使用 switch 语句时要注意，在每一个执行程序区段的最后要加上 break 指令来结束此段程序区块，不然程序会继续按序执行，直到遇到 break 指令或者整个 switch 语句结束为止。

【范例：CH06_05.c】

下面的范例程序使用 switch 语句输入所要购买的快餐种类，分别显示对应的价格，并使用 break 的特性设置多重 case 条件，大家可从这个范例中充分了解 switch 语句的使用时机与方法。

```c
01  /#include <stdio.h>
02  #include <stdlib.h>
03
04  int main()
05  {
06      char select;
07      puts("   (1) 排骨快餐");
08      puts("   (2) 海鲜快餐");
09      puts("   (3) 鸡腿快餐");
10      puts("   (4) 鱼排快餐");
11      printf("   请输入您要购买的快餐：");
12      select=getche();/*输入字符并存入变量 select*/
13      printf("\n==================================\n");
14
15      switch(select)
16      {
17      case '1':              /*如果 select 等于 1*/
18          puts("排骨快餐一份 75 元");
19          break;        /*跳出 switch*/
20      case '2':              /*如果 select 等于 2*/
21          puts("海鲜快餐一份 85 元");
22          break;        /*跳出 switch*/
23      case '3':              /*如果 select 等于 3*/
24          puts("鸡腿快餐一份 80 元");
25          break;        /*跳出 switch*/
26      case '4':              /*如果 select 等于 3*/
27          puts("鱼排快餐一份 60 元");
28          break;        /*跳出 switch*/
29      default:               /*如果 select 不等于 1,2,3,4 中的任何一个*/
30          printf("选项错误\n");
31      }
```

```
32      printf("================================\n");
33
34      system("pause");
35      return 0;
36  }
```

运行结果如图 6-9 所示。

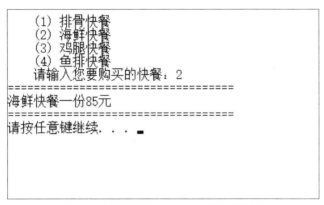

图 6-9　范例程序 CH06_05.c 的运行结果

【程序说明】

第 7~11 行：输出各种快餐的售价与相关文字。

第 15 行：根据输入的 select 字符决定执行哪一行的 case，例如当输入字符为 1 时，会输出字符串"排骨快餐一份 75 元"，break 指令代表直接跳出 switch 条件语句，不会执行下一个 case 语句。

第 29 行：输入的字符若不符合所有 case 条件（1、2、3、4 以外的字符），则执行 default 后的程序区块。

6-3　上机程序测验

1. 使用顺序结构设计一个程序，输入学生的 3 科成绩并计算成绩的总分与平均分，最后输出结果。

解答：参考范例程序 ex06_01.c

2. 使用顺序结构设计一个程序，由用户输入的梯形上底、下底和高计算出梯形的面积。梯形面积公式如下：

梯形面积公式：（上底+下底）*高/2

解答：参考范例程序 ex06_02.c

3. 请设计一个程序，已知一个乐透号码，用户输入任意整数猜测该号码，如果猜对了就结束程序，不对则输出"猜错了"。

解答：参考范例程序 ex06_03.c

4. 请设计一个 C 程序，将用户所输入的摄氏温度转换为华氏温度。

公式：华氏＝(9*摄氏)/5+32

解答：参考范例程序 ex06_04.c

5. 请设计一个 C 程序，让用户输入一个数值，可以选择计算该数值的立方或平方值，并将计算结果显示在屏幕上。

解答：参考范例程序 ex06_05.c

6. 润年计算的规则是"四年一润，百年不润，四百年一润"。请设计一个 C 程序，使用 if else if 条件语句执行润年计算规则，根据用户输入的年份来判断是否为润年。

解答：参考范例程序 ex06_06.c

7. 请设计一个 C 程序，让用户输入一个代表成绩的字符，包括 A、B、C、D、E 共 5 级。输入英文大小写字母都可以接受，并输出字母所代表的成绩。如果输入的不是以上字符，就输出"没有此分数群组"。

解答：参考范例程序 ex06_07.c

8. 请设计一个 C 程序，使用 switch 语句完成简单的计算器功能。例如，只要用户输入两个数字，再键入+, -, *, /中的一个键就可以进行运算。

解答：参考范例程序 ex06_08.c

6-4   课后练习

【问答与实践题】

1. 试说明 default 指令的作用。

2. 试说明以下程序代码中的 else 语句配合哪一个 if 语句。

```
if (number % 3 == 0)
  if (number % 7 == 0)
    printf("%d 是 3 与 7 的公倍数\n",number);
  else
    printf("%d 不是 3 的倍数\n",number);
```

3. 下面这个代码段有什么错误？

```
01 if(y == 0)
02    printf("除数不得为 0\n");
03    exit(1);
04 else
05    printf("%.2f", x / y);
```

4. 下列程序代码中的条件表达式是否成立，并说明理由。

```
if ((16>0xff) && ((100!=91) || !(17*6<326)))
```

5. 我们都知道，三角形任意两边边长的和必大于第三边的边长。请设计一个代码段，使用 if else 语句输入三个数作为边长，然后判断能否成为一个三角形的三条边。

6. 请将下面用 switch 语句所编写的程序片段以 if...else if...else 的方式加以改写：

```
switch(option)
{
    case 0:
        printf( "奖金 1000 元");
        break;
    case 1:
        printf("奖金 2000 元");
        break;
    case 2:
        printf("奖金 3000 元");
        break;
    case 3:
        printf("奖金 4000 元");
        break;
    default:
        printf("没有中奖! ");
}
```

7. 什么是嵌套 if 条件语句？

8. 请问 switch 条件表达式的结果必须是什么数据类型？

9. 请简要介绍函数（function）的作用。

10. default 语句的作用是什么？

11. 结构化程序设计分为哪 3 种基本流程结构？

【习题解答】

1. 解答：default 语句原则上可以放在 switch 语句程序区块内的任何位置，找不到符合的结果值，最后才会执行 default 语句。把 default 语句摆在最后才可以省略 default 语句内的 break 语句，否则必须加上 break 指令。

2. 解答：程序代码中的 else 乍看似乎与最上层的 if(number%3 ==0)配对，实际上是与 if(number%7 == 0)配对。这样的程序代码没有语法错误，也可以编译执行，但逻辑是错误的。

3. 解答：if 与 else 之间有两条语句，属于复合语句，应该使用{}将第 02 行与第 03 行包括起来。

4. 解答：不成立。请先以逻辑运算符的执行顺序按从右到左的方式将条件表达式拆开解释，"(16>0xff)"：不成立；"(100!=91)"：成立；"!(17*6<326)"：成立；((100!=91) || !(17*6<326))：成立＋成立＝成立；((16>0xff) && ((100!=91) || !(17*6<326)))：不成立*成立＝不成立，所以此题的答案为不成立。

5. 解答：

```
if((a+b)>c)
 if((a+c)>b)
  if((b+c)>a)
   printf("能");
  else
   printf("不能");
 else
  printf("不能");
 else
  printf("不能");
```

6. 解答：

```
if(option==0)
    printf( "奖金1000元");
else if(option==1)
    printf("奖金2000元");
else if(option==2)
    printf("奖金3000元");
else if(option==3)
    printf("奖金4000元");
else
    printf("没有中奖! ");
```

7. 解答：在判断条件复杂的情况下，有时会出现 if 条件语句所包含的复合语句中又有一层 if 条件语句。这样多层的选择结构称为嵌套 if 条件语句。

8. 解答：整数类型或字符类型。

9. 解答：所谓函数，就是具有特定功能的语句集合，我们可把它视为一种模块，不但可以方便程序的编写、减轻程序员的负担，而且便于程序在日后的维护和修改。

10. 解答：在 switch 语句中如果找不到符合的判断值，就会执行 default 语句；如果没有 default 语句，就结束 switch 语句。

11. 解答：顺序结构、选择结构与循环结构。

第 7 章
◄ 循环结构 ►

C 语言的循环结构主要谈到的是循环控制功能，循环（loop）会重复执行一个程序区块的程序语句，直到符合特定的结束条件为止。简单来说，循环结构可以执行相同的程序语句，让程序更符合结构化的设计精神。

例如想要让计算机计算出 1+2+3+4+...+100 的值，并不需要大费周章地在程序代码中从 1 累加到 100，使用循环结构就可以轻松完成任务。基本上，循环结构按照结束条件位置的不同可以分为两种，分别是前测试型循环与后测试型循环，如图 7-1 和图 7-2 所示。

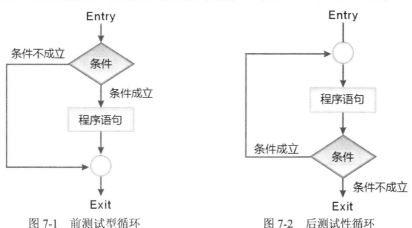

图 7-1　前测试型循环　　　　　　图 7-2　后测试性循环

C 语言提供了 for、while 以及 do-while 三种循环语句来实现循环结构。for、while 属于前测试型循环，do-while 属于后测试型循环，在尚未开始正式介绍之前，先简单说明如下。

- for 循环语句：适用于计数式的条件控制，即已事先知道循环执行的次数。
- while 循环语句：循环次数未知，必须满足特定条件才能进入循环体；如果不满足条件测试，循环就会结束。
- do-while 循环语句：无论如何会至少执行一次循环内的程序语句，再进行条件测试。

7-1　for循环

for 循环又称为计数循环，是程序设计中较常使用的一种循环形式，可以重复执行固定次数的循环，不过必须事先设置循环控制变量的起始值、执行循环的条件表达式以及控制变量更新的增减值。图 7-3 所示为 for 循环的执行流程图。

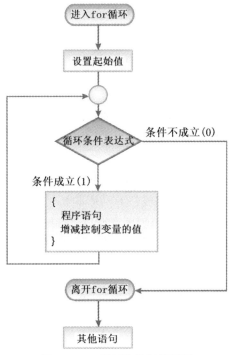

图 7-3　for 循环的执行流程图

7-1-1　for 循环的使用方式

for 循环语句的使用方式相当简单，语法格式如下：

```
for(控制变量起始值；  条件表达式；控制变量更新的增减值)
{
    程序语句区块；
}
```

for 循环的执行步骤说明如下：

（1）设置控制变量起始值。

（2）如果条件表达式为真，就执行 for 循环内的语句。

（3）执行完成后增加或减少控制变量的值，可根据用户的需求进行控制，再重复步骤 2。

（4）如果条件表达式为假，就跳离 for 循环。

使用 for 循环计算从 1 加到 100 的 C 程序代码如下：

```
int i=1,sum=0;                    /*声明 i 初值*/
for (; i<=100 ; i++)              /*省略变量起始值的设置,分号不可省略*/
{
    sum+=i;                       /*执行累加运算*/
    printf("i=%d\t sum=%d\n", i, sum);
}
```

现在大家已经了解通过使用一个控制变量来让 for 循环重复执行特定的次数,结束条件成立时 for 程序区块就会终止执行。但是,有时在使用 for 循环时,由于设计程序代码时的疏忽,可能会发生循环无法满足结束条件的情况,因此永无止境地执行,这种不会结束的循环称为"无限循环"或"死循环"。

无限循环在程序功能上有时也会发挥某些作用,例如某些程序中的暂停动作(游戏设计)。如果大家想要编写无限循环,只需要将条件表达式"拿掉",省略表达式后";"必须保留,否则会造成编译上的错误。其格式如下:

```
for (;;)
  {
      :
程序语句;
  }
```

【范例：CH07_01.c】

下面的范例程序使用 for 循环设计一个 C 程序,可输入小于 100 的整数 n,并计算以下式子的总和:

```
1*1+2*2+3*3+4*4+…+(n-1)*(n-1)+n*n
```

```
01  #include<stdio.h>
02  #include<stdlib.h>
03
04  int main()
05  {
06      int n,i;
07      long sum=0;/* 声明为长整数 */
08
09      printf("请输入任意整数:");
10      scanf("%d",&n);
11
12      if(n>=1 || n<=100)/* 控制输入范围 */
13      {
14      for(i=0;i<n;i++)
15       sum+=i*i; /* 1*1+2*2+3*3+…+n*n */
16       printf("1*1+2*2+3*3+...+%d*%d=%d\n",n,n,sum);
17      }
18      else
19       printf("输入数字超出范围了!\n");
20
```

```
21      system("pause");
22      return 0;
23  }
```

运行结果如图 7-4 所示。

```
请输入任意整数:5
1*1+2*2+3*3+...+5*5=55
请按任意键继续. . .
```

图 7-4　范例程序 CH07_01.c 的运行结果

【程序说明】

第 7 行：声明 sum 为长整数。

第 12 行：如果所输入的值在 1~100 之间，就执行 13~17 行语句。

第 14 行：使用 for 循环控制，设置变量 i 的起始值为 0。循环条件 i 小于 n，i 的递增值为 1，只要 i 大于 n，就会离开 for 循环。

第 16 行：输出计算后的结果。

7-1-2　嵌套循环

接下来为大家介绍 for 循环的嵌套循环（Nested loop），也就是多层次的 for 循环结构。在嵌套 for 循环结构中，执行流程必须等内层循环执行完毕才会继续逐层执行外层循环。例如，两层式的嵌套 for 循环结构格式如下：

```
for(控制变量起始值 1; 循环条件表达式; 控制变量增减值)
{
        程序指令;

for(控制变量起始值 2; 循环条件表达式; 控制变量增减值)
    {
        程序指令;
    }
}
```

【范例：CH07_02.c】

下面的范例程序使用两层嵌套 for 循环设计九九乘法表，其中 i 为外层循环的控制变量，j 为内层循环的控制变量。两个 for 循环的执行次数都是 9 次，所以这个程序一共要执行 81 个循环，即输出 81 道乘法式子。

```
01  #include<stdio.h>/* 双层嵌套循环的范例 */
```

```
02  #include<stdlib.h>
03
04  int main()
05  {
06    int i,j,n,m;   /*九九表的双重循环*/
07
08    for(i=1; i<=9; i++)       /* 外层循环 */
09    {
10      for(j=1; j<=9; j++)  /* 内层循环 */
11      {
12        printf("%d*%d=",i,j);
13        printf("%d\t ",i*j);
14      }
15      printf("\n");
16    }
17
18      system("pause");
19      return 0;
20  }
```

运行结果如图 7-5 所示。

```
1*1=1    1*2=2    1*3=3    1*4=4    1*5=5    1*6=6    1*7=7    1*8=8    1*9=9
2*1=2    2*2=4    2*3=6    2*4=8    2*5=10   2*6=12   2*7=14   2*8=16   2*9=18
3*1=3    3*2=6    3*3=9    3*4=12   3*5=15   3*6=18   3*7=21   3*8=24   3*9=27
4*1=4    4*2=8    4*3=12   4*4=16   4*5=20   4*6=24   4*7=28   4*8=32   4*9=36
5*1=5    5*2=10   5*3=15   5*4=20   5*5=25   5*6=30   5*7=35   5*8=40   5*9=45
6*1=6    6*2=12   6*3=18   6*4=24   6*5=30   6*6=36   6*7=42   6*8=48   6*9=54
7*1=7    7*2=14   7*3=21   7*4=28   7*5=35   7*6=42   7*7=49   7*8=56   7*9=63
8*1=8    8*2=16   8*3=24   8*4=32   8*5=40   8*6=48   8*7=56   8*8=64   8*9=72
9*1=9    9*2=18   9*3=27   9*4=36   9*5=45   9*6=54   9*7=63   9*8=72   9*9=81
请按任意键继续. . .
```

图 7-5　范例程序 CH07_02.c 的运行结果

【程序说明】

第 8 行：外层 for 循环控制 i 输出，只要 i<=9，就继续执行第 9~16 行。

第 10 行：内层 for 循环控制 j 输出，只要 j<=9，就继续执行第 12、13 行。

第 12、13 行：输出 i*j 的值。

7-2　while 循环

如果要执行的循环次数确定，使用 for 循环语句就是最佳选择；对于一些不确定次数的循环，while 循环就可以派上用场了。while 结构与 for 结构类似，都属于前测试型循环，两者最大的不同之处在于 for 循环需要一个特定的次数；而 while 循环不需要，只要判断条件表达式持续为 true 就能一直执行。

while 循环内的程序语句可以是一条语句或多个语句形成的程序区块。如果有多条语句在循环中执行，就可以使用大括号包括住。图 7-6 所示为 while 循环语句执行的流程图。

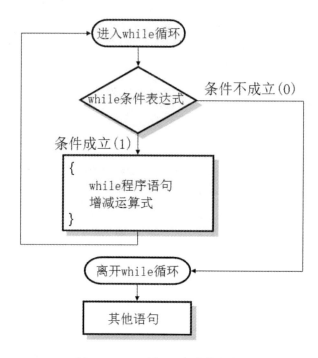

图 7-6　while 循环语句的执行流程图

使用 while 循环必须自行加入起始值并设置一个变量作为计数器，每执行一次循环，程序区块中计数器的值就会改变，否则条件表达式永远成立将造成无限循环。while 指令的语法如下：

```
while(循环条件表达式)
{

    程序语句;

}
```

【范例：CH07_03.c】

下面的范例程序使用 while 循环计算：当某数的数值是 1000 时，依次减去 1, 2, 3…直到减到哪一个数时相减的结果为负数。因为不清楚要执行多少次，所以这种情况很适合用 while 循环实现。

```
01  #include<stdio.h>
02  #include<stdlib.h>
03
04  int main()
05  {
06      int x=1, sum=1000;
07      while(sum>=0) /* while 循环 */
```

```
08     {
09       sum-=x; /* x=1,2,3…*/
10       x++;
11     }
12     printf("x=%d\n",x-1);/* 之前预先加1了 */
13
14     system("pause");
15     return 0;
16 }
```

运行结果如图 7-7 所示。

图 7-7 范例程序 CH07_03.c 的运行结果

【程序说明】

第 7 行：定义 while 循环成立的条件为，只要 sum>=0，第 9 行中的 sum 就依次减去 x 的值。

第 10 行：x 每进循环一次就累加一次，循环条件不成立（sum<0）时就显示最后 x 的值。

第 12 行：因为之前第 10 行中 x 预先加 1，所以要减 1。

接下来介绍一个相当特别的 kbhit() 函数。当执行此函数时，系统不会中断程序等待用户输入，而是去检查缓冲区是否有数据。一旦缓冲区有数据，就返回一个非零的值，否则返回零。由于 kbhit() 函数只是检查是否触发了按键，因此适合某些需要程序持续执行，直到用户触碰了任意一个按键，才会产生其他执行请求的情况，例如屏幕保护程序就是一个很显著的例子。

【范例：CH07_04.c】

下面的范例程序将使用 while 循环与 kbhit() 函数不断显示 "输入任意一个键结束程序的执行" 的文字，只要大家在键盘上按任意一个键，!kbhit() 的结果值为 0，就会直接跳出循环。

```
01 #include <stdio.h>
02 #include <stdlib.h>
03
04 int main()
05 {
06    while ( !kbhit() ) /* 使用 kbhit() 函数等待用户按键 */
07      printf("输入任意一个键结束程序的执行\n");
08
09    system("pause");
10    return 0;
11 }
```

运行结果如图 7-8 所示。

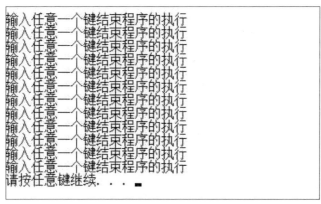

图 7-8　范例程序 CH07_04.c 的运行结果

【程序说明】

第 06 行：使用 while 循环输出第 7 行的 printf()函数，由于使用!kbhit()作为判断值，因此会一直等待用户按键，直到有了按键信息才结束程序。

7-3　do while循环

如果想让循环中的程序代码无论如何至少被执行一次，那么 while 循环语句除了在条件成立时，否则是无法让循环内的程序区块被执行的。但是使用 do-while 语句就可以办到。do-while 循环内的程序区块无论如何都至少会被执行一次，是一种后测试型循环。

do while 循环语句和 while 循环语句十分类似，只要条件表达式为真就会执行循环内的程序区块。do-while 循环最重要的特征是条件判断表达式在循环体的后面，一定会先至少执行一次循环内的程序区块，而前面所介绍的 for 循环和 while 循环都必须先执行条件判断表达式，当条件为真时才继续进行。图 7-9 所示为 do-while 语句的执行流程图。

do while 循环语句的语法格式如下：

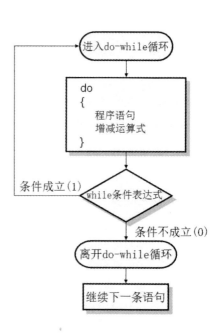

图 7-9　do-while 循环语句的执行流程图

```
do
{
    :
    程序语句;
}
while (条件表达式);  /* 此处记得加上;号 */
```

【范例：CH07_05.c】

下面的范例程序将设置整数变量 check_key 的值为 0，当条件不成立时，大家可以观察使用 while 循环与 do...while 循环执行时的差异。

```
01  #include <stdio.h>
02  #include <stdlib.h>
03
04  int main()
05  {
06      int check_key=0;   // 声明整数变量 check_key
07
08      while (check_key == 1)
09       printf("程序进入 while 循环\n");   /* while 循环 */
10
11      do
12       printf("程序进入 do...while 循环\n");
13       while (check_key == 1);   /* do…while 循环 */
14
15      system("pause");
16      return 0;
17  }
```

运行结果图 7-10 所示。

程序进入do...while循环
请按任意键继续. . . _

图 7-10　范例程序 CH07_05.c 的运行结果

【程序说明】

第 6 行：声明整数变量 check_key，同时将初始值设置为 0。

第 8 行：while 循环与第 13 行 do...while 循环的条件表达式都是 check_key==1。

第 9 行：不会执行 while 循环语句，因为条件判断不成立。

第 13 行：在条件判断都不成立的情况下，do...while 循环中至少执行一次第 12 行的语句才会跳离循环体。

【范例：CH07_06.c】

下面的范例程序使用 do while 循环控制程序是否继续执行，并判断输入值除以 2 的结果，如果有余数就是奇数，反之则为偶数。

```
01  #include <stdio.h>
02  #include <stdlib.h>
03
04  int main()
05  {
```

```
06        int input = 0;
07        char replay=0;
08
09    do{
10        puts("输入整数值: ");
11        scanf("%d",&input);  /* 输入整数 */
12        printf("输入的数是否为奇数? ");
13    printf("%c\n",((input % 2) ? 'Y': 'N'));
14        /* 使用条件运算符来判断 */
15    printf("(1:继续 0:结束)? ");
16
17        replay=getche();/* 输入字符 */
18    printf("\n");
19
20        } while(replay!='0');   /* do while 循环 */
21
22      system("pause");
23      return 0;
24  }
```

运行结果如图 7-11 所示。

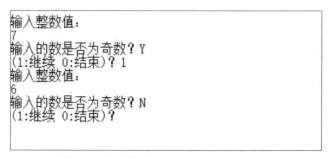

图 7-11　范例程序 CH07_06.c 的运行结果

【程序说明】

第 10 行：无论如何都会执行一次。

第 13 行：使用条件运算符判断 input 的值是否为奇数，如果是就输出 Y 字符，不是则输出 N 字符。

第 17 行：使用 getche()函数输入字符，可以不用另外按 Enter 键。

第 20 行：使用 replay 字符值判断是否进行循环。

7-4　循环控制指令

事实上，循环并非一成不变地重复执行，可以借助循环控制指令更有效地运用循环功能，例如必须中断、让循环提前结束。在 C 语言中，大家可以使用 break、continue 指令，或者使用 goto 指令直接将程序流程改变到任何想要的位置。下面我们就来介绍这 3 种流程控制的指令。

7-4-1 break 指令

break 指令就像它的英文意思一样，代表中断，大家在 switch 语句部分就使用过了。break 指令也可以用来跳离循环体，例如在 for、while 与 do while 中，主要用于中断当前循环体的执行，如果 break 不是出现在 for、while 循环或 switch 语句中，就会发生编译错误。语法格式如下：

```
break;
```

break 指令通常与 if 条件语句连用，用来设置在某些条件成立时跳离循环体。由于 break 指令只能跳离所在的这一层循环，因此遇到嵌套循环时必须逐层加上 break 指令。

【范例：CH07_07.c】

下面的范例程序先设置要存放累加的总数 sum 为 0，再在每执行完一次循环后将 i 变量（i 的初值为 1）累加 2，执行 1+3+5+7+⋯+99 的总和。直到 i 等于 101 时使用 break 指令强制中断 for 循环。

```
01  /*break 练习*/
02  #include <stdio.h>
03  #include <stdlib.h>
04
05  int main()
06  {
07      int i,sum=0;
08      for(i=1; i<=200; i=i+2)
09      {
10      if(i==101)
11          break;/* 跳出循环 */
12          sum+=i;
13          }
14      printf("1~99 的奇数总和:%d\n",sum);
15
16      system("pause");
17      return 0;
18  }
```

运行结果如图 7-12 所示。

```
1~99的奇数总和:2500
请按任意键继续. . .
```

图 7-12 范例程序 CH07_07.c 的运行结果

【程序说明】

第 8~13 行：执行 for 循环，并设置 i 的值在 1~200 之间。

第 9 行：判断当 i=101 时执行 break 指令，立刻跳出循环体。

第 13 行：输出 sum 的值。

7-4-2　continue 指令

和 break 指令的跳出循环体相比，continue 指令是指继续下一次循环的运行。也就是说，如果想要终止的不是当前层的循环体，而是想要在某个特定条件下中止当前循环的执行，就可以使用 continue 指令。continue 指令会直接略过当前循环体后面尚未执行的程序代码，并跳至循环区块的开头继续下一个循环，而不会离开循环体。语法格式如下：

```
continue;
```

可以用下面的例子说明：

```
01  int a;
02      for (a = 0 ; a <= 9 ; a++) {
03          if (a == 3) {
04              continue;
05          }
06      printf("a=%d\n");
07  }
```

这个例子使用 for 循环累加 a 的值，当 a 等于 3 时使用 continue 指令跳过 printf("a=%d\n");的执行，回到循环开头 a==4，继续累加 a 并显示 a 值的循环，在显示出来的数值中不会有 3。

【范例：CH07_08.c】

以下程序使用嵌套 for 循环与 break 指令设计图 7-13 的输出结果。当执行到 b==6 时，continue 指令会跳过该次循环，重新从循环体开头开始执行下一轮循环，也就是不会输出数字 6。

```
01  /* continue 练习 */
02  #include <stdio.h>
03  #include <stdlib.h>
04
05  int main()
06  {
07      int a=1,b;
08      for(a; a<=9; a++) /*外层 for 循环控制 y 轴输出*/
09      {
10        for(b=1; b<=a; b++)        /*内层 for 循环控制 x 轴输出*/
11        {
12          if(b == 6)
13            continue;
14      printf("%d ",b);  /*打印出 b 的值*/
15        }
16      printf("\n");
```

```
17    }
18
19    system("pause");
20    return 0;
21  }
```

运行结果如图 7-13 所示。

```
1
1 2
1 2 3
1 2 3 4
1 2 3 4 5
1 2 3 4 5
1 2 3 4 5 7
1 2 3 4 5 7 8
1 2 3 4 5 7 8 9
请按任意键继续. . .
```

图 7-13　范例程序 CH07_08.c 的运行结果

【程序说明】

第 8~17 行：双层嵌套循环。

第 12 行：if 语句在 b 等于 6 时执行 continue 指令，跳过第 14 行的 printf() 输出程序，回到第 10 行的 for 循环继续执行。

7-4-3　goto 指令

break 指令只能跳离当前层的循环体，如果程序是多重嵌套循环，必须从内层循环体跳离至最外层，就可以借助 goto 指令，因为 goto 指令可以将程序流程直接改变至任何一行语句。goto 指令的语法如下：

```
goto 标号;
    .
    .
    .
标号:
```

goto 指令必须搭配设置的标号来使用，标号由一个标识符加上冒号（:）所组成。标号不一定要在 goto 下方，命名方法与变量相同，但后面必须加一个冒号，而且标号和 goto 指令要在同一个函数内，不能跨函数跳跃。当程序执行到 goto 指令时会跳跃至标号所在的语句，继续往下执行。

"结构化程序设计"的基本精神是自上而下的设计，就是维持一个入口与一个出口。在此建议大家尽量不要使用 goto 指令，虽然 goto 指令十分方便，但是很容易造成程序流程混乱与程序维护上的困难。在结构化程序设计的概念下，还是应该使用 if、switch、while、continue

等语句控制程序的流程。

【范例：CH07_09.c】

下面的范例程序用来说明 goto 指令的使用方式，其中设置了 3 个标号。通过 if 语句的判断，只要程序执行到所搭配的 goto 指令，就会跳至该标号所处的语句，继续往下执行。

```
01  #include <stdio.h>
02  #include <stdlib.h>
03
04  int main()
05  {
06      int score;
07
08      printf("请输入语文成绩?");
09      scanf("%d",&score);
10
11      if ( score>=60 )
12          goto pass;           /*找到标号为pass的程序语句继续执行程序*/
13      else
14          goto nopass;     /*找到标号为nopass的程序语句继续执行程序*/
15
16      pass:               /*pass标签*/
17      printf("--------------------------------\n");
18      printf("语文及格了!\n");
19      goto TheEnd;           /*找到标号为TheEnd的程序语句继续执行程序*/
20
21      nopass:            /*nopass标签*/
22      printf("--------------------------------\n");
23      printf("语文不及格!\n");
24
25      TheEnd:
26      printf("--------------------------------\n");
27      printf("程序执行完毕!\n");  /*TheEnd标签*/
28
29      system("pause");
30      return 0;
31  }
```

运行结果如图 7-14 所示。

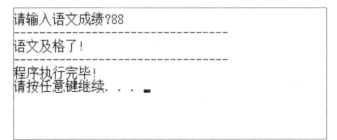

图 7-14 范例程序 CH07_09.c 的运行结果

【程序说明】

第 9 行：输入语文成绩 score。

第 12 行：找到标号为 pass 的程序语句继续执行程序。

第 14 行：找到标号为 nopass 的程序语句继续执行程序。

第 16~19 行：为 pass 标号的程序区块。

第 21~23 行：为 nopass 标号的程序区块。

7-5 上机程序测验

1. 请设计一个程序,可让用户输入任意个数的数字,并使用 for 循环控制输入数字的个数,并且在输入的过程中寻找这些数字中的最大值。

解答：参考范例程序 ex07_01.c

2. 请设计一个程序,使用 for 循环计算数学上 10!的值,其中：

```
n! = n×(n-1)×(n-2)×…×1
```

解答：参考范例程序 ex07_02.c

3. 请使用嵌套 for 循环设计一个程序,输入整数 n 并求出 1!+2!+…+n!的和。

解答：参考范例程序 ex07_03.c

4. 请设计一个程序,使用 for 循环计算 1 加到 10 的累加值。

解答：参考范例程序 ex07_04.c

5. 请设计一个程序,使用两层嵌套 for 循环打印 1!~n!的值。

解答：参考范例程序 ex07_05.c

6. 请设计一个程序,使用 while 循环求出用户所输入整数的所有正因子。

解答：参考范例程序 ex07_06.c

7. 请设计一个程序,让用户输入一个整数,将此整数的每一个数字反向输出,例如输入 12345 时会输出 54321。

解答：参考范例程序 ex07_07.c

8. 已知一个公式,请设计一个程序,可让用户输入 k 值,求 π 的近似值：

$\dfrac{\pi}{4} = \sum_{n=0}^{k} \dfrac{(-1)^n}{2n+1}$,其中 k 值越大,π 的近似值越精确,本程序中限定只能使用 for 循环。

解答：参考范例程序 ex07_08.c

9. 请设计一个 C 程序,可让用户输入一个正整数 n,输出 2 到 n 之间所有的质数,设计本程序时要求必须同时使用 for 和 while 循环。

解答：参考范例程序 ex07_09.c

10. 请设计一个 C 程序,可让用户输入英文句子,输入字符中的空格表示一个单字,直到按 Enter 键时完成输入,然后计算出单词的个数,并把输出结果显示在屏幕上,程序中只能使用 while 循环来控制。

解答:参考范例程序 ex07_10.c

11. 请使用辗转相除法与 while 循环设计一个 C 程序,求取任意输入的两个数的最大公约数。

解答:参考范例程序 ex07_11.c

7-6　课后练习

【问答与实践题】

1. 试简述 while 循环与 do while 循环的差异。

2. 下面的代码段哪里有错误?

```
01 n=45;
02 do
03   {
04     printf("%d",n);
05     ans*=n;
06     n--;
07 } while(n>1)
```

3. 下列程序代码中,最后 k 值为多少?

```
int k=10;
while(k<=25)
{
  k++;
}
printf("%d",k);
```

4. 下列程序代码中,每次所输入的密码都不等于 999,当循环结束后,count 的值为多少?

```
for (count=0; count < 10; count++)
  {
    printf( "输入用户密码:");
    scanf("%s",&check)
    if ( check == 999 )
      break;
    else
     printf("输入的密码有误,请重新输入..." \n);
  }
```

5. 试简述 break 指令与 continue 指令的差异。

6. 试说明你对 goto 指令的看法。

7. 试比较下面两段循环程序代码的运行结果:

```
（a）for(int i=0;i<8;i++)
        {
    printf("%d", i);

        if(i==5)
            break;
        }
```

```
（b）for(int i=0;i<8;i++)
        {
    printf("%d", i);

        if(i==5)
            continue;
        }
```

8. 请简述 for 循环的用法。

9. C 语言的循环结构可分为哪两种？有哪些循环语句？

10. 简单介绍 kbhit()函数。

【习题解答】

1. 解答：while 循环会先检查"while(条件表达式)"括号内的条件表达式，当表达式结果为 true 时，才会执行区块内的程序。do while 循环会先执行一次循环中的语句，再判断"while(条件表达式)"括号内的条件表达式，当表达式结果为 true 时，继续执行区块内的程序；若为 false 则跳出循环。

2. 解答：第 07 行有误，do while 循环最后必须使用分号作为结束。

3. 解答：26。k 值会在此循环中一直累加到大于 25 才会离开，所以 k 值最后的答案会是"26"。

4. 解答：当 break 指令在嵌套循环中的内层循环执行 break 指令时，break 会立刻跳出当前所在层的循环体，并将控制权交给区块外的下一行程序。continue 指令的功能是强迫 for、while、do while 等循环语句结束正在循环体区块内进行的程序，而将控制权转移到循环开始处，也就是跳过该循环剩下的指令，重新执行下一次循环。

5. 解答：当循环结束时 count 的值为 10。

6. 解答：goto 指令可以将程序流程直接改变至任何一行语句。虽然 goto 指令十分方便，但是很容易造成程序流程混乱和维护上的困难。

7. 解答：（a）输出 012345　　　（b）输出 0123467

8. 解答：for 循环中的 3 个表达式必须以分号（;）分开，而且一定要设置跳离循环的条件以及控制变量的递增或递减值。for 循环中的 3 个表达式相当具有弹性，可以省略不需要的表达式，也可以拥有一个以上的运算符句。

9. 解答：循环结构按照结束条件的位置不同可以分为两种，分别是前测试型循环与后测试型循环。C 语言提供了 for、while 以及 do-while 三种循环语句来实现循环结构。for、while 属于前测试型循环，do-while 属于后测试型循环。

10. 解答：执行此函数时系统并不会中断程序等待用户输入，而是去检查缓冲区是否有数据。一旦缓冲区有数据，就返回一个非零值；否则返回零。kbhit()函数只是检查是否触发了按键，这种运用适合某些需要程序持续执行，直到用户触碰了任意一个按键，才产生其他执行请求的情况，例如屏幕保护程序就是一个很显著的例子。

第 8 章
◀ 数组与字符串 ▶

"线性表"（Linear List）是数学应用在计算机科学中的一种相当简单与基本的数据结构。简单地说，线性表是 n 个元素的有限序列（n≥0），26 个英文字母的字母表 A, B, C, D, E,..., Z 就是一个典型的线性表。

线性表的应用在计算机科学领域中相当广泛。例如，C 语言中的数组或字符串结构就是一种典型线性表的应用，在计算机中属于内存中的静态数据结构（Static Data Structure），特性是使用连续存储空间（Contiguous Allocation）存储，内存分配在编译时必须分配给相关变量。

在程序设计语言中，数组（Array）可以看作是一群相同名称与数据类型的集合，并且在内存中占有一块连续的内存空间。在不同的程序设计语言中，数组结构类型的声明也有所不同，通常必须包含以下 5 种属性。

（1）起始地址：表示数组名（或数组第一个元素）所在内存中的起始地址。

（2）维数：代表此数组为几维数组，如一维数组、二维数组、三维数组等。

（3）下标上下限：指在此数组中，元素内存存储位置的上标与下标。

（4）数组元素个数：索引上限与索引下限的差加 1。

（5）数组类型：声明此数组的类型，用于决定数组元素在内存中所占空间的大小。

只要具备数组 5 种属性且计算机内存足够理想，任何程序设计语言中的数组表示法（Representation of Arrays）都容许 n 维数组的存在，通常数组可以分为一维数组、二维数组与多维数组等，基本的工作原理也大致相同。

8-1　认识C语言的数组

在 C 语言中，要存取数组中的数据，就要配合下标值（index）寻找数据在数组中的位置。

一般变量能帮我们存储一份数据，但如果数据过多，用变量存储就会非常麻烦。例如，班上有 50 位学生，要存储学生的数据就要声明 50 个变量。这时使用数组存储数据就可以有效改善上述问题。

8-1-1 一维数组

一维数组（One-Dimensional Array）是最基本的数组结构，使用一个下标值就可存放多个相同类型的数据。数组也和变量一样，必须事先声明，这样编译时才能分配到连续的存储空间。在 C 语言中，一维数组的语法声明如下：

数据类型　数组名[数组长度];

当然也可以在声明时直接设置初始值：

数据类型　数组名[数组大小]={初始值1,初始值2,…};

在此声明格式中，数据类型表示该数组存放元素的共同数据类型，例如 C 语言的基本的数据类型（如 int，float，char 等）。数组名则是数组中所有数据的共同名称，命名规则与变量相同。

所谓元素个数，是指数组可存放的数据个数。例如在 C 语言中定义如下一维数组，其中元素间的关系如图 8-1 所示。

```
int Score[5];
```

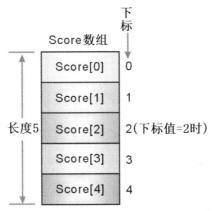

图 8-1　一维数组各个元素间的关系示意图

在 C 语言中，数组的下标值是从 0 开始的，对于定义好的数组，可以通过指定下标值存取数组中的数据。声明数组后，可以像将值赋给变量一样给数组内的每一个元素赋值，例如：

```
Score[0]=65;
Score[1]=80;
```

如果这样的数组代表两位学生的成绩，在程序中需要输出第 2 位学生的成绩，可以如下表示：

```
printf("第2位学生的成绩:%d",Score[1]);    /* 下标值为1 */
```

下面列举几个一维数组的声明实例：

```
int a[5];/*声明一个 int 类型的数组 a，数组 a 中可以存放 5 个整数*/
long b[3];/*声明一个 long 类型的数组 b，数组 b 可以存放 3 个长整数*/
float c[10];/*声明一个 float 类型的数组 c，数组 c 可以存放 10 个单精度浮点数*/
```

此外，两个数组间不可以直接用"="运算符互相赋值，只有数组元素之间才能互相赋值。
例如：

```
int Score1[5],Score2[5];
Score1=Score2;        /* 错误的语法 */
Score1[0]=Score2[0];    /* 正确 */
```

在定义一维数组时，如果没有指定数组元素的个数，那么编译程序会根据初始值的个数
来自动决定数组的长度。例如下面定义数组 arr 设置初值时，元素个数会自动设置成 3：

```
int arr[]={1, 2, 3};
```

【范例：CH08_01.c】

以下程序是一个声明数组与存取数组元素数据的简单范例，使用一维数组记录 5 位学生
的分数，使用 for 循环打印每位学生的成绩并计算总分和平均分。

```
01  #include <stdio.h>
02  #include <stdlib.h>
03
04  int main()
05  {
06      int Score[5]={ 87,66,90,65,70 };
07       /* 定义整数数组 Score[5],并设置 5 个成绩 */
08      int i=0;
09      float Total=0;
10
11      for (i=0;i< 5; i++)    /* 执行 for 循环输出学生成绩 */
12      {
13       printf("第 %d 位学生的分数:%d\n",i+1,Score[i]);
14       Total+=Score[i];  /* 计算总成绩 */
15       }
16      printf("--------------------------------\n");
17      printf("总分:%.1f  平均分:%.1f\n", Total,Total/5);
18      /* 输出成绩总分和平均分 */
19
20      system("pause");
21      return 0;
22  }
```

运行结果如图 8-2 所示。

```
第 1 位学生的分数:87
第 2 位学生的分数:66
第 3 位学生的分数:90
第 4 位学生的分数:65
第 5 位学生的分数:70
--------------------------------
总分:378.0 平均分:75.6
请按任意键继续. . .
```

图 8-2 范例程序 CH08_01.c 的运行结果

【程序说明】

第 6 行：声明整数数组 Score，同时设置 5 位学生成绩的初始值。

第 11 行：通过 for 循环设置 i 变量从 0 开始计算，并作为数组的下标值，计算 5 位学生的总分 Total。

第 17 行：输出成绩总分及平均分。

【范例：CH08_02.c】

下面的范例程序用于示范一维数值数组的特性，数组 arr 的初值设置为数字 1~10，并进行数值累加。

```c
01 #include <stdio.h>
02 #include <stdlib.h>
03
04 int main()
05 {
06
07  int arr[10]={1,2,3,4,5,6,7,8,9,10};
08  int i,sum=0;
09
10   for (i=0;i<10;i++)
11   {
12     if(i==0)
13      printf(" ");   /*如果 i 等于 0 就输出空格*/
14     else
15      printf("+");      /*如果 i 不等于 0 就输出+号*/
16      printf("%d",i+1);
17      sum = sum + arr[i];   /*将数组中的每个元素累加到 sum*/
18      printf(" = %d\n",sum);  /*输出累加后的结果 */
19   }
20     system("pause");
21     return 0;
22 }
```

运行结果如图 8-3 所示。

```
 1 = 1
+2 = 3
+3 = 6
+4 = 10
+5 = 15
+6 = 21
+7 = 28
+8 = 36
+9 = 45
+10 = 55
请按任意键继续. . . ▄
```

图 8-3　范例程序 CH08_02.c 的运行结果

【程序说明】

第 7 行：声明一个整数数组 arr，并设置初始值为 1~10。

第 13 行：如果 i 等于 0 就输出空格。

第 15 行：如果 i 不等于 0 就输出+号。

第 17 行：将整数数组 arr 内的值累加到变量 sum 中。

第 18 行：输出累加后的结果。

接下来补充一维数组在排序（Sorting）上的应用。"排序"在程序设计领域中是一种很普遍的技巧，是指将一组数据按特定规则调换位置使数据具有某种次序关系（递增或递减）。排序的方法有许多种，在此我们介绍最为普遍的"冒泡法"（Bubble Sort）。

冒泡法的排序原理是逐次比较两个相邻的记录，如果大小顺序有误就立即对调，扫描一遍后一定有一个记录被置于正确的位置，仿佛气泡逐渐从水底冒升到水面上。

下面我们列出 26、5、37、1、61 五个数据用冒泡法排序的步骤，即展示冒泡排序法的算法，各个步骤如图 8-4~图 8-7 所示。

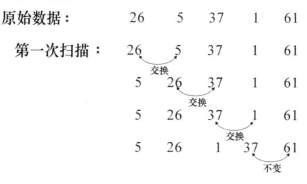

图 8-4　冒泡排序法示例：第一次扫描

124

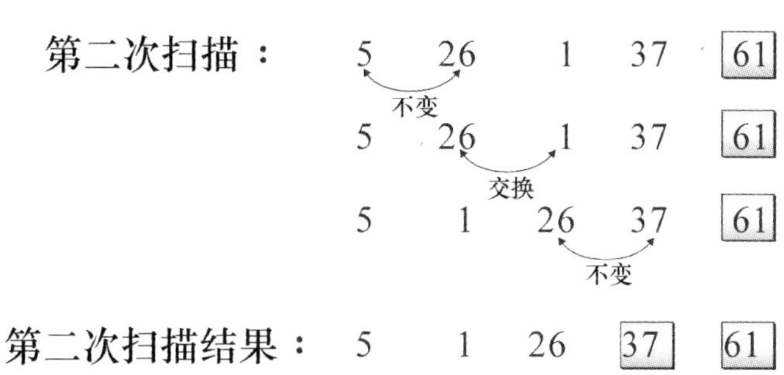

第二次扫描：　　5　　26　　1　　37　　61

不变

　　　　　　　　5　　26　　1　　37　　61

交换

　　　　　　　　5　　1　　26　　37　　61

不变

第二次扫描结果：　5　　1　　26　　37　　61

图 8-5　冒泡排序法示例：第二次扫描

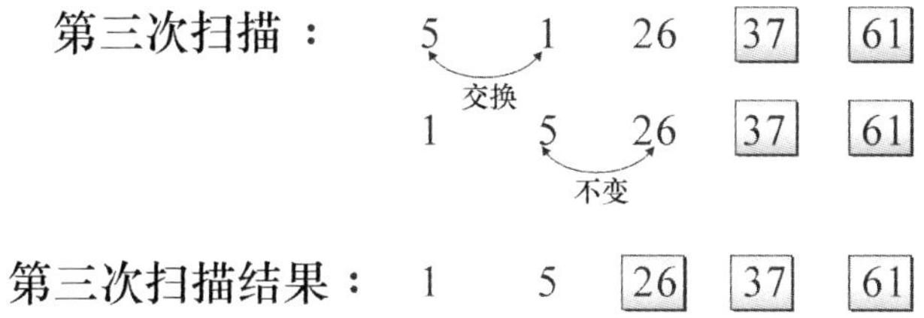

第三次扫描：　　5　　1　　26　　37　　61

交换

　　　　　　　　1　　5　　26　　37　　61

不变

第三次扫描结果：　1　　5　　26　　37　　61

图 8-6　冒泡排序法示例：第三次扫描

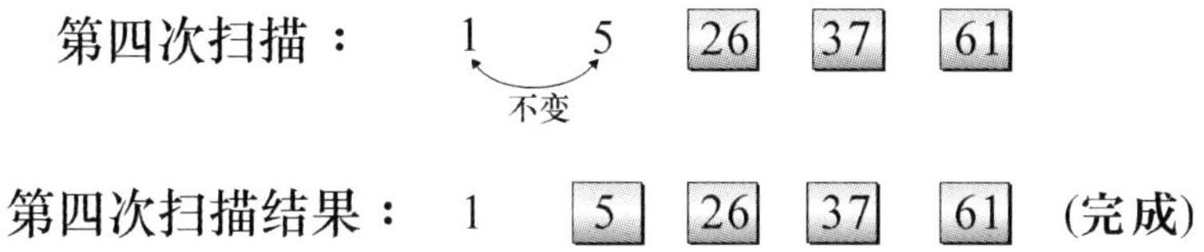

第四次扫描：　　1　　5　　26　　37　　61

不变

第四次扫描结果：　1　　5　　26　　37　　61　（完成）

图 8-7　冒泡排序法示例：第四次扫描

【范例：CH08_03.c】

下面的范例程序运用冒泡排序算法，使用一维数组与 for 循环来将以下数列从小到大排序，这些数列的数据值将存放在一维数组中：

```
16,25,39,27,12,8,45,63
```

```
01  #include <stdio.h>
02  #include <stdlib.h>
03
04  int main()
05  {
06      int i,j,tmp;
07      int data[8]={16,25,39,27,12,8,45,63}; /* 原始数据 */
08
09      printf("冒泡排序法: \n 原始数据为: ");
10      for (i=0;i<8;i++)
11          printf("%3d",data[i]);
12      printf("\n");
13
14      for (i=7;i>0;i--)              /* 扫描次数 */
15      {
16          for (j=0;j<i;j++)/*比较、交换次数*/
17          {
18              if (data[j]>data[j+1])/*比较相邻两数, 如果第一个数较大就交换*/
```

```
19              {
20                      tmp=data[j];
21                      data[j]=data[j+1];
22                      data[j+1]=tmp;
23              }
24          }
25      }
26      printf("排序后的结果为：");
27      for (i=0;i<8;i++)
28          printf("%3d",data[i]);
29      printf("\n");
30
31      system("pause");
32      return 0;
33  }
```

运行结果如图 8-8 所示。

```
冒泡排序法：
原始数据为：  16 25 39 27 12  8 45 63
排序后的结果为：   8 12 16 25 27 39 45 63
请按任意键继续. . . ▄
```

图 8-8　范例程序 CH08_03.c 的运行结果

【程序说明】

第 7 行：声明一个一维数组 data 并将此数列的数据值作为数组 data 的初始值。

第 10~11 行：输出此一维数组的所有元素值。

第 18 行：比较相邻两数，如果第一个数较大就交换两数位置。

第 20~22 行：直接进行数组元素的移动与交换操作。

第 27~29：输出最后排序的结果。

8-1-2　二维数组

一维数组可以扩展到二维或多维数组，在使用上和一维数组相似，都是处理相同数据类型的数据，差别只在于维数的声明。例如，一个含有 2×4 个元素的 C 语言二维数组 A[4][4]，各个元素在直观平面上的排列方式如图 8-9 所示。

在 C 语言中，二维数组的声明格式如下：

数据类型　数组名 [行数] [列数]；

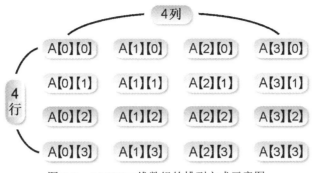

图 8-9 A[4][4]二维数组的排列方式示意图

例如，声明数组 arr 的行数是 3、列数是 5，那么所有元素个数为 15。语法格式如下：

```
int arr[3] [5];
```

arr 为一个 3 行 5 列的二维数组，也可以视为 3×5 的矩阵。在存取二维数组中的数据时，使用的下标值仍然是从 0 开始。图 8-10 以矩阵图形来说明这个二维数组中每个元素的下标值与存储空间对应的关系。

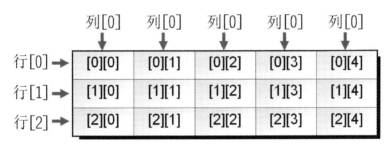

图 8-10 二维数组中每个元素的下标值与存储空间对应的关系

当我们给二维数组设置初始值时，为了便于分隔行与列以及增加可读性，除了最外层的{}外，最好以{}包括住每一行元素初始值，并以"，"分隔每个数组元素，例如：

```
int A[2][3]={{1,2,3},{2,3,4}};
```

还有一点要说明，C 语言对于多维数组下标的设置，只允许第一维（第一个下标）省略不予定义，其他维数的下标都必须清晰定义出长度。例如以下声明范例：

```
int a[2][3] = {{1,2,3},
              {4,5,6}}; /*合法的声明*/
char b[ ][2] = {{'a','b'},   /*合法的声明，省略第一维元素个数的声明方法*/
               {'c','d'},
               {'e','f'}};
long c[2][2] = {0};         /*将各个元素的初值都设为 0*/
double d[3][3] = {{0.5,2.7},
                 {3.1,2.5,6.9},/*合法的声明*/
                 {1.5}};
int  A[2][ ]={{1,2,3},{2,3,4}};  /*不合法的声明*/
```

在二维数组中，以大括号所包围的部分表示同一行的初值设置。与一维数组相同，如果设置初始值的个数少于数组元素，其余未设置初值的元素就会自动被设置为0。例如下面的情况：

```
int A[2][5]={ {77, 85, 73}, {68, 89, 79, 94} };
```

由于数组中的 A[0][3]、A[0][4]、A[1][4]都未设置初始值，因此初始值都会设置为0。下面的方式会将二维数组所有的值设置为0（常用在整数数组的初始化中）：

```
int A[2][5]={ 0 };
```

以上声明只用一个大括号包括，表示把二维数组 A 视为一长串数组。因为初始值的个数少于数组元素，所以数组 A 中所有元素的值都被设置为0。再来看一个例子，按照以下方式声明：

```
int A[2][5]={ 5 };
```

这样声明的结果并不是二维数组 A 的所有元素都是5，而是只有 A[0][0]=5，其余数组元素都是0。

【范例：CH08_04.c】

表 8-1 所示为数字信息公司的 3 个业务代表在 2016 年前 6 个月每个月每人的业绩。

表 8-1　数字信息公司员工业绩表

单位：万元

业务员	一月	二月	三月	四月	五月	六月
1	112	76	95	120	98	68
2	90	120	88	112	108	120
3	108	99	126	90	76	98

这种情况就适合用二维数组存储表中的相关数据，我们声明 sales 数组如下：

```
int sale[3][6]={{112,76,95,120,98,68},
                {90,120,88,112,108,120},
                {108,99,126,90,76,98}};
```

其中，sale[0][0]代表第一个业务员一月份的业绩，sale[0][1]是第一个业务员二月份的业绩；slae[1][0]是第二个业务员一月份的业绩，以此类推。下面的范例程序将使用表 8-1 计算出每个业务代表在 1~6 月的业绩总额，以及每个月这 3 个业务代表的总业绩。

```
01  #include <stdio.h>
02  #include <stdlib.h>
03
04  int main()
05  {
06     int i,j,sum,max=0,no=1;
07     int sale[][6]={{112,76,95,120,98,68},
08                    {90,120,88,112,108,120},
09                    {108,99,126,90,76,98}};/* 省略第一维的下标值不填 */
```

```
10
11      printf("***** 数字信息公司业务统计表 *****\n");
12      printf("----------------------------------\n");
13      for(i=0;i<3;i++)
14      {
15         sum=0;
16         for(j=0;j<6;j++)
17          sum+=sale[i][j];/* 计算每个业务员半年的业绩金额 */
18         printf("销售员%d 的前半年销售总金额为 %d\n",i+1,sum);
19          printf("----------------------------------\n");
20      }
21      printf("\n\n");
22        for(i=0;i<6;i++)
23      {
24         sum=0;
25         for(j=0;j<3;j++)
26          sum+=sale[j][i];/* 每月 3 个业务员的业绩金额 */
27         printf("三个业务员%d 月的销售总金额为 %d\n",i+1,sum);
28         printf("================================\n");
29      }
30
31      system("pause");
32      return 0;
33  }
```

运行结果如图 8-11 所示。

图 8-11　范例程序 CH08_04.c 的运行结果

【程序说明】

第 7~9 行：声明一个二维整数数组，用来存放 3 个业务员半年内每个月的业绩，声明时省略第一维的长度不填。

第 17 行：使用 sum+=sale[i][j]表达式计算每个业务员半年的业绩金额。

第 26 行：使用 sum+=sale[j][i]表达式计算每个月 3 个业务员的业绩总金额。

8-1-3　多维数组

在程序设计语言中，凡是二维以上的数组都可以称作多维数组。只要内存空间可用，就可以声明更多维数组来存取数据。在 C 语言中，要提高数组的维数，多加一组括号与下标值即可。定义语法如下：

```
数据类型 数组名[元素个数] [元素个数] [元素个数]… [元素个数];
```

下面引举几个 C 语言中声明多维数组的实例：

```
int Three_dim[2][3][4];   /*三维数组 */
int Four_dim[2][3][4][5];  /* 四维数组 */
```

基本上，三维数组和二维数组一样，可视为一维数组的扩展。例如，下面的程序片断中声明了一个 2×2×2 的三维数组，使用大括号可将其分为两个 2×2 的二维数组，同时设置初始值，并将数组中的所有元素使用循环输出：

```
int A[2][2][2]={{{1,2},{5,6}},{{3,4},{7,8}}};

int i,j,k;
for(i=0;i<2;i++)      /* 外层循环 */
for(j=0;j<2;j++)      /* 中层循环 */
    for(k=0;k<2;k++)       /* 内层循环 */
        printf("A[%d][%d][%d]=%d\n",i,j,k,A[i][j][k]);
```

例如，声明一个单精度浮点数的三维数组：

```
float  arr[2][3][4];
```

将 arr[2][3][4]三维数组想象成空间中的立方体图形，如图 8-12 所示。

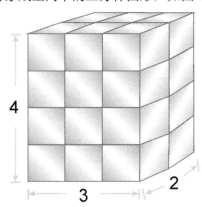

图 8-12　将 arr[2][3][4]三维数组想象成空间中的立方体图形

在设置初始值时，大家可以想象成要初始化两个 3×4 的二维数组，借助大括号将会更加

清楚:

```
int arr[2][3][4]={ { {1,3,5,6},      /* 第一个 3×4 的二维数组 */
                     {2,3,4,5},
                     {3,3,3,3}
                   },
                   { {2,3,3,54},    /* 第二个 3×4 的二维数组 */
                     {3,5,3,1},
                     {5 ,6,3,6}
                   }
 };
```

【范例：CH08_05.c】

下面的范例程序是为了加强大家对 C 语言中多维数组的应用与了解，请计算以下 arr 三维数组中所有元素值的总和，并将数据值为负数的元素都替换为 0，再输出新数组的所有内容:

```
int arr[4][3][3]={{{1,-2,3},{4,5,-6},{8,9,2}},
                  {{7,-8,9},{10,11,12},{0.8,3,2}},
                  {{-13,14,15},{16,17,18},{3,6,7}},
                  {{19,20,21},{-22,23,24},(-6,9,12)}};
```

```
01  #include <stdio.h>
02  #include <stdlib.h>
03
04  int main()
05  {
06    int i,j,k,sum=0;
07
08    int arr[4][3][3]={{{1,-2,3},{4,5,-6},{8,9,2}},
09        {{7,-8,9},{10,11,12},{0.8,3,2}},
10        {{-13,14,15},{16,17,18},{3,6,7}},
11        {{19,20,21},{-22,23,24},(-6,9,12)}};/* 声明并设置数组元素值 */
12
13    for(i=0;i<4;i++)
14      {
15      for(j=0;j<3;j++)
16        {
17        for(k=0;k<3;k++)
18        {
19            sum+=arr[i][j][k];
20            if (arr[i][j][k]<0)
21                arr[i][j][k]=0;/* 如果元素值为负数,就归零 */
22            printf("%d\t",arr[i][j][k]);
23        }
24            printf("\n");
25        }
26         printf("\n");
27        }
28    printf("--------------------------\n");
```

```
29      printf("原数组的所有元素值总和=%d\n",sum);
30      printf("--------------------------\n");
31
32      system("pause");
33      return 0;
34  }
```

运行结果如图 8-13 所示。

图 8-13　范例程序 CH08_05.c 的运行结果

【程序说明】

第 8~11 行：声明并设置 arr 数组元素值。

第 13、15、17 行：由 3 层 for 循环进行运算。

第 19 行：将所有元素值累加到 sum 变量中。

第 20~21 行：如果元素值为负数，就将数据值重新设置为零。

第 29 行：输出所有元素值的总和。

8-2　字符串简介

在 C 语言中并没有字符串基本数据类型。与其他程序设计语言相比（如 Visual Basic），C 语言在字符串处理方面较为复杂。在 C 程序中存储字符串可以使用字符数组的方式，不过最后一个字符必须以空字符（\0）作为结尾。

8-2-1　字符串的使用

字符串声明的第一个重点就是必须使用空字符（\0）代表每一个字符串的结束，以下是 C 语言中常用的两种字符串声明方式：

方式1：char 字符串变量[字符串长度]="初始字符串";
方式2：char 字符串变量[字符串长度]={'字符1', '字符2', ... ,'字符n', '\0'};

判断以下 4 种字符串声明方式是否合法：

```
char Str_1[6]="Hello";
char Str_2[6]={ 'H', 'e', 'l', 'l', 'o' , '\0'};
char Str_3[ ]="Hello";
char Str_4[ ]={ 'H', 'e', 'l', 'l', 'o', '!' };
```

其中，第一、二、三种方式中都是合法的字符串声明。虽然 Hello 只有 5 个字符，但是因为编译程序还必须加上\0 字符，所以数组长度需声明为 6，如果声明的长度不足，就可能造成编译上的错误。当然也可以选择不填入数组大小，让编译程序来自动分配内存空间（如第三种方式）。但是 Str_4 并不是字符串，因为最后一个字符并不是\0。

小技巧：在给字符串变量设置初始值时，如果字符串内容太长而无法在一行中设置完成，就可以将字符串拆成两个都用双引号括住的独立字符串，或者使用反斜杠（\）来连接两边的断点。例如：

```
char ch1[]="Could you tell me where the Tourist Information "
    "Office is located";
 /* 分成多个字符串,中间的空格与换行将不会影响字符串的连接*/
char ch2[]="Could you tell me where the Tourist Information\
    Office is located";
 /* 以反斜杠连接断点的两边 */
```

【范例：CH08_06.c】

下面的范例程序将介绍 4 种字符串声明的方式，大家可以实际运行并比较其中的不同之处。

```
01  #include <stdio.h>
02  #include <stdlib.h>
03
04  int main()
05  {
06
07      /* 4 种字符串声明与设置初值的方式 */
08      char Str_1[6]="Hello";
09      char Str_2[6]={ 'H', 'e', 'l', 'l','o','\0'};
10      char Str_3[ ]="Hello";
11      char Str_4[ ]={ 'H', 'e', 'l', 'l', 'o', '!' };
12
13
14      printf("%s\n",Str_1);
```

```
15        printf("%s\n",Str_2);
16        printf("%s\n",Str_3);
17        printf("%s\n",Str_4);
18
19        system("pause");
20        return 0;
21   }
```

运行结果如图 8-14 所示。

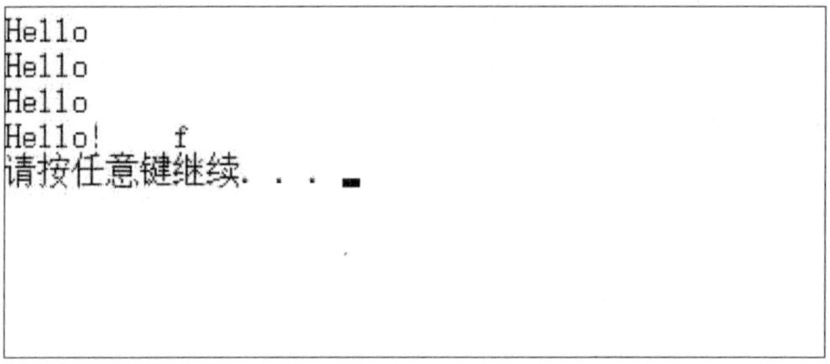

```
Hello
Hello
Hello
Hello!    f
请按任意键继续. . . ■
```

图 8-14　范例程序 CH08_06.c 的运行结果

【程序说明】

第 8~10 行：合法的字符串声明方式。

第 11 行：声明的仅是一种字符数组，因为没有结尾字符（\0），不能算是字符串。

第 17 行：输出数据时，屏幕上会出现奇怪的符号。

8-2-2　字符串数组

由于字符串是以一维字符数组存储的，如果有许多关系相近的字符串集合，就称为字符串数组，并可以使用二维字符数组来表示。例如，一个班级中所有学生的姓名、每个姓名都是由许多字符所组成的字符串，这时就可以使用字符串数组存储。字符串数组声明方式如下：

```
char 字符串数组名[字符串数][字符数];
```

上式中字符串数用来表示字符串的个数，而字符数表示每个字符串的最大可存放字符数，并且包含(\0)结尾字符。当然也可以在声明时就设置初始值，不过要记得每个字符串元素都必须包含在双引号内，而且每个字符串间要以逗号（,）分开。语法格式如下：

```
char 字符串数组名[字符串数][字符数]={ "字符串1", "字符串2", "字符串3"…};
```

例如，声明名字为 Name 的字符串数组包含 5 个字符串，每个字符串都包括\0 字符，字符串长度为 10 个字节：

```
char Name[5][10]={   "John",
                     "Mary",
                     "Wilson",
                     "Candy",
```

```
                "Allen"
            };
```

字符串数组虽然是二维字符数组，但是当我们要输出此 Name 数组中第二个字符串时，可以直接以 printf("%s",Name[1])的方式打印输出一维数组。而要输出第二个字符串中的第一个字符时，仍然必须使用二维数组的输出方式，例如 printf("%s",Name[1][0])。

使用字符串数组存储的坏处是每个字符串长度不会完全相同，而数组又属于静态内存分配，必须事先声明字符串中的最大长度，这样就可能造成内存的浪费。

【范例：CH08_07.c】

下面的范例程序介绍字符串数组的应用，用来存储由用户输入的 3 位学生的姓名及每一位学生的 3 科成绩，并以横列方式输出每位学生的姓名、3 科成绩及总分。

```
01 #include <stdio.h>
02 #include <stdlib.h>
03
04 int main()
05 {
06    char name[3][10],score[3][3];/* 声明存储姓名与成绩的数组 */
07    int i,total;
08
09    for(i=0;i<3;i++)
10     {
11     printf("请输入姓名及三科成绩:");
12     scanf("%s",&name[i]);/* 输入每一位学生的姓名 */
13     scanf("%d %d %d",&score[i][0],&score[i][1],&score[i][2]);
14     /* 输入 3 科成绩 */
15     }
16    printf("-----------------------------------\n");
17
18    for(i=0;i<3;i++)
19     {
20     printf("%s\t%d\t%d\t%d",name[i],score[i][0],score[i][1],score[i][2]);
21     total=score[i][0]+score[i][1]+score[i][2];/* 计算 3 科的总分 */
22     printf("\t%d\n",total);/* 输出 3 科的总分 */
23     }
24    printf("-----------------------------------\n");
25
26    system("pause");
27    return 0;
28 }
```

运行结果如图 8-15 所示。

```
请输入姓名及三科成绩:吴劲桦 98 96 100
请输入姓名及三科成绩:陈大晃 96 87 80
请输入姓名及三科成绩:郑成功 100 96 94
-----------------------------------
吴劲桦    98       96       100      294
陈大晃    96       87       80       263
郑成功    100      96       94       290
-----------------------------------
请按任意键继续. . .
```

图 8-15　范例程序 CH08_07.c 的运行结果

【程序说明】

第 6 行：声明存储姓名与成绩的两个数组。

第 12、13 行：以 scanf() 函数输入每一位学生的姓名字符串与 3 科成绩。

第 20 行：直接以一维数组 name[i] 输出每位学生的名字。

第 21 行：计算 3 科成绩的总分。

8-2-3　字符串处理功能

由于字符串不是 C 语言的基本数据类型，因此如果大家要对字符串进行运算处理，就必须有一些特殊技巧。接下来介绍一些字符串的基本处理方法，包括计算字符串长度、复制、连接和搜索等方法，通过这些功能操作让大家更清楚 C 语言中字符串的相关应用。

【范例：CH08_08.c】

下面的范例程序是计算一个输入字符串的长度，使用 while 循环从字符串中一个一个地取出字符来累加，直到遇到字符串的结尾字符（\0）才停止，最后输出累加结果。

```
01  #include<stdio.h>
02  #include<stdlib.h>
03
04  int main()
05  {
06      int length;/*用于计算字符串的长度*/
07      char str[30];/* 声明此字符串最多可存储30个字符*/
08
09      printf("请输入字符串:");
10      /*输入字符串*/
11      gets(str);
12      printf("输入的字符串为:%s\n",str);
13      length=0;
14      while (str[length]!='\0')
15       length++;
16      printf("此字符串有%d 个英文字符\n",length);
17
18      system("pause");
```

```
19      return 0;
20  }
```

运行结果如图 8-16 所示。

```
请输入字符串:elephant
输入的字符串为:elephant
此字符串有8个英文字符
请按任意键继续. . .
```

图 8-16 范例程序 CH08_08.c 的运行结果

【程序说明】

第 6 行：length 变量用于计算字符串的长度。

第 7 行：声明此字符串最多可存储 30 个字符。

第 11 行：以 gets()函数输入字符串，字符串中可以有空格。

第 13 行：声明 length=0。

第 14、15 行：使用 while 循环，若当前字符不是结尾字符，则 length 变量累加 1。

第 16 行：输出这个字符串的字符数。

【范例：CH08_09.c】

下面的范例程序用于示范两个字符串的连接功能，也就是将 S2 字符串接到 S1 字符串后面。在这个程序中，我们使用 record 整数变量作为 S3 字符数组的下标值，再使用复制字符串的方法将 S1、S2 字符串复制到 S3，得到新连接好的字符串。

```
01  #include <stdio.h>
02  #include <stdlib.h>
03
04  int main()
05  {
06      char S1[30];
07      char S2[30];
08      char S3[60];
09      int count,record;
10
11  printf("字符串 S1 的内容:");
12      gets(S1);
13      printf("字符串 S2 的内容:");
14      gets(S2);
15
16      record=0;  /* 把整数变量 record 归 0，用来记录 S3 所指向的数组元素 */
17
18  for (count=0; S1[count] != '\0'; count++, record++)  /* 将 S1 字符串复制到 S3 */
19          S3[record]=S1[count];
20
21      for (count=0; S2[count] != '\0'; count++, record++)  /* 将 S2 字符串复制到 S3 */
```

```
22                  S3[record]=S2[count];
23
24      S3[record]='\0';/* 字符串最后要加上 NULL 字符 */
25
26      printf("连接后的字符串 S3:%s", S3);/* 显示字符串连接后的结果 */
27      printf("\n");   /* 换行 */
28
29      system("pause");
30      return 0;
31  }
```

运行结果如图 8-17 所示。

```
字符串 S1 的内容:Computer
字符串 S2 的内容:Science
连接后的字符串 S3:ComputerScience
请按任意键继续. . .
```

图 8-17　范例程序 CH08_09.c 的运行结果

【程序说明】

第 8 行：声明连接后的新字符串数组，首先要注意声明字符串数组的大小，如果串接后超过字符串声明的大小，编译程序就会自动清除后面连接的字符串。

第 16 行：把整数变量 record 的初始值设为 0，用来记录 S3 所设置数组元素的下标值。

第 18 行：将 S1 字符串复制到 S3。

第 21 行：将 S2 字符串复制到 S3。

第 24 行：要在字符串最后加上 NULL 字符。

第 26 行：显示字符串连接后的结果。

8-2-4　字符串处理函数

字符串的处理功能除了可以自行设计外，其实在 C 语言的函数库中已经提供了相当多的字符串处理函数，只要我们在程序代码中包含 string.h 头文件，即可充分运用各种字符串函数的功能，本节中列举了一些实用的函数范例说明。

【范例：CH08_10.c】

下面的范例程序使用 strlwr()函数将字符串中的大写字母全部转换成小写字母, 使用 strcat()函数将 str2 字符串连接到 str1 字符串相关的使用方式如下：

```
strlwr(str);
strcat(str1,str2);
```

```
01  #include <stdio.h>
```

```
02  #include <stdlib.h>
03  #include <string.h>/* 包含 <string.h> 头文件 */
04
05  int main()
06  {
07
08      char str1[40];
09      char str2[40];
10
11      printf("请输入第一个字符串:");
12      gets(str1);
13      printf("请输入第二个字符串:");
14      gets(str2);
15
16      strcat(str1,str2);/* 将两个字符串连接起来 */
17      printf("%s\n",strlwr(str1));/* 将字符串内的大写字母转为小写字母 */
18
19      system("pause");
20      return 0;
21  }
```

运行结果如图 8-18 所示。

图 8-18　范例程序 CH08_10.c 的运行结果

【程序说明】

第 3 行：包含 <string.h> 头文件，因此能够使用 C 语言的字符串相关函数。

第 16 行：使用 strcat()函数将 str2 字符串连接到 str1 字符串。

第 17 行：将字符串内的大写字母转为小写字母。

【范例：CH08_11.c】

下面的范例程序使用 gets()函数与 strlen()函数将所输入的字符串反向打印输出，建议大家使用字符数组的方式来处理，从最后一个元素往前逐一输出。strlen()函数的功能是输出字符串 str 的长度，使用方式如下：

```
strlen(str);
```

```
01  #include <stdio.h>
02  #include <stdlib.h>
03  #include <string.h>
04
```

```
05  int main()
06  {
07     char Word[40];/* 声明字符数组 */
08     int i,j=0;
09
10     printf("请输入字符串:");
11     gets(Word);
12
13     for(i=strlen(Word)-1;i>=0;i--)/*使用 strlen()函数*/
14      printf("%c",Word[i]);/* 反向打印字符串 */
15
16     printf("\n");
17
18     system("pause");
19     return 0;
20  }
```

运行结果如图 8-19 所示。

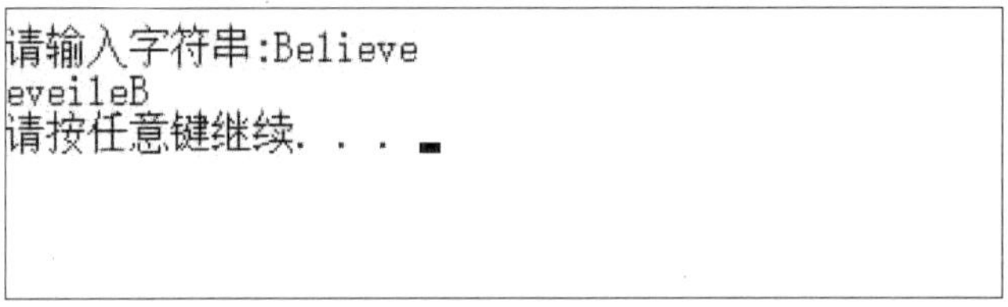

图 8-19 范例程序 CH08_11.c 的运行结果

【程序说明】

第 7 行：声明输入字符串变量最大长度的数组。

第 11 行：使用 gets()函数，允许所输入的字符串中含有空格符。

第 13、14 行：使用 C 语言的库函数 strlen()逐一反向打印输出字符。

8-3 上机程序测验

1. 请设计一个 C 程序，可从键盘输入 5 个整数值并存储在 arr 数组中，求取这 5 个数的平均值并以实数输出。

解答：参考范例程序 ex08_01.c

2. 请设计一个 C 程序，输出下面两个数组占用的内存空间及数组元素个数。

```
int  bArray[5];
float cArray[7];
```

解答：参考范例程序 ex08_02.c

3. 请设计一个 C 程序，声明 3 个二维数组，实现两个矩阵相加的过程并显示相加后的结果，如图 8-20 所示。

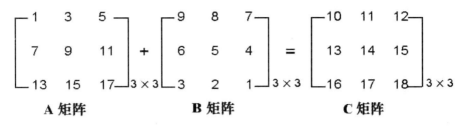

图 8-20 矩阵 A 和矩阵 B 相加

解答：参考范例程序 ex08_03.c

4. 请设计一个 C 程序，使用嵌套 for 循环输出以下三维数组的所有元素值。

```
int arr[2][3][4]={ { {1,3,5,6},{2,3,4,5},{3,3,3,3}},
                   { {2,3,3,54},{3,5,3,1},{5 ,6,3,6}} };
```

解答：参考范例程序 ex08_04.c

5. 请设计一个 C 程序，使用 do while 循环逐步输入学生的资料并作为一维数组的初始值，然后列出每位学生的学号与成绩。

解答：参考范例程序 ex08_05.c

6. 请结合 if-else 条件语句与一维数组的应用设计一个 C 程序。声明一个长度为 20 的数组来存储 20 个学生在各个成绩等级的人数，并加入学生成绩的分布图，以星号代表该等级的人数。

解答：参考范例程序 ex08_06.c

7. 请设计一个 C 程序，使用二维整数数组来存储两个班级共 10 位学生的成绩，并分别计算该班 5 位学生的总分，此数组内容如下：

```
int Score[2][5]={ 77, 85, 73, 64, 91, 68, 89, 79, 94, 83 };
```

解答：参考范例程序 ex08_07.c

8. 请设计一个 C 程序来实现一个 4×4 的二维数组的转置矩阵。此数组内容如下：

```
int arrA[4][4]={ {1,2,3,4},{5,6,7,8},{9,10,11,12},{13,14,15,16} };
```

解答：参考范例程序 ex08_08.c

9. 请设计一个 C 程序，使用二维数组编写一个求二阶行列式的范例，其行列式计算公式为 $a_1b_2-a_2b_1$：

$$\triangle = \begin{vmatrix} a_1 & b_1 \\ a_2 & b_2 \end{vmatrix} = a_1b_2-a_2b_1$$

解答：参考范例程序 ex08_09.c

10. 请设计一个 C 程序，声明一个字符串变量 Str 并设置初值，除了要输出这个字符串的内容外，还要分别输出字符串中的每一个字符。

解答：参考范例程序 ex08_10.c

11. 请设计一个 C 程序，直接将以下字符串数组中的每个字符串输出到屏幕上，最后单独输出第二个字符串中的第一个字符。

```
char Str[6][15]={"pineapple",
                "banana",
                "watermelon",
                "pear",
                "orange",
                "papaya" };
```

解答：参考范例程序 ex08_11.c

12. 请设计一个 C 程序，使用 while 循环语句将字符串中的英文大写字母转为小写字母、小写字母转换为大写字母。

解答：参考范例程序 ex08_12.c

13. 请设计一个 C 程序，计算以下数组中每个字符串的实际英文单词的长度：

```
char Name[5][10]={"John", "Mary", "Wilson","Candy","Allen"};
```

解答：参考范例程序 ex08_13.c

14. 请设计一个 C 程序，使用 for 循环将一个整行输入的字符串复制到另一个字符串中。

解答：参考范例程序 ex08_14.c

15. 请设计一个 C 程序来对比两个字符串内容是否完全相同，也就是使用循环从头开始逐一比较每一个字符，只要有一个不相等就跳出循环，相等则继续比较下一个字符，直到比较到结尾字符为止。

解答：参考范例程序 ex08_15.c

16. 请设计一个 C 程序，可以将用户所输入的字符串反向排列输出。

解答：参考范例程序 ex08_16.c

8-4 课后练习

【问答与实践题】

1. 试说明数组结构类型通常包含哪几种属性。

2. 请问声明数组后，有哪两种方法可以设置元素的数值？

3. 请指出以下程序代码是否有错，为什么？

```
char Str1[]="Hello";
char Str2[20];
Str2=Str1;
```

4. 请问 str1 与 str2 字符串分别占了多少字节？

```
char str1[ ]= "You are a good boy";
```

```
char str2[ ]= "This is a bad book  ";
```

5. 试说明如何使用数组表示与存储多项式 $P(x,y)=9x^5+4x^4y^3+14x^2y^2+13xy^2+15$。

6. 下面这个程序要显示字符串的内容，但是结果不如预期，请问出了什么问题？

```
01 #include <stdio.h>
02 int main(void){
03     char str[]={'J','u','s','t'};
04     printf("%s",str);
05     return 0;06   }
```

7. 为了在下面这段程序代码中显示数组中所有元素的值，我们使用了 for 循环，但结果并不正确，请问哪里出了问题？

```
01 #include <stdio.h>
02
03 int main(void)
04 {
05     int arr[5] = {1, 2, 3, 4, 5};
06     int i;
07     for(i = 1; i <= 5; i++)
08         printf("a[%d] = %d\n", i, arr[i]);
09     return 0;
10 }
```

8. 请问以下代码段中哪里有误，如何修改？

```
01 int Num[2];
02 printf("请输入2个数值:");
03 scanf("%d %d", Num[0], Num[1]);
04 printf("Var_Num 的值: %d\n", Var_Num);
05 printf("Num[0] 的值: %d\n", Num[0]);
06 printf("Num[1] 的值: %d\n", Num[1]);
```

9. 现在有一维数组如下：

```
arr[ ]={ 43,35,12,9,3,99 };
```

假设此数组经由冒泡排序法从小到大排序，执行第 3 次交换后的结果是什么？请写出第一到第三次交换的结果。

10. 以下 3 种声明方式哪种不合法，请说明原因。

```
int  A1[2][3]={{1,2,3},{2,3,4}};
int  A2[ ][3]={{1,2,3},{2,3,4}};
int  A3[2][ ]={{1,2,3},{2,3,4}};
```

11. 假设声明了一个整数数组 a[30]，a 的内存位置为 240ff40，请问 a[10] 与 a[15] 的内存位置是多少？

12. 下面这个代码段用于设置并显示数组初值，但隐含了不易发现的错误，请找出错误所在：

```
01 int a[2, 3] = {{1, 2, 3},{4, 5, 6}};
02 int i, j;
03 for(i = 0; i < 2; i++)
04     for(j = 0; j < 3; j++)
05         printf("%d ", a[i, j]);
```

13. 假设 A 为一个具有 1000 个元素的数组，每个元素为 4 个字节的实数，若 A[500]的位置为 1000_{16}，请问 A[1000]的地址是多少？

14. 请问下面的多维数组的声明是否正确？

```
int  A[3][ ]={{1,2,3},{2,3,4},{4,5,6}};
```

15. 请问此二维数组中有哪些数组元素初始值是 0？

```
int A[2][5]={  {77, 85, 73}, {68, 89, 79, 94}  };
```

16. 在给字符串变量设置初始值时，如果字符串内容太长无法在一行中设置完成，请问有哪两种方法解决？

【习题解答】

1. 解答：数组结构类型通常包含 5 种属性：起始地址、维数、下标上下限、数组元素个数、数组类型。

2. 解答：

（1）声明数组，即设置初始值。

```
数组名[数组大小]={初始值 1,初始值 2,…};
```

（2）使用下标值设置各个数组元素的数值。

```
数组名[数组下标值] = 指定数值;
```

3. 解答：由于字符串不是 C 语言的基本数据类型，因此不能以代码中的赋值形式复制字符串。要复制字符串，必须从字符数组中一个一个地取出元素的内容进行复制。通常使用 strcpy() 函数复制，格式如下：

```
strcpy(Str2,Str1);
```

4. 解答：str1 字符串有 19 字节，str2 字符串有 21 字节。

5. 解答：假如 m, n 分别为多项式 x, y 最高幂次的项数，对多项式 P(x)而言，可用一个(m+1)×(n+1)的二维数组加以存储。例如，本题 P(x,y)可用(5+1)×(3+1)的二维数组表示如下：

$$
\begin{array}{c}
\begin{array}{cccc} y^0 & y^1 & y^2 & y^3 \end{array} \\
\begin{array}{c} x^0 \\ x^1 \\ x^2 \\ x^3 \\ x^4 \\ x^5 \end{array}
\begin{bmatrix}
15 & 0 & 0 & 0 \\
0 & 0 & 13 & 0 \\
0 & 0 & 14 & 0 \\
0 & 0 & 0 & 0 \\
0 & 0 & 0 & 4 \\
9 & 0 & 0 & 0
\end{bmatrix} \quad 6 \times 4
\end{array}
$$

6. 解答：第 3 行改为：

```
03    char str[]={'J','u','s','t','\0'};
```

7. 解答：第 07 行错误，数组下标值要从 0 开始，最后一个元素下标应是元素个数减 1，所以应修正为：

```
for (i = 0; i < 5; i++)
```

8. 解答：本题的目的在于强调使用 scanf()函数时必须传入变量地址作为参数，因此第 3 行必须改为：

```
scanf ("%d %d", &Num[0], &Num[1]);
```

9. 解答：

第一次交换的结果为 35,43,12,9,3,99；

第二次交换的结果为 35,12,43,9,3,99；

第三次交换的结果为 35,12,9,43,3,99。

10. 解答：A3 的声明不合法，因为在 C 语言中，多维数组下标的设置只允许第一维省略而不予定义，其他维数的下标都必须清楚定义其长度。

11. 解答：如果整数的长度为 4 个字节，a[10]就从 a 的位置移动 10×4 个字节位置，结果是 240ffb8，同理可推算出 a[15]的内存位置应为 240fff4。

12. 解答：第 01 行与第 05 行出错，因为二维数组的声明与初值设置的形式是 a[][]，而不是 a[,]，语句修改如下：

```
01 int a[2][3] = {{1, 2, 3},{4, 5, 6}};
05 printf("%d ",a[i][ j]);
```

13. 解答：本题很简单，主要是地址以十六进制数表示：

```
loc(A[1000]) = loc(A[500]) + (1000-500)×4 = 4096 + 2000 = 6096
```

14. 解答：不正确，因为在 C 语言中，多维数组下标的设置只允许第一维省略不予定义，其他维数的下标都必须清楚定义其长度。

15. 解答：A[0][3]、A[0][4]、A[1][4]

16. 解答：可以将字符串拆成两个都用双引号包括住的独立字符串，或者使用反斜杠（\）连接两边的断点。

第 9 章
◀ 指针基础入门 ▶

计算机最主要的两项构造是中央处理器（CPU）与主存储器（内存）。一般执行程序时必须将程序及其所需的数据加载至主存储器，CPU 才能开始执行该程序。早期用低级语言进行程序开发时还要厘清程序代码中变量在内存中的地址。在内存中，每一个字节都有一个内存编号（地址），如同现实生活中的地址一样，每一个地址都可存储二进制编码的数据。

在 C 语言中，指针是一个非常强有力的工具，许多初学者认为指针是进入 C 语言后较难跨过的障碍，其实一点都不难。指针和其他数据类型一样，只是一种内存地址的数据类型，也就是记录变量地址的工具。当 CPU 需要存取某个数据时（指出要存取哪一个地址的内存空间），指针就是让 CPU 存取数据的工具，直接根据其指定的地址存取变量。指针也可以用于为一维数组、二维数组等数组动态分配内存空间，让内存空间运用起来更加有效率。

9-1　认识地址

计算机中字节在内存中的地址通常采用十六进制表示法，这对于人类而言并不是那么浅显易懂，也不容易识别。要直接指明地址的存取方式，对程序员而言难免费时费力。因此大部分高级程序设计语言提供了声明变量与使用变量的功能，以此来解决直接使用内存地址的问题。当用户需要使用变量的时候，只要声明变量类型与名称就可以直接使用，较底层的问题（例如向系统索取内存的工作）就交给系统解决。在编写程序时，用户可以先给变量命名，然后在稍后的程序代码中以变量名称直接存取该变量的数据即可。

9-1-1　指针的作用

直接使用内存地址存取数据的方式当然是有好处的。也许有人认为在计算机中需要用到变量的时候直接声明一个变量就好，并不需要知道内存的位置呢。换个角度想一想，如果现实生活中你要到某一家商店或一位从未登门拜访的朋友家中，需要地址或者明显的地标才能够找到。

除了指定变量名称存取数据外，在计算机的运行中也需要针对内存地址存取的工具，就是指针（Pointer）。指针是一种变量类型，内容就是内存的地址。大家可以把身份证号码想象成变量的地址，有了身份证号码自然就可以知道这个人的个人资料（变量内容）了。

有了指针变量，程序代码可以直接存取该指针变量所指定的地址内容。基本上，使用指针就可以直接存取内存，增加了便利性。另外，编写程序时如果不能预估程序执行时需要多少内存、多少变量等信息，可以使用动态内存分配功能，这时只有通过指针变量记录系统给定的地址在哪里才能完成动态分配内存的工作。

9-1-2　变量地址的存取

在 C 语言中，为了针对地址与指针进行运算，特别定义了指针变量的形式与存取变量地址的方式。例如，当需要使用某个数据时，存取内存地址对应的内存空间内容即可。要了解变量所在的内存地址，可以通过取址运算符（&）获取，语法格式如下：

```
&变量名称;
```

【范例：CH09_01.c】

下面的范例程序通过取址运算符（&）示范变量名称、变量值与内存地址之间的相互关系。

```
01  #include <stdio.h>
02  #include <stdlib.h>
03
04  int main()
05  {
06      int num = 110;
07      char ch = 'A';
08
09      puts( "变量名称  变量值  内存地址" );
10      puts( "----------------------------" );
11      printf( "num\t  %d\t   %p\n", num, &num );
12      /* 输出 num 的值及地址 */
13      printf( "ch\t   %c\t   %p\n", ch, &ch );
14      /* 输出 ch 的值及地址 */
15      system("pause");
16      return 0;
17  }
```

运行结果如图 9-1 所示。

```
变量名称  变量值  内存地址
----------------------------
num      110      000000000062FE4C
ch       A        000000000062FE4B
请按任意键继续. . .
```

图 9-1　范例程序 CH09_01.c 的运行结果

147

【程序说明】

第 6、7 行：声明两种不同类型的变量。

第 11、13 行：以%p 格式表示十六进制的地址，要取出变量的地址，在变量前加上&运算符即可。通常我们不用直接处理内存地址的问题，因为变量中已经包括了内存地址的信息，会直接告诉程序应该到内存中的什么地方取出数值。

9-1-3　存取数组元素的地址

基本上，对已经定义的变量和数组都会分配内存空间供所存储的数据使用。因此，在程序中遇到需要数组元素的地址来运算时，可以使用取址运算符（&）获取该数组元素的地址。

【范例：CH09_02.c】

下面的范例程序将使用&取得数组内每个元素的地址，只要在数组元素名称前加上&即可。例如，&Num[i]代表第 i-1 个元素所在的地址。屏幕上所显示的地址可能会因大家执行程序的计算机环境不同而显示不同的数值。

```
01  #include <stdio.h>
02  #include <stdlib.h>
03
04  int main()
05  {
06   int Num[5]={ 33, 44, 55, 66, 77 };  /* 定义整数数组 Num[5] */
07   int i;
08
09    for( i=0; i< 5; i++)
10     {
11     printf("Num[%d] 的元素值:%d",i, Num[i]);  /* 输出数组元素的值 */
12     printf("        ");       /* 输出空白行调整位置 */
13     printf("Num[%d] 的地址:%p",i,&Num[i]);  /* %p 显示十六进制值 */
14     printf("\n");
15     /* 换行 */
16     }
17
18   system("pause");
19   return 0;
20  }
```

运行结果如图 9-2 所示。

```
Num[0] 的元素值:33          Num[0] 的地址:000000000062FE30
Num[1] 的元素值:44          Num[1] 的地址:000000000062FE34
Num[2] 的元素值:55          Num[2] 的地址:000000000062FE38
Num[3] 的元素值:66          Num[3] 的地址:000000000062FE3C
Num[4] 的元素值:77          Num[4] 的地址:000000000062FE40
请按任意键继续. . .
```

图 9-2　范例程序 CH09_02.c 的运行结果

【程序说明】

从第 11、13 行的输出结果可以看出，数组元素每移动一次下标值，要在内存位移 4 个字节（因为是整数类型）才能取出数组的下一项数据。

9-1-4　指针变量

在 C 语言中，要存储与操作内存的地址就要使用指针变量，指针变量的作用类似于变量，功能比一般变量更为强大。在程序中声明指针变量时，内存分配的情况与一般变量相同。声明指针变量时，首先必须定义指针的数据类型并在数据类型后加上 "*" 号（取值运算符或值引用运算符），再给予指针名称，即可完成声明。"*" 的作用是取得指针指向内存地址中存放的内容。指针变量声明方式如下：

```
数据类型 *指针名称;
或
数据类型* 指针名称;
```

由于指针是一种变量，因此命名规则与一般变量的命名规则相同。通常建议命名指针时在变量名称前加上小写 p，若是整数类型的指针，则可在变量名称前加上 "pi" 两个小写字母，"i" 代表整数类型（int）。在此再次提醒大家，良好的命名规则对于程序日后的阅读与维护大有裨益。

一旦确定指针所指向的数据类型就不能更改了，指针变量也不能指向不同数据类型的变量。以下是几个整数指针变量的声明方式，所存放的地址必须是一个整数变量的地址。当然，指针变量声明时也可设置初值为 0 或者 NULL 增加可读性：

```
int* x;
int *x, *y;
int *x=0;
int *y=NULL
```

在声明指针变量后，如果没有设置初始值，指针所指向的内存地址就是未知的。不能对未初始化的指针进行存取，因为可能指向一个正在使用的内存地址。要设置指针的值，可以使用取址运算符（&）将某个变量所指向的内存地址赋值给指针，格式如下：

```
数据类型 *指针变量;
```

```
指针变量=&变量名称; /* 变量名称已定义或声明 */
```

将指针变量 address1 指向一个已声明的整数变量 num1，语句如下：

```
int num1 = 10;
int *address1;
address1 = &num1;
```

不能直接将指针变量的初始值设置为一个数值，否则会造成指针变量指向不合法的地址。例如：

```
int* piVal=10;  /* 不合法指令 */
```

对指针"既期待又怕受到伤害"的读者不用担心，接下来再举一个例子来说明。假设程序代码中声明了 3 个变量 a1、a2 与 a3，其值分别为 40、58、71。程序代码语句如下：

```
int a1=40, a2=58, a3=71; /* 声明三个整数变量 */
```

假设这 3 个变量在内存中分别占用第 102、200 与 202 号地址。我们以 *运算符声明 3 个指针变量 p1、p2 与 p3，程序代码如下：

```
int *p1,*p2,*p3;              /* 使用 *符号声明指针变量 */
```

其中，*p1、*p 与*p3 前方的 int 表示这 3 个变量都指向整数类型，关系说明图如图 9-3 所示。接下来，以&运算符取出 a1、a2 与 a3 三个变量的地址并存储至 p1、p2 与 p3 三个变量中，程序代码如下：

```
p1 = &a1;
p2 = &a2;
p3 = &a3;
```

p1、p2 与 p3 三个变量的内容分别是 102、200、202。

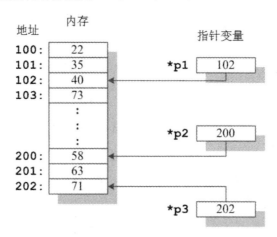

图 9-3　指针与内存的关系说明图

【范例：CH09_03.c】

下面的范例程序用于示范上述内容中指针与地址的关系。注意：由于每台计算机在分配内存时或许会有不同的结果，因此大家在执行程序时并不一定会得到与本书相同的内存地址编号。

```c
01  #include <stdio.h>
02  #include <stdlib.h>
03
04  int main()
05  {
06      int a1=40, a2=58, a3=71;
07      int temp;
08      int *p1,*p2,*p3;
09
10
11      p1 = &a1; /* p1 指向 a1 的地址 */
12      p2 = &a2; /* p2 指向 a2 的地址 */
13      p3 = &a3; /* p3 指向 a3 的地址 */
14
15      printf("p1 的地址:%p, *p1 的内容:%d\n",p1,*p1);
16      printf("p2 的地址:%p, *p2 的内容:%d\n",p2,*p2);
17      printf("p3 的地址:%p, *p3 的内容:%d\n",p3,*p3);
18
19      system("PAUSE");
20      return 0;
21  }
```

运行结果如图 9-4 所示。

```
p1的地址:000000000062FE34, *p1的内容:40
p2的地址:000000000062FE30, *p2的内容:58
p3的地址:000000000062FE2C, *p3的内容:71
请按任意键继续. . .
```

图 9-4　范例程序 CH09_03.c 的运行结果

【程序说明】

第 11 行：将 a1 地址赋值给指针变量 p1。

第 12 行：将 a2 地址赋值给指针变量 p2。

第 13 行：将 a3 地址赋值给指针变量 p3。

第 15~17 行：输出 p1、p2、p3 与*p1、*p2、*p3 的值。

【范例：CH09_04.c】

以下这个程序是相当经典的指针使用范例，弄懂这个程序后，相信大家会对取值运算符与取址运算符有更清楚的认识。这个程序将进一步说明使用指针变量存取其指向变量的用法，重新改变指针变量的数据内容后，指向同一地址的变量内容也会随之改变。

```
01  #include <stdio.h>
02  #include<stdlib.h>
03  #include<string.h>
04
05  int main()
06  {
07      int a1=40, a2=58, a3=71;
08      int temp;
09      int *p1,*p2,*p3;
10
11
12      p1 = &a1;/* p1 指向 a1 的地址 */
13      p2 = &a2;/* p2 指向 a2 的地址 */
14      p3 = &a3;/* p3 指向 a3 的地址 */
15
16      printf("变量 a1 的值:%d, *p1 的值:%d\n",p1,*p1);
17      printf("变量 a2 的值:%d, *p2 的值:%d\n",p2,*p2);
18      printf("变量 a3 的值:%d, *p3 的值:%d\n",p3,*p3);
19
20      a1=101;  /*重新设置 a1 的值 */
21      *p2=103; /*重新设置*p2 的值 */
22      p3=p2;   /* 将 p3 指向 p2 */
23      printf("------------------------------------\n");
24      printf("变量 a1 的值:%d, *p1 的值:%d\n",p1,*p1);
25      printf("变量 a2 的值:%d, *p2 的值:%d\n",p2,*p2);
26      printf("变量 a3 的值:%d, *p3 的值:%d\n",p3,*p3);
27     printf("------------------------------------\n");
28
29      system("PAUSE");
30      return 0;
31  }
```

运行结果如图 9-5 所示。

图 9-5　范例程序 CH09_04.c 的运行结果

【程序说明】

第 12~14 行：将 p1、p2、p3 分别指向整数变量 a1、a2 与 a3。

第 20 行：重新设置 a1 的值为 101。可以看出第 24 行指向 a1 的*p1 值也会改为 101。

第 21 行：重新设置*p2 的值为 103。可以看出第 25 行 a2 的值也会改为 103。

第 22 行：将 p3 指向 p2，所以*p3 的值就是*p2 的值，但 a3 的值仍为 71，并未改变。

9-2　多重指针

由于指针变量存储的是指向内存的地址，它本身所占有的内存空间也拥有一个地址，因此我们可以声明"指针的指针"（指向指针变量的指针变量）来存储指针所使用到的内存地址与存取变量的值，或者称为"多重指针"。

9-2-1　双重指针

双重指针就是指向指针的指针，通常以两个 * 表示，也就是**。事实上，双重指针并不是一个很难理解的概念。大家可以想象原本的指针指向基本数据类型（例如整数、浮点数等），而双重指针同样是一个指针，只是指向另一个指针。双重指针的语法格式如下：

```
数据类型 **指针变量;
```

下面使用一个范例来说明。假设整数 a1 为 10、指针 ptr1 指向 a，而指针 ptr2 指向 ptr1，程序代码如下：

```
int a1=10;           /*设置基本整数值 a 为 10*/
int *ptr1, **ptr2;   /*整数指针 ptr1 与双重指针 ptr2*/
ptr1=&a1;            /* 将 a1 地址赋值给 ptr1 */
ptr2=&ptr1;          /* 将 ptr1 地址赋值给双重指针 ptr2 */
```

整数 a1、指针 ptr1 与指针 ptr2 之间的关系可以通过图 9-6 来说明。

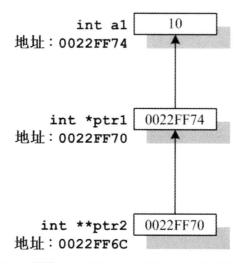

图 9-6　整数 a1、指针 ptr1 与指针 ptr2 之间的关系

其中，int **ptr2 是双重指针，指向"整数指针"。int *ptr1 存放的是 a1 变量的地址，ptr2

变量存放的是 ptr 变量的地址。从图 9-6 可以发现，变量 a1、指针变量 *ptr1 以及双重指针变量 *ptr2 都占有内存地址，分别为 0022FF74、0022FF70 与 0022FF6C。

事实上，从单个指针 int *ptr1 来看，*ptr1 变量可以视为指向"int"类型的指针。而从双重指针 int **ptr2 来看，**ptr2 变量就是指向"int *"类型的指针。

【范例：CH09_05.c】

下面的程序范例相当简单，主要是双重指针的声明与使用，若 ptr1 指向 a1 的地址，则 *ptr1=10。另外，ptr2 指向 ptr1 的地址，因此*ptr2=ptr1。经过两次"值引用运算符"的运算，得到**ptr2=10。

```
01  #include <stdio.h>
02  #include<stdlib.h>
03
04  int main()
05  {
06      int a1=10;
07      int *ptr1,**ptr2;
08
09   ptr1=&a1;/* ptr 指向 a1 的地址 */
10      ptr2=&ptr1;/* ptr2 指向 ptr1 的地址 */
11
12   printf("变量 a1 的地址:%p, 内容:%d\n",&a1,a1);
13      printf("变量 ptr1 的地址:%p, 内容:%p, *ptr1：%d\n",&ptr1,ptr1,*ptr1);
14      printf("变量 ptr2 的地址:%p, 内容:%p, **ptr2：%d\n",&ptr2,ptr2,**ptr2);
15
16   system("PAUSE");
17      return 0;
18  }
```

运行结果如图 9-7 所示。

```
变量a1的地址:000000000062FE4C，内容:10
变量ptr1的地址:000000000062FE40，内容:000000000062FE4C，*ptr1：10
变量ptr2的地址:000000000062FE38，内容:000000000062FE40，**ptr2：10
请按任意键继续. . .
```

图 9-7　范例程序 CH09_05.c 的运行结果

【程序说明】

第 9 行：ptr 指向 a1 的地址。

第 10 行：ptr2 指向 ptr1 的地址。

第 12、13 行：可以发现&a1 的地址和 ptr 是一样的，*ptr 的值也和 a1 相同。

第 13、14 行：&ptr1 和 ptr2 相同，ptr1 与*ptr2 相同，*ptr1 与**ptr2 相同。

9-2-2 多重指针

既然有双重指针，那么是否有三重指针或者更多重的指针呢？当然有。就像前面所说的，双重指针是指向指针的指针，那么三重指针就是指向"双重指针"的指针，语法格式为：

数据类型 ***指针变量名称；

沿用上一小节的范例，假设整数 a1 为 10、指针 ptr1 指向 a，而指针 ptr2 指向 ptr1、指针 ptr3 指向 ptr2，程序代码如下：

```
int a1=10;          /*设置基本整数值a为10*/
int *ptr1, **ptr2;  /*整数指针ptr1与双重指针ptr2*/
int ***ptr3;        /*三重指针ptr3*/
ptr1=&a1;           /*将a1地址赋值给ptr1*/
ptr2=&ptr1;         /*将ptr1地址赋值给双重指针ptr2*/
ptr3=&ptr2;         /*将ptr2地址赋值给双重指针ptr3*/
```

除了原本的 a1、*ptr1、**ptr2 外，我们又新增了三重指针***ptr3。通过 ptr3=&ptr2 可将双重指针 **ptr2 的地址赋值给三重指针 ***ptr3。因此，ptr3 指针变量的内容为 0022FF6C，也是 ptr2 的地址。接下来使用 ***ptr3 即可存取 a 变量的内容，***ptr3 的值为 10，如图 9-8 所示。

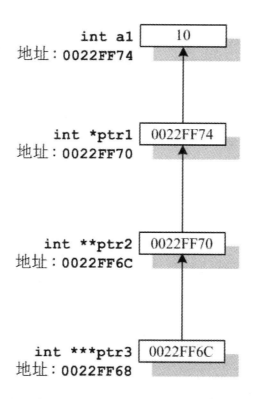

图 9-8　整数 a1、指针 ptr1、指针 ptr2 与 ptr3 之间的关系

155

大家或许可以发现，从以上概念图来解释，多一个"*"符号其实就是往前推进一个箭号。因此，对于***ptr3 而言，从变量起移动 3 个箭号就可以存取 a 变量的内容。所以，一重指针是"指向基本数据"的指针，双重指针是指向"一重指针"的指针，三重指针是"指向双重指针"的指针，其他更多重的指针可以此类推。例如下面为四重指针：

```
int  a1= 10;
 int *ptr1 = &num;
 int **ptr2 = &ptr1;
 int ***ptr3 = &ptr2;
 int ****ptr4 = &ptr3;
```

【范例：CH09_06.c】

下面的范例程序示范了三重指针的应用与实现方式，可根据相同的方法自行练习声明多重指针（注意大家屏幕上显示的内存地址可能与书中显示的不同）。

```
01  #include <stdio.h>
02  #include<stdlib.h>
03
04  int main()
05  {
06      int a1=10;
07      int *ptr1,**ptr2;
08      int ***ptr3;
09
10   ptr1=&a1;  /* ptr1 是指向a1 的指针 */
11      ptr2=&ptr1;/* ptr2 是指向ptr1 的指针 */
12      ptr3=&ptr2;/* ptr3 是指向ptr2 的指针 */
13
14      printf("变量a1 的地址:%p, 内容:%d\n",&a1,a1);
15      printf("变量ptr1 的地址:%p, ptr1 的内容:%p, *ptr1: %d\n",&ptr1,ptr1,*ptr1);
16      printf("变量ptr2 的地址:%p, ptr2 的内容:%p, **ptr2: %d\n",&ptr2,ptr2,**ptr2);
17      printf("变量ptr3 的地址:%p, ptr3 的内容:%p, ***ptr3: %d\n",&ptr3,ptr3,***ptr3);
18
19   system("PAUSE");
20      return 0;
21  }
```

运行结果如图 9-9 所示。

```
变量a1的地址:000000000062FE4C, 内容:10
变量ptr1的地址:000000000062FE40, ptr1的内容:000000000062FE4C, *ptr1: 10
变量ptr2的地址:000000000062FE38, ptr2的内容:000000000062FE40, **ptr2: 10
变量ptr3的地址:000000000062FE30, ptr3的内容:000000000062FE38, ***ptr3: 10
请按任意键继续. . .
```

图 9-9　范例程序 CH09_06.c 的运行结果

【程序说明】

第 10 行：ptr1 是指向 a1 的指针。

第 11 行：ptr2 是指向 ptr1 的整数类型的双重指针。

第 12 行：ptr3 是指向 ptr2 的整数类型的三重指针。

第 16 行：ptr2 所存放的内容为 ptr1 的地址（&ptr1），*ptr2 为 ptr1 所存放的内容。我们可把**ptr2 看成*(*ptr2)，也就是*(ptr)，因此**ptr2=*ptr1=10。

第 17 行：ptr3 所存放的内容为 ptr2 的地址*&ptr2)，*ptr3 为 ptr2 所存放的内容。另外，**ptr3 为*ptr2 所存放的内容，***ptr2 可以看成*(**ptr2)，因此***ptr3=**ptr2=10。

9-3 认识指针运算

学会使用指针存储变量的内存地址后,我们也可以针对指针使用+运算符或-运算符进行运算。然而当你对指针使用这两个运算符时，并不是进行如数值般的加法或减法运算，而是针对所存放的地址运算，也就是向右或向左移动几个单元的内存地址，移动的单位视所声明的数据类型占用的字节数而定。

不过，指针的加法或减法运算只能针对常数值（如+1 或-1）进行，不可以进行指针变量之间的相互运算。因为指针变量的内容是存放的地址，地址间的运算并没有任何实质意义，而且容易让指针变量指向不合法的地址。

9-3-1 递增与递减运算

可以换个角度来想，现实生活中的门牌号码以数字的方式呈现，是否能够运算呢？运算后又有什么样的意义呢？例如将中山路 10 号加 2，其实是往门牌号码较大的一方移动两个号码，可以找到中山路 12 号；如果将中山路 10 号减 2，就可以找到中山路 8 号。这样地址的加法与减法才有意义。

然而，将地址进行乘法与除法运算似乎就没有意义了。例如中山路 20 号乘以 10 虽能得到 200 号，但对于搜索住址不见得有实质的帮助；而中山路 20 号除以 4 更没有实质的意义。

由于不同的变量类型在内存中所占的空间不同，因此当指针变量加一或减一时，是以指针变量所声明类型的内存大小为单位决定向右或向左移动多少单位。例如，一个整数指针变量名称为 piVal，当指针声明时所取得 iVal 的地址值为 0x2004，之后 piVal 进行递增（++）运算，值将改变为 0x2008，代码如下：

```
int iVal=10;
int* piVal=&iVal; /* piVal=0x2004 */
piVal++; /* piVal=0x2008 */
```

【范例：CH09_07.c】

从下面的范例程序可以发现，因为整数类型占 4 个字节，所以指针每进行一次加一（++）

运算，内存地址就会向右移动 4 个字节；每进行一次减一运算（--），内存地址就会向左移动 4
个字节。

```
01  #include <stdio.h>
02  #include <stdlib.h>
03
04  int main()
05  {
06      int *int_ptr,no;    /* 声明整数类型指针 */
07      int_ptr=&no;/* 初始化指针 */
08
09      printf("最初的 int_ptr 地址:\n");
10      printf( "int_ptr = %p\n", int_ptr);
11      int_ptr++;
12      printf("int_ptr++后的地址:\n");
13      printf( "int_ptr = %p\n", int_ptr);
14      int_ptr--;
15      printf("int_ptr--后的地址:\n");
16      printf( "int_ptr = %p\n", int_ptr);
17      int_ptr=int_ptr+2;
18      printf("int_ptr+2 后的地址:\n");
19      printf( "int_ptr = %p\n", int_ptr);
20      int_ptr=int_ptr-2;
21      printf("int_ptr-2 后的地址:\n");
22      printf( "int_ptr = %p\n", int_ptr);
23
24      system("pause");
25      return 0;
26  }
```

运行结果如图 9-10 所示。

```
最初的int_ptr地址:
int_ptr = 000000000062FE44
int_ptr++后的地址:
int_ptr = 000000000062FE48
int_ptr--后的地址:
int_ptr = 000000000062FE44
int_ptr+2后的地址:
int_ptr = 000000000062FE4C
int_ptr-2后的地址:
int_ptr = 000000000062FE44
请按任意键继续. . .
```

图 9-10　范例程序 CH09_07.c 的运行结果

【程序说明】

第 6 行：声明整数类型指针。

第 7 行：初始化指针并给予合法地址。

第 10 行：输出最初的 int_ptr 地址。

第 11 行：执行 int_ptr++的递增运算。

第 13 行：可以发现输出的 int_ptr 地址向右移动了 4 个字节。

第 14 行：执行 int_ptr--的递减运算。

第 16 行：可以发现输出的 int_ptr 地址又向左移动了 4 个字节。

第 17 行：执行 int_ptr = int_ptr + 2 的加法运算。

第 19 行：可以发现输出的 int_ptr 地址又向左移动了 4×2 个字节。

第 20 行：执行 int_ptr = Int_ptr - 2 的减法运算。

第 21 行：可以发现输出的 int_ptr 地址又向右移动了 4×2 个字节。

9-3-2　指针常数与数组

指针运算也可以用于数组存取的操作。之前我们介绍过使用取址运算符（&）获取数组元素的地址。假设程序中声明了一个数组 int array[5]，要求系统提供一块连续的内存区段能够存储 5 个整数类型的数据。数组名 array 指向这块连续内存空间的起始地址，"下标值"就是其他元素相对于第一个元素内存地址的"位移量"（Offset）。

使用数组名的指针常数来存取数据可以达到与使用数组下标存取数组元素相同的效果。在 C 语言中，存取 array 数组中的第 i 个元素通常使用 a[i]。如果要以指针的形式存取数组的第 i 个元素，使用*(array+i)即可。使用语法如下：

```
数组名[下标值]= *(数组名+下标值)
或
数组名[下标值]= *(&数组名[下标值])
```

内存是线性构造，无论是一维还是多维数组，在内存中都是以线性方式为数组分配可用空间的，例如二维数组的名称也可以代表第一个元素的内存地址。例如以下声明：

```
int  arr[3][5];
```

在这个例子中，arr 数组是一个 3×5 的二维数组，可以看成由 3 个一维数组组成，每个一维数组各有 5 个元素。因为数组名可以直接当成指针常数来使用，所以二维数组可以看成是一种双重指针的应用。例如，*(arr+0)表示数组中第一维维数为 0 的第一个元素的内存地址，也就是 arr[0][0]；*(arr+1)表示数组中第一维维数为 1 的第一个元素的内存地址，也就是 arr[1][0]；*(arr+i)表示数组中第一维维数为 i 的第一个元素的内存地址，如图 9-11 所示。

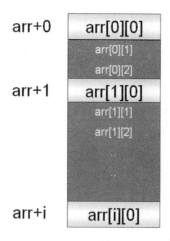

图 9-11　数组指针和数组元素的内存地址之间的关系示意图 1

　　如果想获取元素 arr[1][1]的内存地址，就要使用*(arr+1)+1 来取得，注意*运算符的优先级高于+运算符；如果要获取 arr[2][3]的内存地址，就要使用*(arr+2)+3 来取得，其他各个数组项依此类推。总之，要获取元素 arr[i][j]的内存地址，就要使用*(arr+i)+j 来取得，如图 9-12 所示。

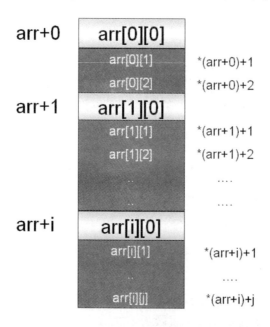

图 9-12　数组指针和数组元素的内存地址之间的关系示意图 2

　　如果加上一个*取值运算符，也就是*(*(arr+i)+j)，就可以使用双重指针取出二维数组 arr[I][j]的元素值。

【范例：CH09_08.c】

　　下面的范例程序说明如何使用指针常数表示二维数组元素的地址，并用双重指针打印二维数组中的元素值。

```
01  #include <stdio.h>
02  #include <stdlib.h>
03
04  int main()
05  {
06
07      int i,j,no[2][4]={312,16,35,65,52,111,77,80};
08
09      for (i = 0; i < 2; i++ )
10       for ( j = 0; j < 4; j++ )
11         {
12           printf( "&no[%d][%d]=%p\t *(no+%d)+%d=%p\n",
13           i,j,&no[i][j],i,j,*(no+i)+j);
14           /* 输出二维数组的元素地址与使用指针表示数组元素的地址*/
15           printf( "*(*(no+%d)+%d) = %d\n", i, j, *(*(no+i)+j) );
16           /*打印 arr[i][j]元素值*/
17           printf("=========================================\n");
18         }
19
20      system("pause");
21      return 0;
22  }
```

运行结果如图 9-13 所示。

```
&no[0][0]=000000000062FE20        *(no+0)+0=000000000062FE20
*(*(no+0)+0) = 312
=========================================
&no[0][1]=000000000062FE24        *(no+0)+1=000000000062FE24
*(*(no+0)+1) = 16
=========================================
&no[0][2]=000000000062FE28        *(no+0)+2=000000000062FE28
*(*(no+0)+2) = 35
=========================================
&no[0][3]=000000000062FE2C        *(no+0)+3=000000000062FE2C
*(*(no+0)+3) = 65
=========================================
&no[1][0]=000000000062FE30        *(no+1)+0=000000000062FE30
*(*(no+1)+0) = 52
=========================================
&no[1][1]=000000000062FE34        *(no+1)+1=000000000062FE34
*(*(no+1)+1) = 111
=========================================
&no[1][2]=000000000062FE38        *(no+1)+2=000000000062FE38
*(*(no+1)+2) = 77
=========================================
&no[1][3]=000000000062FE3C        *(no+1)+3=000000000062FE3C
*(*(no+1)+3) = 80
=========================================
请按任意键继续. . .
```

图 9-13 范例程序 CH09_08.c 的运行结果

【程序说明】

第 12、13 行：输出使用"&"（取址运算符）获取的二维数组元素的地址与使用指针表示二维数组元素的地址。可以发现，要获取元素 no[i][j]的内存地址，就要使用*(no+i)+j 来取得。

第 15 行：使用双重指针打印 no[i][j]元素值。

9-3-3　指针变量与数组

在编写 C 程序代码时，大家不但可以把数组名直接当成一种指针常数来使用，也可以将指针变量指向数组的起始地址，并借助指针变量间接存取数组中的元素值。指针变量获取一维数组地址的方式如下：

```
数据类型 *指针变量=数组名;
或
数据类型 *指针变量=&数组名[0];
```

注意：尽管数组可以直接当成指针常数来使用，数组名是数组第一个元素的地址，不过由于数组的地址是只读的，因此不能改变其值，这点是和指针变量最大的不同。例如：

```
int arr[2],value=100;
int *ptr=&value;
arr=ptr;  /* 此行不合法,因为 arr 是只读的，不能重新设置其值 */
```

由于二维数组是占用连续的内存空间，因此可借助指针变量指向二维数组的起始地址获取数组的所有元素值。声明一个指针变量并让它指向一个二维数组的起始地址，方法如下：

```
数据类型 指针变量=&二维数组名[0][0];
```

声明一个 int 数据类型的二维数组 int no[n][m]，并将起始地址值赋给指针变量*ptr，这时如果使用指针变量*ptr 存取二维数组中第 i 行的第 j 列元素，可以使用如下公式取出该元素值：

```
    *(ptr+i*m+j);
```

9-4　上机程序测验

1. 请设计一个 C 程序，说明二维数组可视为一维数组的扩展，在内存中仍然必须以线性方式存储。

解答：参考范例程序 ex09_01.c

2. 请设计一个 C 程序，声明一个整数数组 array[5]，内含值分别为 1、2、3、4 与 5，分别将各元素地址与使用数组名的指针常数 array 输出。

解答：参考范例程序 ex09_02.c

3. 请设计一个 C 程序，以两种指针常数方式输出下面数组内的元素值：

```
int i,arr[5]={12,16,5,5,32};
```

解答：参考范例程序 ex09_03.c

4. 请设计一个 C 程序，声明一个指针变量指向以下 arr 数组的第一个元素的地址，另外通过取值引用运算符（*）间接存取数组内的元素值：

```
arr[7]={312,16,35,65,152,231,88};
```

解答：参考范例程序 ex09_04.c

5. 请设计一个 C 程序，使用指针变量*ptr 存取二维数组 arr[2][3]中第 i 行第 j 列元素：

```
arr[2][3]={12,16,35,65,152,23};
```

解答：参考范例程序 ex09_05.c

6. 使用 scanf()函数时必须传入变量地址作为参数。请设计一个 C 程序，使用以下 3 种方式在 scanf()函数中输入值：

```
&Var_Num  &Num[0]  Num+1
```

解答：参考范例程序 ex09_06.c

7. 有以下程序代码：

```
int i,array1[5]={100,200,300,400,500};
int *p1;
p1=&array1[4];  /* 指向数组第 5 个元素 */
```

请设计一个 C 程序使用指针变量反向输出此数组的元素值。

解答：参考范例程序 ex09_07.c

8. 请设计一个 C 程序，使用指针常数的方式取出以下三维数组 arr 的元素值，并计算每个数组元素值相加的总和：

```
int arr[4][3][3]={{{11,-2,3},{24,5,-6},{8,39,2}},
       {{7,-8,9},{20,31,12},{0.8,3,2}},
       {{-13,24,15},{56,71,18},{3,6,7}},
       {{19,30,21},{5,-23,24},(-16,19,12)}};
```

解答：参考范例程序 ex09_08.c

9-5 课后练习

【问答与实践题】

1. 试说明以下声明的意义。

```
int* x, y;
```

2. 试说明以下表达式的意义，并详述取值运算符（*）与乘法运算符之间的用法差异。

```
*ptr = *ptr * *ptr * *ptr;
```

3. 指针需要通过哪两种运算符操作？

4. 有以下三重指针的程序片断：

```
int num = 100;
int *ptr1 = &num;
int **ptr2 = &ptr1;
int ***ptr3 = &ptr2;
```

请回答**ptr2 与***ptr3 的值是多少？

5. 二维数组的声明如下：

```
int no[5][8];
```

请问如何使用指针常数表示二维数组元素 no[4][3]的地址？

6. 请问以下程序代码哪一行有错误？试说明原因。

```
01  int value=100;
02  int *piVal,*piVal1;
03  float *px,qx;
04  piVal= &value;
05  piVal1=piVal;
06  px=piVal1;
```

7. 请使用指针方式表示 arr[i][j]的内存地址。

8. 指针的加法运算和一般变量加法运算有什么不同？

9. 以下程序代码是否有错？请详细说明。

```
01  int array[5],no=100;
02  int *ptr=&no;
03  no=58;
04  arr+0=ptr;
```

10. 请简单说明指针运算的意义与作用。

11. 以下程序代码是否正确？为什么？

```
int arr[2],value=100;
int *ptr=&value;
arr=ptr;
```

【习题解答】

1. 解答：这不是声明两个指针变量，而是 x 为指针变量，y 为整数变量。

2. 解答：进行立方运算并将结果存回*ptr。由于取值运算符与乘法运算符在符号使用上相同，我们可以增加空格来加强程序的可读性。此外，由于取值运算符的优先级大于乘法运算符，因此不必加上括号。

3. 解答：取址运算符（&）与取值引用运算符（*）

4. 解答：都为 100。

5. 解答：*(no+4)+3。

6. 解答：第 6 行，因为一旦确定指针所指向的数据类型，就不能更改了。另外，指针变量也不能指向不同数据类型的指针变量。

7. 解答：*(arr+i)+j

8. 解答：最大的差异在于执行指针加法运算后会将当前指针变量所指向的内存地址"向右"移动。

9. 解答：04 行有错，因为数组可以直接当成指针常数来使用，数组名地址是数组第一个元素的地址。由于数组的地址是只读的，因此不能改变其值，这点是和指针变量最大的不同。

10. 解答：尽管指针变量是一种用来存储地址值的变量，可以对指针使用+运算符或-运算符进行运算，不过运算结果与一般变量大不相同。事实上，当我们对指针变量使用这两个运算符时，并不是进行一般变量的加法或减法运算，而是用来增减内存地址的位移量，移动的基本单位视所声明的数据类型而定。

11. 解答：arr=ptr; 这行不合法，因为 arr 是只读的，不能重新设置其值。

第 10 章

◀ 高级指针处理 ▶

在 C 语言的语法中，指针对一些初学者来说是较难掌握的，指针使用了"间接引用"的概念，使得初学者往往无法将内存地址与变量值之间的关系直接串联在一起。不过，如果想要真正掌握 C 语言的高级程序设计技能，熟悉与活用指针是必要的基本功。

使用指针时也要相当小心，否则容易造成内存访问上的问题，从而引发不可预期的后果。本章将讨论更高级的指针处理专题，让大家日后在指针的应用上能够更加得心应手。

10-1 指针与字符串

由于字符串在 C 语言中以字符数组实现，指针可以应用于数组，因此也可以应用于字符串。事实上，使用指针变量的概念处理字符串比使用数组方便许多。

10-1-1 使用指针设置字符串

之前介绍的字符串声明都是以字符数组来实现的，其中字符串与字符数组唯一的不同在于字符串最后一定要连接一个空字符（\0），以表示字符串结束了，以下是两种字符串表示法：

```
char name[] = { 'J', 'o', 'h', 'n', '\0'};
或
char name[] = "John";
```

如果要使用指针变量表示字符串，就要使用字符指针变量指向字符串，声明格式如下：

```
char *指针变量="字符串内容";
例如：
char *ptr = "How are you ?";
```

【范例：CH10_01.c】

下面的范例程序分别以字符数组与指针变量表示字符串，用户可输入一个字符串，并将此字符串输出在屏幕上。

```
01  #include <stdio.h>
02  #include <stdlib.h>
03
04  int main()
05  {
06
07      char name[15];/*声明字符数组*/
08      char *number="Please input your name:";
09      /* 声明字符串指针*/
10      printf("%s",number);
11      scanf("%s",&name);/*输入字符串*/
12      printf("Your name is:%s",name);
13      printf("\n");
14
15      system("pause");
16      return 0;
17  }
```

运行结果如图 10-1 所示。

```
Please input your name:peter
Your name is:peter
请按任意键继续. . . ▌
```

图 10-1　范例程序 CH10_01.c 的运行结果

【程序说明】

第 7 行：声明字符数组。

第 8 行：将指针变量指向字符串 Please input your name:。

第 10 行：输出 number 的数据值，在此不用加上"*"号。

如果使用字符数组，这个字符数组的值指向此字符串第一个字符的起始地址，而且为常数，无法修改也不能做任何运算。如果使用指针建立字符串，此指针的值也是指向字符串第一个字符的起始地址，不过是变量形式，就能够进行运算。请看以下程序代码：

```
char name[15];
char *number="Please input your name:";
name++; /* 不合法的指令，字符数组是指针常数不可运算 */
number++;/* 合法的指令，字符指针变量可以运算 */
```

【范例：CH10_02.c】

下面的范例程序将要实现字符串指针的运算，大家可以观察输出结果及其所代表的意义，特别是当输出字符串中的某个字符时，除了要使用%c 格式化符号外，还要加上"*"来取值。

```
01  #include <stdio.h>
02  #include <stdlib.h>
03
04  int main()
```

```
05  {
06
07      char *number="President";
08      /* 声明字符串指针*/
09      number++;/* 字符串指针加1的运算 */
10      printf("%c\n",*(number+0));/*取出第一个字符*/
11      printf("%s\n",number);/*执行加1运算后的字符串*/
12
13      system("pause");
14      return 0;
15  }
```

运行结果如图 10-2 所示。

图 10-2 范例程序 CH10_02.c 的运行结果

【程序说明】

第 7 行：声明字符串指针，并设置值为 President。

第 9 行：字符串指针加 1 的表达式，是指针移动到原来字符串的第二个字符。

第 10 行：输出此字符串的第一个字符。

第 11 行：输出执行加 1 运算后的新字符串。

10-1-2 指针数组

我们知道其他基本数据类型的变量都可以声明成数组，当然指针也可以声明成指针数组，同时结合指针与数组的功能。每个指针数组中的元素都是一个指针变量，而元素值是指向其他数据类型变量的地址。一维指针数组的声明格式如下：

```
数据类型 *数组名[元素名称]; /* 数组名前加上* 运算符 */
```

例如，声明一个名称为 p 的整数指针数组的语句，3 个元素(p[i])可指向一个整数值。另外，声明一个名称为 ptr 的浮点数指针数组，并包含 4 个指向浮点数的元素，分别是 ptr[0]、ptr[1]、ptr[2]与 ptr[3]：

```
int *p[3];
float *ptr[4];
```

一维指针数组在存储字符串上相当实用。之前介绍过使用二维字符数组存储字符串数组，例如一个字符串数组的声明方式如下：

```
char name[4][11] = { "apple", "watermelon", "Banana", "orange" };
```

上面的语句将声明一个 4×11 的数组（包括每个字符串末尾的\0 字符），使用这种方式声明字符串数组的缺点是：每个字符串必须拥有 11 个字符类型的内存空间，这是为了满足最长字符串的需求，如果有的字符串不到 11 个字符，对整个存储空间来说就是一种严重的浪费，这样会花费许多内存空间来存储空字符\0。示意图如图 10-3 所示。

a	p	p	l	e	\0	\0	\0	\0	\0	\0
w	a	t	e	r	m	e	l	o	n	\0
b	a	n	a	n	a	\0	\0	\0	\0	\0
o	r	n	a	g	e	\0	\0	\0	\0	\0

图 10-3 存储了多个空字符

为了避免内存空间的浪费，可以使用"指针数组"存储字符串。我们可以将上述声明更改为以下方式：

```
char *name[4] = { "apple", "watermelon", "banana", "orange" };
```

这种声明方式是将指针指向各个字符串的起始地址，从而建立字符串的数组。这时 name[0]指向字符串 apple，name[1]指向字符串 watermelon，name[2]指向字符串 b anana，name[3]指向字符串 orange。示意图如图 10-4 所示。

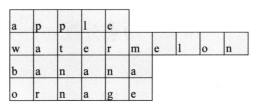

图 10-4 以指针数组存储

每个数组元素 name[i]都用来存储内存的地址，各自存储了指定字符串的内存地址，这样编译程序会自动分配正好足够使用的字符空间存储该字符串，从而不再浪费内存空间存储无用的空字符。

【范例：CH10_03.c】

下面的范例程序将使用一维指针数组存储 5 个字符串，声明指针数组 name 并将每个元素指向不同长度的字符串。

```
01  #include <stdio.h>
02  #include <stdlib.h>
03
04  int main()
05  {
06      char *name[5] = { "John", "David", "Kelvin", "Steve","Wilson" };
07      int i;
08
```

```
09        for ( i = 0; i < 5; i++ )
10          printf( "name[%d] = %s\n", i, name[i]);
11          /* 输出指针 name[i]所指向的字符串 */
12
13        system("pause");
14        return 0;
15    }
```

运行结果如图 10-5 所示。

```
name[0] = John
name[1] = David
name[2] = Kelvin
name[3] = Steve
name[4] = Wilson
请按任意键继续. . . _
```

图 10-5　范例程序 CH10_03.c 的运行结果

【程序说明】

第 6 行：声明指针数组 name，并将每个元素指向不同长度的字符串。

第 9、10 行：使用 for 循环输出指针 name[i]所指向的字符串。

10-2　动态分配

"动态分配"（Dynamic Allocation）的基本精神是让内存使用起来更有弹性，也就是在程序运行时根据用户的设置与需求适当地分配所需要的内存空间。

许多程序设计人员经常苦恼如何声明适当的数组大小，如果声明的长度过大，内存使用效率就会不佳，声明的长度过小又容易面临存储空间不足的问题，这时就可以使用动态分配数组的方式。

10-2-1　动态分配变量

在 C 语言中，可以分别使用 malloc()与 free()函数在程序运行期间动态分配与释放内存空间，这两个函数定义在头文件 stdlib.h 中。动态分配变量的方式如下，n=1 表示分配一个变量：

```
数据类型* 指针名称=(数据类型*)malloc(sizeof(数据类型)*n);
```

如果使用动态分配内存，分配的内存不再使用时一定要清除掉并归还给系统。否则，这类内存就会一直被占用导致整个系统的总内存慢慢减少，造成"内存泄漏"（memory leak）现象。也就是说，变量或对象在使用动态方式分配内存后，分配的内存不再使用时必须进行释放内存的操作；如果变量或对象使用静态方式分配内存（如常规变量的声明），那么内存的释放由编译程序自动完成，不再需要特别操作。C 语言中释放动态分配变量必须使用 free 关键字，使用方式如下：

```
free(指针名称);
```

举个简单的例子：

```
int *piVal=(int*)malloc(sizeof(int));/*指针变量指向动态分配的内存空间*/
…
free(piVal); /*释放此变量的内存*/
```

【范例：CH10_04.c】

下面的范例程序将动态分配一个单精度浮点数变量的内存空间，输入整数数值并打印出所指向的地址与内容，最后使用 free()函数释放空间。

```
01  #include <stdio.h>
02  #include <stdlib.h>
03
04  int main()
05  {
06      float* piF=(float*)malloc(sizeof(float));
07      /* 将指针指向浮点数动态分配的内存空间 */
08
09      printf("请输入 piF 的值 =");
10      scanf("%f",piF);/* 输入 piF 的值 */
11      printf("\n");
12      printf("piF 所指向的地址内容为 %f\n",*piF);
13      printf("piF 所指向的地址为 %p\n", piF);
14
15      free(piF);/* 将指针 piF 的空间释放 */
16
17      system("pause");
18      return 0;
19  }
```

运行结果如图 10-6 所示。

```
请输入piF的值 =9.65

piF所指向的地址内容为 9.650000
piF所指向的地址为 0000000000021440
请按任意键继续. . .
```

图 10-6　范例程序 CH10_04.c 的运行结果

【程序说明】

第 6 行：声明浮点数指针 piF，并将指针指向浮点数动态分配的内存空间。

第 10 行：自行输入 piF 的值。

第 12、13 行：输出 piF 所指向的地址与存储内容。

第 15 行：将指针 piF 的空间释放。

10-2-2　动态分配一维数组

通常将数据声明为数组时在编译阶段就要确定数组的长度，但这样很容易造成内存浪费或无法满足程序所需，这时可考虑采用动态分配数组的方式。例如动态分配一维数组，n＝数组长度：

```
数据类型* 指针名称=(数据类型*)malloc(n*sizeof(数据类型));
```

在程序运行期间，如果动态分配的一维数组不再需要，就将其释放。释放动态分配一维数组的方式如下：

```
free(指针名称);
```

例如，按照整数类型动态分配一个长度为 8 个元素的连续整数数组内存空间，方法如下：

```
int* piArrVal=(int*)malloc(8*sizeof(int));
/*指针变量指向动态分配的内存空间*/
…
free(piArrVal); /*释放此数组的内存*/
```

接下来，以一个计算成绩的范例程序为大家详细说明动态分配一维数组的用法。这个程序允许用户自行输入学生人数，并以人数配合指针变量 *grades 动态分配一维数组。教师可以按序输入成绩，最后显示所有学生的成绩并计算出平均分。

在这个程序中，首先提示用户输入学生人数，并将该数值存入变量 n 中。接着，以 n 变量的值作为动态分配数组的长度，由*grades 指针变量记录该数组的起始地址。格式如下：

```
grades=(int *)malloc(n*sizeof(int));
```

其中，malloc 函数需要传入的参数作为数组大小及每个元素数据类型的大小，分别为 n 与 sizeof(int)。分配完毕后，此函数会返回一个指向 int 类型的指针，并由 *grades 指针变量接收。

执行完这条语句后，动态分配的内存可以视为数组 grades[n]，具有 n 个元素。所以，稍后存取该数组时可以使用 i 变量(从 0 开始到n-1)存取数组 grades[i]的元素。不再使用 grades[i]数组时，记得要用 free(grades)语句将内存释放，并交还给系统。

【范例：CH10_05.c】

下面的范例程序将实现计算成绩的程序并说明动态分配一维数组的用法，其中数组元素个数 n 和学生成绩可由用户自行输入。

```
01 #include <stdio.h>
```

```
02  #include<stdlib.h>
03
04  int main()
05  {
06      int *grades; /*学生成绩数组指针*/
07      int n;          /*学生人数*/
08      int i;
09      int sum=0;          /*成绩总和 */
10
11      printf("请输入学生人数：");
12          scanf("%d",&n);
13          grades=(int *)malloc(n*sizeof(int));
14      /* 将指针 grades 指向动态分配的内存空间 */
15          printf("共有%d 位学生\n",n);
16          printf("\n");
17
18      for(i=0;i<n;i++){
19          printf("请输入第%d 位学生的成绩：",i+1);
20          scanf("%d",&grades[i]);
21          sum+=grades[i];  /* 累加成绩 */
22      }
23          printf("==座号==学生成绩==\n");
24
25      for(i=0;i<n;i++){
26          printf("%4d    %4d\n",i+1,grades[i]);
27      }
28      printf("===================\n");
29      printf("共有%d 位学生，平均成绩为%.2f\n",n,(float)sum/(float)n);
30      /* 计算平均成绩 */
31   free(grades);/* 释放指针指向的内存空间 */
32
33      system("PAUSE");
34      return 0;
35  }
```

运行结果如图 10-7 所示。

图 10-7　范例程序 CH10_05.c 的运行结果

【程序说明】

第 6 行：声明学生成绩数组指针 grades。

第 12 行：用于输入要产生的动态一维数组的个数 n。

第 13 行：将整数指针指向动态分配一维数组的内存空间。

第 18~22 行：使用 for 循环输入学生成绩。

第 21 行：使用 sum 变量累加成绩。

第 29 行：输出学生人数与平均成绩。

第 31 行：释放指针指向的内存空间。

行文至此，或许大家会感到好奇，使用静态数组与动态数组到底有什么不同？虽然静态数组与动态数组的名称虽然都是指针，也都指向数组的起始点，但是前者是指针常数，后者是指针变量，指针常数的内容不能变更，而指针变量的内容是可以变更的。

10-2-3　动态分配字符串

字符串其实就是字符数组，如果在程序运行前无法得知字符串的长度，也就是字符数组元素个数，就可以使用动态数组进行字符串的内存分配。

以动态指针分配一维整数数组时，无法以 sizeof()函数求得该数组的大小。不过，对于字符串而言，可以使用 strlen() 函数取得字符串长度，使用 strcat()函数串接两个字符串。相关格式如表 10-1、表 10-2 所示。

表 10-1　使用 strlen() 函数取得字符串长度

函数原型	size_t strlen(char *str);
说明	返回字符串 str 的长度

表 10-2　使用 strcat() 函数串接两个字符串

函数原型	char *strcat(char *str1, char *str2);
说明	将 str2 字符串连接到字符串 str1，并返回 str1 的地址

【范例：CH10_06.c】

下面的范例程序将声明数组 char *name，这是一个字符指针，用来动态分配一维字符数组，并要求用户自行输入字符串的长度，在此程序中将会使用到 strlen()函数与 strcat()函数，必须包含<string.h>头文件。

```c
01 #include <stdio.h>
02 #include <stdlib.h>
03 #include <string.h>/* 使用 strlen()函数与 strcat()函数 */
04
05 int main()
06 {
07     char *name;
08     int i;
09
```

```
10   printf("请输入英文字符串的长度: ");
11      scanf("%d",&i);
12      name = (char *)malloc((i+1)*sizeof(char));
13      /* i+1 是为了将字符串的结尾字符 (\0) 加入字符串的最后*/
14      printf("请输入英文字符串: ");
15      scanf("%s",name);
16      strcat(name,"\0");
17      printf("-%s-\n",name);
18      printf("字符串的长度: %d\n",strlen(name));
19
20      system("PAUSE");
21      return 0;
22   }
```

运行结果如图 10-8 所示。

```
请输入英文字符串的长度: 4
请输入英文字符串: good
-good-
字符串的长度: 4
请按任意键继续. . .
```

图 10-8　范例程序 CH10_06.c 的运行结果

【程序说明】

第 3 行：使用了 strlen()函数，因此要包含 string.h 头文件。

第 12 行：i+1 字符是为了将字符串的结尾字符（\0）加入字符串的最后。

第 16 行：strcat()函数将空字符连接到 name 后面。

第 18 行：使用 strlen()函数求出此字符串的长度。

10-2-4　动态分配多维数组

动态分配多维数组与一维数组的声明方式类似，不同的地方在于多维数组由第一维逐一分配内存到第 n 维为止。例如，声明一个 n×m 动态分配内存的二维数组，可以使用双重指针分配第一维部分的内存，格式如下：

数据类型** 指针名称=(数据类型**)malloc(数组长度 n*sizeof(数据类型*));

上述声明的意义是按照数据类型动态分配一个长度为 n 的连续内存空间，并将分配的空间地址赋值给双重指针变量。当完成第一维分配的声明后，再分配第二维数组。

简单来说，分配动态一维整数数组使用的是"指向整数的指针"。在分配二维数组时，可以将二维数组看成有"多个一维整数数组"，因此需要一个"指向"整数指针"的指针"来实现。其格式如下：

指针名称[0]=(数据类型*)malloc(m*sizeof(数据类型));

```
指针名称[1]=(数据类型*)malloc(m*sizeof(数据类型));
指针名称[2]=(数据类型*)malloc(m*sizeof(数据类型));
…
指针名称[m-1]=(数据类型*)malloc(m*sizeof(数据类型));
```

例如，分配一个 6 行与 3 列的二维数组，可以声明一个双重指针变量 char **star，并使用 star 双重指针分配一个具有 6 个元素的一维数组：

```
star=(char **)malloc(6*sizeof(char *));
```

可以使用图 10-9 来表示。

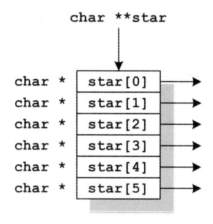

图 10-9　双重指针变量 char **star，分配一个具有 6 个元素的一维数组的示意图

接下来使用 for 循环针对每一个 int * 指针分别产生一个具有 3 个元素的一维数组，每个元素的数据类型都是 char。格式如下：

```
star[i]=(char *)malloc(col*sizeof(char));
```

分配完成后，每个元素都是 char 类型的数据。如此就完成了二维数组 star[6][3] 的分配，此数组共 6×3 = 18 个元素，如图 10-10 所示。

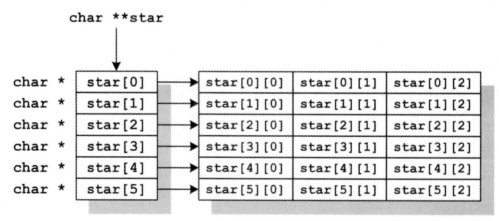

图 10-10　分配完成后的 6×3 动态二维数组示意图

"二维字符数组"也可以看成"一维字符串数组"。换句话说，我们示范的是一个 6×3 = 18 个元素的字符数组，实际上也是 6 个元素的字符串数组，每个数组允许的长度为 3。

【范例：CH10_07.c】

下面的范例程序声明了一个双重指针变量 char **star，要求用户输入行数与列数，接下来针对数组中每个元素分配数据类型为字符的一维数组，然后输出此二维数组中存放的字符。

```
01  #include <stdio.h>
02  #include<stdlib.h>
03
04  int main()
05  {
06      char **star; /* 声明字符指针 */
07      int row,col;
08      int i,j;
09
10   printf("请输入行数: ");
11      scanf("%d",&row);
12      printf("请输入列数: ");
13      scanf("%d",&col);
14
15      star=(char **)malloc(row*sizeof(char *));
16      /*使用 star 双重指针分配一个具有 row 个元素的一维数组*/
17      for(i=0;i<row;i++){
18          star[i]=(char *)malloc(col*sizeof(char));
19      /*产生一个具有 col 个元素的一维数组*/
20          for(j=0;j<col;j++){
21              star[i][j]='*';
22          }
23      }
24
25      for(i=0;i<row;i++){
26          for(j=0;j<col;j++){
27              printf("%c ",star[i][j]);
28          }/* 输出此二维数组的内容 */
29          printf("\n");
30      }
31
32   system("PAUSE");
33      return 0;
34  }
```

运行结果如图 10-11 所示。

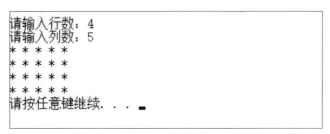

图 10-11　范例程序 CH10_07.c 的运行结果

【程序说明】

第 6 行：声明字符双重指针。

第 11、13 行：输入此动态分配数组的行数和列数。

第 15 行：使用 star 双重指针分配一个具有 row 个元素的一维数组。

第 18 行：产生一个具有 col 个元素的一维数组。

第 25~27 行：输出此二维数组的内容。

接下来修改上述范例程序，继续使用二维数组的概念，允许用户将十二个月份的名称输入到动态字符串数组中。首先，声明一个字符类型的双重指针 char **month 用来分配二维字符数组（一维字符串数组）。

为了让用户能够输入各个月份的名字并且存储在字符串数组中，我们用了 12 行的字符串数组，每个字符串最大长度为 10。考虑月份名称最长的为九月（September），长度为 9，再加上字符串结尾字符（\0），因而每个字符串的长度为 10 个字符。事实上，就 month[12][10] 来看，是一个二维字符数组，但就每一行 month[0] 至 month[11] 而言，是字符串类型的一维数组。该二维数组的概念如图 10-12 所示。

	0	1	2	3	4	5	6	7	8	9
month[0]	J	a	n	u	a	r	y	\0		
month[1]	F	e	b	r	u	a	r	y	\0	
month[2]	M	a	r	c	h	\0				
month[3]	A	p	r	i	l	\0				
month[4]	M	a	y	\0						
month[5]	J	u	n	e	\0					
month[6]	J	u	l	y	\0					
month[7]	A	u	g	u	s	t	\0			
month[8]	S	e	p	t	e	m	b	e	r	\0
month[9]	O	c	t	o	b	e	r	\0		
month[10]	N	o	v	e	m	b	e	r	\0	
month[11]	D	e	c	e	m	b	e	r	\0	

图 10-12　month[12][10] 二维数组的概念图

【范例：CH10_08.c】

下面的范例程序将动态分配一个有 12 个字符串的数组，每个字符串可以存储 10 个字符，最后输出数组中的每个字符串。

```
01  #include <stdio.h>
02  #include<stdlib.h>
03
04  int main()
05  {
06      char **month;
07      int row,col;
08      int i,j;
09
10  char month_name[12][10]=
11      {"January","February","March","April","May","June","July","August",
12      "September","October","November","September"};
13      /* 声明二维字符数组存储 12 个月份的名称 */
14      month=(char **)malloc(12*sizeof(char *));
15      /* 动态分配 12 个字符串 */
16      for(i=0;i<12;i++){
17          month[i]=(char *)malloc(10*sizeof(char));
18          /* 动态分配 10 个字符 */
19          month[i]=month_name[i];
20      }
21      for(i=0;i<12;i++){
22          printf("%d 月的英文名称：%s\n",i+1,month[i]);
23      }
24
25      system("PAUSE");
26      return 0;
27  }
```

运行结果如图 10-13 所示。

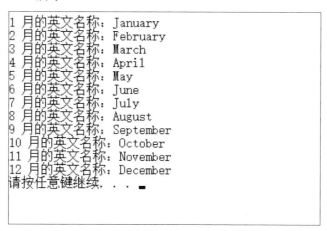

图 10-13　范例程序 CH10_08.c 的运行结果

【程序说明】

第 10~12 行：声明二维字符数组存储 12 个月份的名称。

第 14 行：以双重指针动态分配 12 个字符串。

第 17 行：以指针动态分配 10 个字符。

第 21~23 行：输出此动态分配字符串数组的所有元素值。

10-2-5　通用类型指针

本章前面的内容谈到的几乎都是有数据类型的指针，事实上在 C 语言中也有通用类型指针，用来指向特定的内存地址，但不指定数据类型。这样的指针可以通过转型的方式将所指向的内存地址转成各种数据类型。通用类型指针的语法如下：

```
void *p;
```

基本上，通用型的指针 void* 可以指向任何类型的数据，并且可以双向转换，也就是将特定数据类型的指针转为通用类型指针，再将通用类型指针转回特定数据类型的指针。

【范例：CH10_09.c】

下面的范例程序用于示范通用类型指针的基本用法，首先声明一个通用类型指针 void *p，然后示范转换为各种类型的指针。

```
01  #include <stdio.h>
02  #include <stdlib.h>
03
04  int main()
05  {
06      void * p=(void *)100;
07      /*void *p 指针原始值为 (void *)类型的值 100*/
08   printf("Address: %p\n",p);
09   /*(void *) 100 的地址为 0x00000064*/
10      printf("Integer: %d\n",(int*)p);
11      /*将(void *)100 以整数类型转型，值为 100*/
12       printf("Character: %c\n",(char*)p);
13      /*以字符类型转型，得到的结果是小写的 "d" 字符*/
14
15   system("PAUSE");
16      return 0;
17  }
```

运行结果如图 10-14 所示。

```
Address: 0000000000000064
Integer: 100
Character: d
请按任意键继续. . .
```

图 10-14　范例程序 CH10_09.c 的运行结果

【程序说明】

第 8 行：以 %p 的方式查看其内容，可以发现 (void *) 100 的地址为 0x00000064。

第 10 行：将 (void *)100 以整数类型转型，值为 100。如果以字符类型转型，得到的结果是小写的 "d" 字符。

第 12 行：如果查阅 ASCII 字符映射表，可以发现 100 就是 d 字符的编码。

10-3　上机程序测验

1. 请设计一个 C 程序，比较以下一维指针数组与二维字符数组间所占地址的差距：

```
char *name[5] = { "John", "David", "Kelvin", "Steve","Wilson" };
char name1[][10] = { "John", "David", "Kelvin", "Steve","Wilson" };
```

解答：参考范例程序 ex10_01.c

2. 请设计一个 C 程序，动态分配一个有 12 个字符串的数组，每个字符串可以按照字符串的实际长度动态分配内存空间。

解答：参考范例程序 ex10_02.c

3. 请设计一个 C 程序，将一维指针数组应用于字符串数组的存储上，并比较每个字符串的内容与实际存储空间的大小。

解答：参考范例程序 ex10_03.c

4. 请设计一个 C 程序，动态分配一个字符串空间，并将以下字符串内容复制到此动态字符串的内存空间，输出这两个字符串的地址与内容，最后将此内存空间释放出来。

```
char *str1="Hello World!";
```

解答：参考范例程序 ex10_04.c

5. 请设计一个 C 程序，以两种不同方式建立字符串，并使用指针读出各个字符显示于屏幕中。

解答：参考范例程序 ex10_05.c

10-4　课后练习

【问答与实践题】

1. 下列程序代码中哪里有错误？试说明原因。

```
char name[15];
char *number="Please input your name:";
name++;
number++;
```

2. *c = b 与 c = &b 在意义上有什么不同？请加以说明。

3. 试简述 C 语言中动态分配变量的方法与相关语句。

4. 动态分配数组的优点有哪些？

5. 请问以下程序代码中 printf()函数的输出结果是什么？试说明原因。

```
char *name[5] = { "Helen", "Robert", "Wilson", "Kelly","Jassica" };
int i;
for ( i = 0; i < 5; i++ )
  printf( "%d\n",sizeof(name[i]));
```

6. 试写出按整数类型动态分配一个长度为 4 的连续整数数组的内存空间。

7. 试写出动态分配一个变量的通式。

8. 动态分配内存的意义是什么？C 语言中有哪些函数可在程序运行期间动态分配与释放内存空间？

9. 什么是通用类型指针？

10. 请问使用静态数组与动态数组有什么不同？

【习题解答】

1. 解答：第 3 行是不合法的指令，因为字符数组是指针常数，不可运算。

2. 解答：*c = b 表示将变量 b 的值存储到 c 所指向的内存位置，改变 c 内存位置的值对 b 的值将不会有影响。

3. 解答：在 C 语言中，可以分别使用 malloc()与 free()函数在程序运行期间动态分配与释放内存空间，这两个函数定义在头文件 stdlib.h 中。动态分配变量的方式如下，如果 n=1，就表示一个变量：

```
数据类型* 指针名称=(数据类型*)malloc(sizeof(数据类型)*n);
```

当程序运行期间动态分配的变量不需要时可以将其释放，释放动态分配变量的方式如下：

```
free(指针名称);
```

4. 解答：使用动态分配数组可在程序运行时临时决定数组的大小。动态分配数组的方式与动态分配变量的方式类似，声明后会在内存中自动寻找适合的连续内存空间，长度要与指定的数据类型乘以数组长度相符。分配完成后，将该内存区段的起始地址返回等号左边所声明的指针变量。

5. 解答：4 4 4 4 4。在此使用"指针数组"存储字符串，因此每个数组元素 name[i] 都用来存储所指定字符串的内存地址，地址都以整数存储，所以占用 4 个字节的空间，而不是字符串的长度。

6. 解答：int* piArrVal=(int*)malloc(4*sizeof(int));

7. 解答：数据类型* 指针名称=(数据类型*)malloc(sizeof(数据类型)*n);

8. 解答：所谓动态分配内存，是指在程序运行过程中提出分配内存的要求，主要目的是让内存使用起来更有弹性。从程序本身的角度来看，动态分配机制可以使数据声明的操作在程序运行时再做决定。在 C 语言中，可以分别使用 malloc() 与 free() 函数在程序运行期间动态分配与释放内存空间，这两个函数定义于头文件 stdlib.h 中。其中，malloc() 函数会根据所要求的内存大小在内存中分配足够的空间，并返回所分配内存的指针值，也就是内存地址。

9. 解答：C 语言中也有通用类型指针，用来指向特定的内存地址，但不指定数据类型。这样的指针可以通过转型的方式将所指向的内存地址转成各种数据类型。

10. 解答：虽然静态数组与动态数组的名称都是指针，也都指向数组的起始点，但是前者是指针常数，后者是指针变量，指针常数的内容不能变更，但指针变量的内容可以变更。

第 11 章
◄ 函数的基本认识 ►

软件开发是相当耗时、复杂的工作，当需求和功能越来越多时，程序代码就会越来越庞大。这时多人分工合作完成软件开发就势在必行。另外，每次修改一小部分程序代码就要将成千上万行程序代码重新编译，这样的做法明显效率低下。如果程序中有许多类似的部分，一旦日后要更新，必定会增加更新难度。

应该如何解决上述问题呢？C 语言中提供了相当方便实用的函数功能，可以让程序更加结构化、模块化。函数是一段程序语句的集合，可以给予一个名称代表程序代码的集合。想象一下，如果在一个程序中有许多相似的程序代码，就要组织得更有条理，否则会造成相当紊乱、复杂且难懂的程序流程。

11-1 认识函数

函数就像是一部机器或一个黑盒子。数学中就有函数，数学上函数的形式如下：

$y = f(x)$

其中，x 代表输入的参数，$f(x)$ 是 x 的函数，y 是针对一个特定值（x）所得到的结果与返回参数。如果这样的例子太过抽象，可以使用生活中的例子来说明，假设有一个函数"空调"，此函数的抽象形式为：

凉风 = **空调**（开机指令）

当用户对"空调"这个函数输入"开机"指令后，空调就会吹出凉风。假设有另一个函数"微波炉"，"微波炉"函数的抽象形式为：

热过的快餐 = 微波炉（冷的快餐，开机指令，结束时间）

经过前面的说明，相信大家对函数有了初步的了解！对于程序员而言，一旦明确定义函数，清楚指定输入、输出的数据是什么，在程序中就能轻松使用函数所带来的便利，日后在维护上也更加有效率。

11-1-1　模块化设计精神

"模块化"设计精神是采用结构化分析方式自上而下逐一分析程序,并将大问题逐步分解成各个小问题,然后将这些小问题分别交由不同的程序员进行程序代码的编写。

模块化与结构化的概念并不是只有程序设计中才有,在实际的企业组织与制造工业中,这种概念已经存在很多年了。根据功能将组织分化为各个部门,不但管理起来更加方便,而且更容易掌握企业或公司运营的情况。政府机关就是根据功能来划分各个部委的,例如税务方面的问题一般会到国税局或地税局等部门咨询,寄信或取汇款会到邮局,处理户口的事务会到就近的派出所。如果没有根据功能来划分,民众办理这些事务时就会一头雾水,极为不便。同样,在工业上也有类似的例子,许多机器会被区分为功能独立的各个部分,一旦某个部分出现故障,通过更换故障零件就可以继续使用。

11-1-2　函数的使用

模块化的概念也沿用到了程序设计中,就是函数的实现。C 语言的主程序就包含最大的函数 main(),不过如果 C 程序只使用一个 main()函数,就会降低程序的可读性并增加结构规划上的困难。例如,一个大型程序是根据功能来划分的,如果某个功能有问题,就可以针对该部分进行修改或更换,这种方法可以让大家分工合作、共同开发程序,最后统一编译。使用函数的好处相当多,只要对程序善加规划,就能让程序更精简、容易维护,函数的好处有以下 3 点:

(1) 避免造成相同程序代码的重复出现。

(2) 让程序更加清晰明了,降低维护时间与成本。

(3) 将较大的程序分割成多个不同的函数,可以独立开发、编译,最后连接在一起。

11-2　函数的使用

C 语言的函数可分为系统提供的标准函数和用户自行定义的自定义函数两种。使用标准函数时,只要将相关函数的头文件包含(include)进来即可。自定义函数是用户根据需求设计的函数,也是本章要介绍的重点。

11-2-1　函数原型声明简介

C 程序在编译时采用自上而下的顺序,如果在函数调用前没有编译过这个函数的定义,C 编译程序就会返回函数名称未定义的错误。这时必须在程序未调用函数时声明函数的原型(Prototype),告诉编译程序有函数的存在。

大家只要通过函数声明说明这个函数名称、传入参数与返回参数,让编译程序知道这个函数存在且有完整的定义,就可以供整个程序甚至整个软件项目使用。语法格式如下:

```
返回值类型 函数名称 (参数类型 1 参数 1,参数类型 2, …,参数类型 n 参数 n );
```

用户可以自行定义参数个数与参数的数据类型，并指定返回值的类型。如果没有返回值，通常会使用以下形式：

```
void 函数名称 (参数类型 1 参数 1,参数类型 2, …,参数类型 n 参数 n );
```

如果没有任何需要传递的参数，同样以 void 关键字表示。有返回值但没有参数的形式如下：

```
返回值类型 函数名称 (void);
```

以下是没有返回值也没有参数的函数：

```
void 函数名称 (void);
```

没有函数原型声明也能使用吗？事实上是可以的。只要在使用前让编译程序知道有关函数的定义就可以使用；如果在使用前没有定义，就不能顺利通过编译。也就是说，如果调用函数的程序代码位于自定义函数的定义后，就可以不事先声明函数，代码如下：

```
void GetFact();   /* 函数原型声明与定义在调用前, 可省略原型声明 */
{
  函数主体；
    :
}
int main()
{
  程序主体；
    :
  GetFact();  /*调用函数*/
}
```

一般会将函数原型声明放置于程序开头，通常位于#include 与 main()之间。函数原型声明的语法格式有以下两种：

```
返回数据类型 函数名称(数据类型 参数 1, 数据类型 参数 2, …);
或
返回数据类型 函数名称(数据类型, 数据类型,…);
```

例如，一个函数 sum()可接收两个成绩参数，并返回最后计算总和的值，原型声明如下：

```
int sum(int score1,int score2);
或
int sum(int, int);
```

从开始学习 C 语言至今使用过许多内建的标准函数，例如 printf()、scanf() 等。如果要输出"Hello World"字符串，那么可以通过调用 printf("Hello World");函数来完成；如果要用户输入一个整数并存至整数变量 value 中，那么可以使用 scanf("%d", &value);。其中, Hello World

字符串与 %d、&value 等都算是一种参数。

大家或许思考过为何 printf() 与 scanf() 等函数在程序中没有事先声明与定义？事实上是有的。在程序的开端有一个 #include <stdio.h>， 表示将头文件（stdio.h）引入。如果查看 Dev C++软件 include 路径下的 stdio.h 文件，就可以发现 printf()函数与 scanf()函数都有声明：

```
_CRTIMP int __cdecl printf (const char*, ...);
_CRTIMP int __cdecl scanf (const char*, ...);
```

这些内建标准函数的定义已经分别编译为函数库文件（例如 .lib 文件、.dll 文件），所以内建函数有声明、有定义才能被调用。

11-2-2　函数的定义

清楚了函数的原型声明后，接下来学习如何定义一个函数的主体架构。函数定义是函数架构中最重要的部分，定义一个函数的内部流程包括接收什么参数、进行什么处理、在处理完成后返回什么数据等。

如果只有函数的声明没有函数的定义，这个函数就像一部空有外壳而没有实际运行功能的机器一样，根本无法使用。自定义函数在 C 语言中的定义方式与 main()函数类似，基本架构如下：

```
返回值类型 函数名称（参数类型 1 参数 1，参数类型 2，…，参数类型 n 参数 n ）
{
函数主体;
...
return 返回值;
}
```

一般来说，使用函数大多都是处理计算的工作，因此需要把结果返回给函数的调用者，在定义返回值时不能使用 void，一旦指定函数的返回值不为 void，在函数中就要使用 return 返回一个数值，否则编译程序将汇报错误。如果函数没有返回值，就可以省略 return 语句。

函数将结果返回时必须指定一个数据类型给返回值，接收函数返回值时存储返回值的变量或数值的类型必须与函数定义的返回值类型一样。返回值的使用格式如下：

```
return 返回值;
```

函数名称是定义函数的第一步，由设计者命名，命名规则与变量命名规则一样，最好具备可读性，要避免使用不具任何意义的字母组合作为函数的名称，例如 bbb、aaa 等。

在函数名称后面括号内的参数行不能像原型声明时一样只写各个参数的数据类型，务必同时填上每一个数据类型与参数名称。函数主体由 C 语言的语句组成，在程序代码编写的风格上，建议大家尽量使用注释说明函数的作用。

11-2-3 函数的调用

创建好函数后就可以在程序中直接调用该函数的名称执行了。在进行函数调用时，只要将需要处理的参数传给该函数，安排变量接收函数运算的结果，就可以正确无误地使用函数。

函数返回值不但可以代表函数的运行结果，还可以用来检测函数是否成功地执行完毕。函数调用的方式有两种，如果没有返回值，就直接使用函数名称调用函数。语法格式如下：

函数名称(参数1，参数2,…);

如果函数有返回值，就可以运用赋值运算符（=）将返回值赋值给变量。语法格式如下：

变量=函数名称(参数1，参数2,…);

【范例：CH11_01.c】

下面的范例程序将说明函数的基本定义与调用方法，包括函数的原型声明、函数调用及函数主体架构的定义，此函数要求用户输入两个数字，并比较哪一个数字较大。如果输入的两个数字一样大，输出任意一个数字即可。

```
01  #include <stdio.h>
02  #include <stdlib.h>
03
04  int mymax(int,int); /*函数原型声明*/
05
06  int main()
07  {
08      int a,b;
09      printf("数字比大小\n请输入a:");
10      scanf("%d",&a);
11      printf("请输入b:");
12      scanf("%d",&b);
13      printf("较大者的值为:%d\n",mymax(a,b));/*函数调用*/
14      system("PAUSE");
15      return 0;
16  }
17
18  int mymax(int x,int y)
19  { /*函数定义主体*/
20      if(x>y)
21          return x;
22      else
23          return y;
24  }
```

运行结果如图11-1所示。

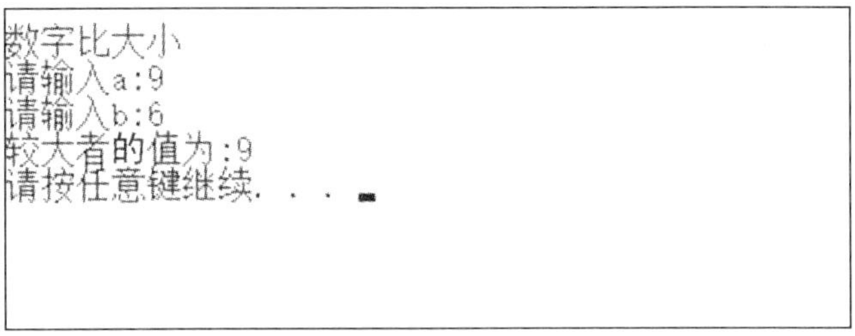

图 11-1　范例程序 CH11_01.c 的运行结果

【程序说明】

第 4 行：在 main 函数前，int mymax(int, int)是函数的原型声明。

第 13 行：在 main 函数中，为了使用 mymax 函数，必须调用 mymax(a,b)函数，并将 a 与 b 作为参数传递给 mymax 函数。

第 18~24 行：是函数定义的主体。

第 21~23 行：使用 > 符号判断究竟是 x 大还是 y 大，并输出较大的值。

11-3　参数传递方式

C 语言提供了让程序员相当方便的自定义函数功能。自定义函数有许多好处，能提高程序的可读性与可维护性等，因此学会使用函数绝对是必要的。不过，许多 C 语言的初学者对于使用函数常有疑义，主要是因为对于 C 语言所提供的参数传递方式不太明白。事实上，传递参数的概念并不难理解，关键在于是否会改变参数本身的内容。

11-3-1　参数的意义

之前提到过，变量存储在系统内存的地址上，而地址上的数值和地址是独立分开的，所以更改变量的数值不会影响变量的地址。函数的参数传递功能主要是将主程序中调用函数的参数值传递给函数中的参数。这种关系有点像棒球中投手与补手的关系，一个投球一个接球。其中的参数是"实际参数"（Actual Parameter），也就是实际调用函数时所提供的参数。我们通常所说的参数是"形式参数"（Formal Parameter），也就是在函数定义标头中所声明的参数。

一般来说，C 语言中函数调用时参数传递的方式可以分为"传值调用"与"传址调用"两种。至于调用函数时所传入的参数本身是否会被更改，如何指定是否更改，都是通过地址与指针解决的。如果希望传入的参数不被更改，将该变量的数值传给函数即可。另一方面，如果希望传入的参数被更改，只要将该变量的地址传给函数即可。

11-3-2　传值调用

传值调用方式并不会更改原先主程序中调用变量的内容（变量的值），也就是主程序调用函数的实际参数时，系统会将实际参数的数值传递并复制给函数中相对应的形式参数。C 语言默认的参数传递方式是传值调用，传值调用的函数原型声明如下：

返回数据类型 函数名称(数据类型 参数1，数据类型 参数2，…)；
或
返回数据类型 函数名称(数据类型，数据类型，…)；

传值调用的函数调用形式如下：

函数名称(参数1,参数2,…)；

【范例：CH11_02.c】

接下来使用以下范例说明传值调用的基本方式，目的在于将两个变量的内容传给自定义函数 swap_test() 以进行交换，不过不会对参数进行修改，所以不会实现变量内容交换的功能。

首先声明一个函数 void swap_test(int, int)，该函数仅接受以传值调用方式传入的参数。因此，调用 swap_test 时传入的 a 与 b 仅是将两个变量的数值复制一份副本，如图 11-2 所示。

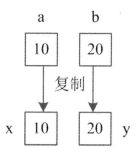

图 11-2　函数传值调用方式是把变量的值复制一份

原本 a 与 b 的数值是 10 与 20，在调用 swap_test 函数后，仅对函数中的 x 与 y 进行交换，即 x 与 y 的数值原本是 10 与 20，交换后 x 为 20、y 为 10，不过这个函数并不会对参数进行修改，所以不会实现变量值交换的功能，请大家仔细观察输出的结果。

```
01  #include <stdio.h>
02  #include <stdlib.h>
03
04  void swap_test(int,int);/*传值调用函数*/
05
06  int main()
07  {
08      int a,b;
09      a=10;
10      b=20;/*设置a,b的初值*/
11      printf("函数外交换前: a=%d, b=%d\n",a,b);
12      swap_test(a,b);/*函数调用 */
13      printf("函数外交换后: a=%d, b=%d\n",a,b);
14
15      system("PAUSE");
16          return 0;
17  }
```

```
18
19  void swap_test(int x,int y)/* 无返回值 */
20  {
21      int t;
22      printf("函数内交换前：x=%d, y=%d\n",x,y);
23      t=x;
24      x=y;
25      y=t;/* 交换过程 */
26      printf("函数内交换后：x=%d, y=%d\n",x,y);
27  }
```

运行结果如图 11-3 所示。

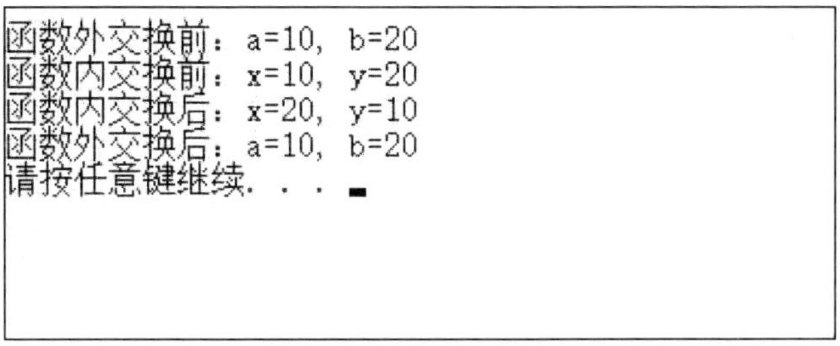

```
函数外交换前：a=10, b=20
函数内交换前：x=10, y=20
函数内交换后：x=20, y=10
函数外交换后：a=10, b=20
请按任意键继续. . .
```

图 11-3　范例程序 CH11_02.c 的运行结果

【程序说明】

第 4 行：传值调用函数的原型声明。

第 9、10 行：设置 a、b 的初值。

第 12 行：函数调用语句。

第 19 行：无返回值的函数。

第 23~25 行：x 与 y 数值的交换过程。

【范例：CH11_03.c】

下面的范例程序说明全局变量与函数中局部变量的关系，首先声明全局变量与局部变量并设置其数值，当全局变量与函数中局部变量具有相同的名称时，在函数中会优先局部变量。

```
01  #include <stdio.h>
02  #include <stdlib.h>
03
04  int a=20; /* 全局变量 */
05  int b=50; /* 全局变量 */
06  void fun1();
07
08  int main()
09  {
10      int a=10; /* 局部变量 */
11      printf("主程序中, a=%d, b=%d\n",a,b);
12      fun1();
13
14      system("PAUSE");
```

```
15      return 0;
16  }
17
18  void fun1()
19  {
20      int a=30; /* 局部变量 */
21      printf("函数 fun1 中, a=%d, b=%d\n",a,b);
22  }
```

运行结果如图 11-4 所示。

```
主程序中, a=10, b=50
函数 fun1 中, a=30, b=50
请按任意键继续. . .
```

图 11-4　范例程序 CH11_03.c 的运行结果

【程序说明】

第 4、5 行：声明 a 与 b 为全局变量。

第 10 行：再次声明 a 为局部变量。

第 11 行：整数 b 为全局变量，且在 main() 函数中没有同样名称的变量，因而显示 b 变量为 50。

第 10、20 行：在 main() 函数与 fun1() 函数中都有自定义 a 变量的值，故只能显示局部变量的值。

11-3-3　传址调用

C 函数的传址调用表示在调用函数时，系统并没有另外分配实际的地址给函数的形式参数，而是将实际参数的地址直接传递给所对应的形式参数。

在 C 语言中要进行传址调用必须声明指针变量作为函数的参数，因为指针变量用来存储变量的内存地址，调用的函数在调用参数前必须加上 & 运算符。传址方式的函数声明形式如下：

```
返回数据类型 函数名称(数据类型 *参数1, 数据类型 *参数2,…);
或
返回数据类型 函数名称(数据类型 *, 数据类型 *,…);
```

传址调用的函数调用形式如下：

```
函数名称(&参数1,&参数2,…);
```

以 11-3-2 小节 CH11_02.c 范例来说，如何修改才能让主程序中的 a 与 b 通过 swap_test() 函数进行数值的交换呢？很简单，只要将函数修改为传址调用的形式就能解决该问题，让两个数值确实交换。

我们可以将函数的声明修改为 void swap_test(int *, int *)，指定传入的参数必须是两个整数地址，并以两个整数指针 *x 与 *y 接收参数，这样就可以真正更改两个变量的内容（值）了，如图 11-5 所示。

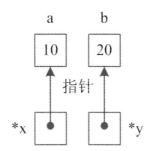

图 11-5 函数传址调用方式是把变量的地址传入函数

【范例：CH11_04.c】

以下程序是传址调用的基本范例，其他传址调用的函数结构也都大同小异。可以通过自定义函数 void swap_test(int *,int *)指定传入的参数必须是两个整数地址，并以两个整数指针 *x 与 *y 接收参数，从而更改两个变量的值或内容。

```
01  include <stdio.h>
02  #include <stdlib.h>
03  #include <string.h>
04
05  void swap_test(int *,int *);/*函数的传址调用 */
06
07  int main()
08  {
09      int a,b;
10      a=10;
11      b=20;
12      printf("函数外交换前：a=%d, b=%d\n",a,b);
13      swap_test(&a,&b);/* 传址调用 */
14      printf("函数外交换后：a=%d, b=%d\n",a,b);
15
16      system("PAUSE");
17          return 0;
18  }
19
20  void swap_test(int *x,int *y)
21  {
22      int t;
23      printf("函数内交换前：x=%d, y=%d\n",*x,*y);
24      t=*x;
25      *x=*y;
26      *y=t;/* 交换过程 */
27      printf("函数内交换后：x=%d, y=%d\n",*x,*y);
```

```
28
29 }
```

运行结果如图 11-6 所示。

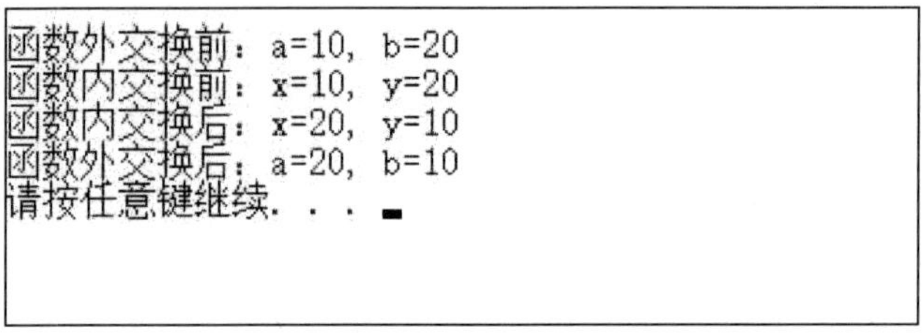

```
函数外交换前：a=10, b=20
函数内交换前：x=10, y=20
函数内交换后：x=20, y=10
函数外交换后：a=20, b=10
请按任意键继续. . .
```

图 11-6　范例程序 CH11_04.c 的运行结果

【程序说明】

第 5 行：函数的传址调用，指定传入的参数必须是两个整数的地址，并以两个整数指针 *x 与 *y 接收参数。

第 13 行：必须加上&运算符来调用参数。

第 24~26 行：如果要交换数据就必须使用 * 运算符，因为 x 与 y 是整数指针，必须通过 * 运算符存取其值或内容。

11-3-4　数组参数的传递

当函数中要传递的对象不止一个时（例如数组数据），可以通过地址与指针的方式进行处理并得到结果。由于数组名存储的值就是数组第一个元素的内存地址，因此可以直接使用传址调用的方式将数组指定给另一个函数，这时如果在函数中改变了数组内容，所调用的主程序中的数组内容也会随之改变。

由于数组大小必须根据所拥有的元素个数决定，因此在数组参数传递中最好可以加上传送数组长度的参数。一维数组参数传递的函数声明如下：

```
(返回数据类型 or void)　函数名称（数据类型 数组名[ ]，数据类型 数组长度…）；
或
(返回数据类型 or void) 函数名称(数据类型 *数组名，数据类型 数组长度…)；
```

一维数组参数传递的函数调用方式如下：

```
函数名称（数据类型 数组名，数据类型 数组长度…）；
```

【范例：CH11_05.c】

下面的范例程序是将一组维数 array 以传址调用的方式传递给 Multiple() 函数，在函数中将每个一维 arr 数组中的元素值都乘以 10，同时改变主程序中 array 数组的元素值。

```
01 #include <stdio.h>
02 #include <stdlib.h>
03
```

```
04  void Multiple(int arr[],int);      /* 函数 Multiple()的原型 */
05
06  int main()
07  {
08     int i,array[6]={ 1,2,3,4,5,6 };
09     int n=6;
10
11     printf("调用 Multiple()前,数组的内容为: ");
12     for(i=0;i<n;i++)   /* 打印出数组的内容 */
13       printf("%d ",array[i]);
14     printf("\n");
15     Multiple(array,n);                /* 调用函数 Multiple2() */
16     printf("调用 Multiple()后,数组的内容为: ");
17     for(i=0;i<n;i++)   /* 打印出数组的内容 */
18       printf("%d ",array[i]);
19     printf("\n");
20
21     system("pause");
22     return 0;
23  }
24
25  void Multiple(int arr[],int n1)
26  {
27     int i;
28     for(i=0;i<n1;i++)
29       arr[i]*=10;
30  }
```

运行结果如图 11-7 所示。

```
调用Multiple()前,数组的内容为: 1 2 3 4 5 6
调用Multiple()后,数组的内容为: 10 20 30 40 50 60
请按任意键继续. . .
```

图 11-7　范例程序 CH11_05.c 的运行结果

【程序说明】

第 4 行：函数的原型声明，传递一维数组 arr[ ]与一个整数，在[ ]中的长度可写也可不写。

第 12、13 行：输出 array 数组中所有元素。

第 15 行：直接用数组名，也就是传递数组地址调用函数 Multiple()。

第 25~30 行：定义 Multiple()函数主体。

多维数组参数传递的精神和一维数组大致相同，例如传递二维数组，只要加上一个维数大小的参数即可。还有一点要特别提醒大家，所传递数组的第一维可以不用填入元素的个数，不过其他维数都要填上元素的个数，否则编译时会产生错误。二维数组参数传递的函数声明形式如下：

(返回数据类型 or void) 函数名称(数据类型 数组名[ ][列数], 数据类型 行数,数据类型 列数...);

二维数组参数传递的函数调用如下：

函数名称(数据类型 数组名，数据类型 行数，数据类型 列数...);

【范例：CH11_06.c】

下面的范例程序是将二维数组 score 以传址调用的方式传递给 print_arr() 函数，并在函数中输出数组中的每个元素，请注意函数声明与调用时二维数组的表示方法。

```
01  #include<stdio.h>
02  #include<stdlib.h>
03
04  /*函数原型声明,第一维可省略,其他维数的下标都必须清楚定义长度*/
05  void print_arr(int arr[][5],int,int);
06
07  int main()
08  {
09      /*声明并初始化二维成绩数组*/
10      int score_arr[][5]={{59,69,73,90,45},{81,42,53,64,55}};
11      print_arr(score_arr,2,5);/*传址调用并传递二维数组*/
12
13      system("pause");
14      return 0;
15  }
16
17
18  void print_arr(int arr[][5],int r,int c)
19  {
20      int i,j;
21      for(i=0; i<r; i++)
22      {
23          for(j=0; j<c;j++)
24              printf("%d  ",arr[i][j]);/*输出二维数组各元素的函数*/
25          printf("\n");
26      }
27  }
```

运行结果如图 11-8 所示。

```
59  69  73  90  45
81  42  53  64  55
请按任意键继续. . .
```

图 11-8　范例程序 CH11_06.c 的运行结果

【程序说明】

第 5 行：第一维元素的个数可以不用定义，其他维数的下标都必须清楚定义长度。

第 10 行：声明并初始化二维成绩数组。

第 11 行：传址调用并传递二维数组。

第 18~27 行：定义 print_arr()函数的主体。

第 24 行：输出二维数组各元素的值。

11-4　递归的作用

递归是一种很特殊的算法。对程序员而言，"函数"不只是能够被其他函数调用（引用），在某些程序设计语言中还提供了自身调用（引用）功能，也就是所谓的"递归"。递归在早期人工智能所用的程序设计语言中（如 Lisp、Prolog）几乎是整个语言运行的核心，当然在 C 语言中也提供了这项功能，因为绑定时间（Binding Time）可以延迟至执行时才动态决定。

什么时候才是使用递归的最好时机呢？递归只能解决少数问题吗？事实上，任何可以用选择结构和循环结构编写的程序都可以用递归表示和编写，而且更加具有可读性。

定义递归函数

递归（Recursive）函数的精神是在函数中调用自己。假如一个函数是由自身所定义或调用的，就称为递归（Recursion）。递归至少要定义两种条件，包括一个可以反复执行的递归过程和一个跳出执行过程的出口。在 C 语言中建立递归函数的 3 大条件是起始状态、终止条件以及执行流程。递归函数必须指明终止条件，如果没有清楚指明终止条件，程序将会无穷无尽地运行下去，造成无限循环。

例如，阶乘函数是数学上很有名的函数，可以看成是递归的典型应用。数据结构中二叉树（Binary Tree）的遍历问题也可以使用递归，因为二叉树的子节点个数以 2 的次幂为基数，难以用单纯的循环结构完成遍历。

 "尾递归"（Tail Recursion）就是程序的最后一条语句为递归调用，因为每次调用后回到前一次调用的第一行语句就是 return，所以不需要进行任何计算工作。

【范例：CH 11_07.c】

以下范例程序将使用一个求 *n* 阶乘（*n*!）的结果来说明递归的用法。在这个程序中会同时使用循环与递归的方式，借此比较两种方式的差异。这个程序要求用户输入 *n* 的大小，求得 1×2×3×...×*n* 的结果。例如 *n*=4，则 1×2×3×4=24。

```
01  #include <stdio.h>
02  #include <stdlib.h>
03
04  int ndegree_rec(int);/*递归函数*/
05  int ndegree_loop(int);/*循环函数*/
06
07  int main()
```

```
08  {
09      int n;
10      printf("请输入n值: ");
11      scanf("%d",&n);/*输入所求n!的n值*/
12      printf("%d!的循环版为%d, 递归版为%d\n",n,ndegree_loop(n),ndegree_rec(n));
13
14      system("PAUSE");
15      return 0;
16  }
17
18  int ndegree_loop(int n)
19  {
20    int result=1;
21    do{
22        result*=n;
23        n--;
24      }while(n>0);/*使用do while控制*/
25
26      return result;/*返回结果值*/
27  }
28
29  int ndegree_rec(int n)
30  {
31      if(n==1)
32        return 1;/* 跳出反复执行过程中的出口 */
33      else
34        return n*ndegree_rec(n-1);/* 反复执行的过程 */
35  }
```

运行结果如图11-9所示。

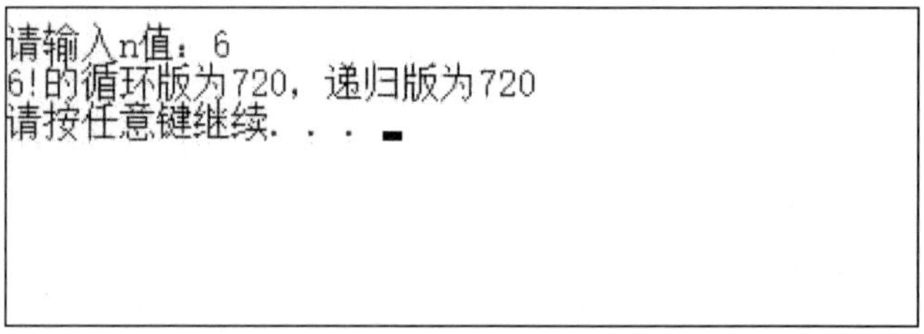

```
请输入n值: 6
6!的循环版为720, 递归版为720
请按任意键继续. . .
```

图 11-9　范例程序 CH11_07.c 的运行结果

【程序说明】

第 4 行: 递归函数的原型声明。

第 5 行: 循环函数的原型声明。

第 11 行: 用于输入要计算的阶乘数。

第 21~24 行: 使用 do while 控制与计算。

第 26 行: 返回结果值。

第 29~35 行: 定义递归函数的程序代码。

第 32 行: 跳出反复执行过程中的出口。

第 34 行：如果用户输入的数值大于 1，就继续计算这个 *n* 值乘上 (*n*-1)! 的结果，ndegree_rec(n-1) 部分会将 n-1 的值当成参数继续调用 ndegree() 函数。

11-5 上机程序测验

1. 请设计一个包括 mymax(int x, int y) 函数的 C 程序，必须省略此函数的原型声明，功能是比较并求出所输入的两个数中的较大者。

解答：参考范例程序 ex11_01.c

2. 请设计一个包括 mypower(int x, int y) 函数的 C 程序，让用户可以输入基底与次方来求得结果，其中 x 为底数、y 为指数，此函数可求得 x^y 的值。例如，基底为 2、次方为 3，则 2 的 3 次方为 $2 \times 2 \times 2 = 8$。

解答：参考范例程序 ex11_02.c

3. 请设计一个包括 Common_Divisor() 函数的 C 程序，可输入两个整数值，并使用辗转相除法计算这两个整数的最大公约数，在此程序中不要使用参数来传递。

 辗转相除法的算法是先将较大的数当成被除数、较小的数当成除数。待求得余数且余数不为 0 时持续进行除法，将上一步较小的数当成这一阶段的被除数，上一阶段的余数当成这一阶段的除数。

解答：参考范例程序 ex11_03.c

4. 请设计一个 C 程序，其中编写一个传址调用长度转换函数，由用户输入英尺和英寸的变量值，并通过此函数同步转换成米和厘米。

 1 英尺=12 英寸、1 英寸=2.54 厘米。

解答：参考范例程序 ex11_04.c

5. 请设计一个 C 程序，辅助说明一个函数中可以同时拥有传值与传址两种参数传递方式。

解答：参考范例程序 ex11_05.c

6. 由于考试成绩相当不理想，老师决定将所有同学的成绩求取平方根后乘以 10。请设计一个 C 程序，定义两个指向浮点数的指针 *grades1 与 *grades2，然后声明函数 void adjust_grades(float *g1, float *g2, int num)，将第一个指针 g1 所对应的数组内容求取平方根并乘以 10 后存入指针 g2 所对应的数组中。

解答：参考范例程序 ex11_06.c

7. 请设计一个 C 程序，其中要有两种求两数最大公约数的辗转相除法函数，gcd_loop() 函数是循环版本的辗转相除法，gcd_rec() 是递归版本的辗转相除法。

解答：参考范例程序 ex11_07.c

8. 请设计一个 C 程序的 findpas() 函数，以 3 个一维数组代表 A、B 与 C 三个班的学生成绩，此函数能输出各班有多少人以及有多少人考试及格。3 个班学生的成绩数组如下：

```
int a[]={80,90,70,56,55,64,63,48,70,75,40};
int b[]={70,78,63,53,67,95,44,83,52,89};
int c[]={49,60,67,51,63,86,79,73,56,88,66,79};
```

解答：参考范例程序 ex11_08.c

9. 请设计一个 C 程序，其中定义并建立一个 Add_Fun()函数，可将用户传入的两个整数值相加并返回运算结果。

解答：参考范例程序 ex11_09.c

10. 请设计一个 C 程序，以用户输入的两个数计算长方形面积，并以*画出长方形图形。

解答：参考范例程序 ex11_10.c

11. 习题第 7 题中介绍过求取最大公约数的函数，请使用此函数中参数传递的方式建立两个整数间最小公倍数的函数。

解答：参考范例程序 ex11_11.c

12. 请设计一个 C 程序，在 main()函数中声明两个自定义函数 f_abs()与 cubic_abs(f)，分别求出某实数的绝对值与该数立方的绝对值。

解答：参考范例程序 ex11_12.c

13. 请设计一个 C 函数，可输入一个不含空格的字符串，并以字符串指针作为传递的参数，将原有字符串中的英文字母全部转换为大写字母。

解答：参考范例程序 ex11_13.c

14. 请设计一个 average()函数，用传值调用来传递学生的两科成绩，第 3 个参数以传址调用方式返回两科成绩的平均成绩。

解答：参考范例程序 ex11_14.c

15. 请设计一个 C 程序，直接使用传址调用将数组指定给另一个函数，并在此函数中使用冒泡排序法对一个整数数组进行从小到大的排序。此数组如下：

```
int num[] = { 213, 424, 56, 16,54, 612, 46, 5, 475, 151 };
```

解答：参考范例程序 ex11_15.c

16. 请设计一个 C 程序，首先以传址调用传递两个字符串指针，然后找到被串接字符串的尾部，将另一个字符串中的字符逐一加到被串接字符串后，最后返回串接完成的字符串指针。

解答：参考范例程序 ex11_16.c

17. 请设计一个 C 程序，可以让用户输出两个整数，并以传址调用方式传递给函数进行判断，最后使用指针返回值返回两数中的最小值。

解答：参考范例程序 ex11_17.c

18. 请设计一个 C 程序，其中包含一个函数 replace()，可在用户所输入的字符串中指定位置置换字符，函数中将使用字符指针处理运算和置换过程。

解答：参考范例程序 ex11_18.c

11-6 课后练习

【问答与实践题】

1. 试简述全局变量与局部变量。

2. 为何在主程序调用函数之前必须先声明函数原型？

3. 什么是形式参数与实际参数？

4. 试说明 C 语言中的函数可分为哪两种。

5. 下列程序代码中，最后的变量 money 值为多少？说明原因。

```
int money = 500;
int main()
{
    int money = 8000;
    printf("d",money);
}
```

6. 请简述递归函数的意义与特性。

7. 什么是尾递归？

8. 自定义函数是由哪些元素组成？

9. 请说明使用传址调用时要加上哪两个运算符？

10. 书中提及函数的好处有哪 3 点？

【习题解答】

1. 解答：全局变量声明在程序区块与函数外，声明语句以下所有函数和程序区块都可以使用该变量。声明在主函数或其他函数中的变量被称为"局部变量"，局部变量只限于在函数中存取，离开该函数就会失去作用。

2. 解答：C 语言的程序流程是自上而下，而编译程序在主程序部分并不认识函数，必须在程序尚未调用函数时声明函数的原型，告诉编译程序有此函数的存在。

3. 解答：形式参数就是在函数定义标头中所声明的参数，可简称为形参。实际参数是实际调用函数时所提供的参数，可简称为实参。

4. 解答：C 语言的函数可分为系统提供的标准函数和用户自行定义的自定义函数。使用标准函数只要将所使用的相关函数头文件包含进来即可。

5. 解答：500。

6. 解答：函数不只是能够被其他函数调用（引用）的程序区块，C 语言也提供了自身调用的功能，也就是所谓的递归函数。递归函数在程序设计上是相当好用而且重要的概念，使用递归可使程序变得相当简洁，但设计时必须非常小心，因为很容易造成无限循环或导致内存浪费。通常一个递归函数必备的两个重要条件是：一个可以反复执行的过程和一个跳出反复执行过程的出口。

7. 解答：尾递归就是程序的最后一条语句为递归调用，因为每次调用后回到前一次调用的第一行语句就是 return，所以不需要再进行任何计算工作，也不必保存原来的环境信息。

8. 解答：由函数名称、参数、返回值与返回数据类型组成。

9. 解答：传址调用的参数在声明时必须加上*运算符，调用函数的参数前必须加上&运算符。

10. 解答：

（1）避免造成相同程序代码重复出现。

（2）让程序更加清楚明了，降低维护时间与成本。

（3）将较大的程序分割成多个不同的函数，可以独立开发、编译，最后连接在一起。

第 12 章
◀ 函数的高级应用与宏 ▶

C 模块化语言给函数提供了相当大的应用空间。我们之前介绍过指针变量可以指向已定义变量的地址，再通过指针间接存取该变量的内容。其实在 C 语言中，指针变量也可以声明成指向函数的起始地址，然后借助该指针变量调用函数。

宏（Macro）指令又称为"替代指令"，在 C 语言中由一些以#为开头的"预处理指令"组成，善于运用宏指令更可以节省不少程序开发与运行时间。本章中除了讨论函数的高级扩展应用外，还介绍了 C 语言的"预处理器"以及如何使用这些"预处理器"建立宏。

12-1　命令行参数

我们编写程序的过程中，在许多情况下要和用户进行互动。例如，要求用户输入数值大小、文件名等，这些都是在程序运行时才会交由用户决定具体的数据和信息有哪些。然而，先前采用的方式都是在程序运行后以 printf()函数提示用户要输入哪些数据或信息。如果能够在程序运行时顺便将参数传给程序，就可以增添其便利性。

例如，在早期的 MS-DOS 或者现在使用的"命令提示符"（Windows 10 系统为"开始"→"Windows 系统"→"命令提示符"）中，用户可以在命令行中输入：

```
C:\copy file1.txt file2.txt
```

main()函数中的参数

要传参数传给程序，其实就是直接传给 main() 函数。对于传递参数给程序来说，最主要的议题就是究竟要传几个，以及代表什么意义。之前我们都是使用 int main()表示没有命令行参数，现在如果要使用命令行参数，就必须使用以下格式：

```
int main(int argc, char *argv[])
{
    ...
}
```

argc 和 argv[]这两个参数只是常用的参数声明名称,大家可以自由命名,不过目前大多数程序设计者都以 argc 和 argv[]作为命令行参数惯用的名称。相关说明如下:

- argc

argc 的数据类型为整数,表示命令行参数的个数,argc 的值绝对会大于 0,因为至少包括程序本身的名称。

- argv

argv[]的数据类型为不定长度的字符串指针数组,所传递的数据为字符串格式,且此字符串数组的个数视用户输入的参数数目而定。其中,命令行参数字符串以空格符或制表符作为间隔。

假设当前程序文件名为 filearg.c,所产生的运行文件为 filearg.exe。完成本程序的编译后,在 Windows 操作系统下依次选择"开始"菜单→"Windows 系统"→"命令提示符"选项,即可进入命令提示符窗口。再使用 DOS 指令(如 cd 指令)切换到此程序的运行文件所在目录,在命令行输入:

```
filearg Hello to everybody in the world
```

可以看到共有 7 个参数,故 argc = 7。其中,argv[0] = filearg 表示运行文件本身也是一个参数,argv[1] = Hello,argv[2] = to,argv[3] = everybody,argv[4] = in,argv[5] = the,argv[6] = world。当我们要获得运行文件的文件名以外的参数个数时,只要检测 argc 的值即可。而要存取运行文件的文件名以外的参数,只要从 argv 的字符串数组存取即可。

【范例:CH12_01.c】

下面的范例程序将示范使用命令行参数的功能,在执行程序时直接键入运行文件的文件名并输入参数即可(如 CH12_01 This is a book),或者在 DEV C++编译程序窗口中选择"运行"→"参数"菜单项,先设置程序要传入的参数(见图 12-1),接着运行程序,程序就会读取设置的参数。

```
01  #include <stdio.h>
02  #include <stdlib.h>
03
04  int main(int argc, char *argv[])/* 命令行参数传递的声明 */
05  {
06      int i;
07      if( argc == 1 )/* 只有程序名称 */
08          printf( "未指定参数!" );
09      else
10      {
11          printf("所输入的参数为:\n");
12          for( i = 0; i < argc; i++ )
13              puts(argv[i]);/* 打印 argv 数组的内容 */
14      }
```

```
15     system("pause");
16     return 0;
17 }
```

运行结果如图 12-1 和图 12-2 所示。

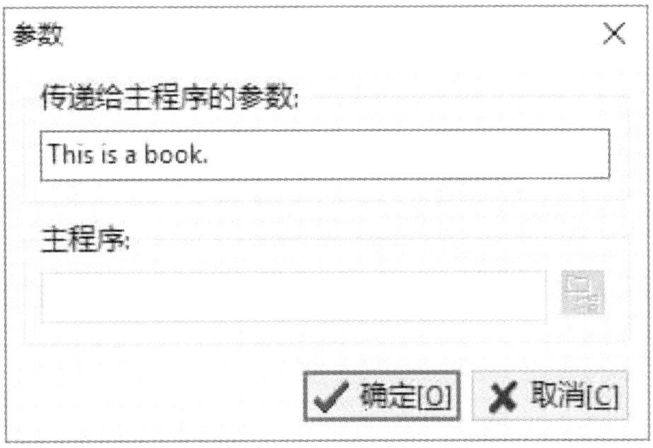
参数
传递给主程序的参数:
This is a book.
主程序:
确定[O]
取消[C]

图 12-1　运行范例程序 CH12_01.c 并输入参数

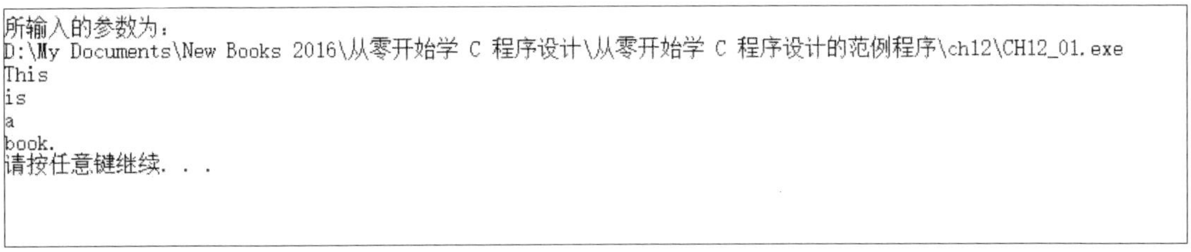
所输入的参数为：
D:\My Documents\New Books 2016\从零开始学 C 程序设计\从零开始学 C 程序设计的范例程序\ch12\CH12_01.exe
This
is
a
book.
请按任意键继续. . .

图 12-2　范例程序 CH12_01.c 的运行结果

【程序说明】

第 4 行：命令行参数的传递声明，声明后大家可在执行时传递参数。

第 7、8 行：未指定其他参数，只有程序名称的输出结果。

第 12~14 行：打印存放在 argv[ ]数组中的参数，由于 argv[0]是存储程序名称的字符串，因此 i 从 0 开始执行。

12-2　指针返回值

函数返回值的作用是将函数内处理完毕的程序结果返回到主程序中调用函数的变量。除了基本数据类型外，也可以从函数中返回一个指针值给主函数。例如，return 就可以返回一个指针变量，也就是地址。指针返回函数的声明语法如下：

```
返回数据类型 *函数名称(数据类型 参数 1, 数据类型 参数 2,…)
{
  …
   return 指针变量;
}
```

【范例：CH12_02.c】

以下范例程序示范如何从函数中返回一个指针值，请注意函数的原型声明及调用方式。

```
01  #include <stdio.h>
02  #include <stdlib.h>
03  int* add_value();  /* 返回指针值 */
04
05  int main()
06  {
07      int *ptr;
08      ptr = add_value();
09      /*调用 add_value ()函数，并传值给 ptr 指针变量*/
10      printf( "*ptr=%d\n", *ptr );
11      /*输出 ptr 指针变量的内容*/
12      system("pause");
13      return 0;
14  }
15
16  /* 让用户输入两个整数,并相加 */
17  /* 返回指针值          */
18  int* add_value ()
19  {
20      int *x;
21      int input,input1;
22      x = &input;
23
24      printf( "请输入两个整数: " );
25      scanf( "%d%d",&input,&input1 );
26      /*输入 input 与 input1 变量的值*/
27      input=input+input1;/*两数相加*/
28
29      return x;
30  }
```

运行结果如图 12-3 所示。

请输入两个整数: 8 7
*ptr=15
请按任意键继续. . .

图 12-3　范例程序 CH12_02.c 的运行结果

【程序说明】

第 3 行：声明返回指针值的函数原型。

第 8 行：调用 add_value ()函数，并传值给 ptr 指针变量。

第 10 行：输出 ptr 指针变量的内容。

第 18 行：函数声明为返回指针变量。

第 25 行：输入 input 与 input1 变量的值。

第 27 行：两数相加。

第 29 行：返回值为指针变量

12-3　函数指针

在 C 语言中，指针变量也可以声明成指向函数的起始地址，并借助该指针变量调用函数。这种指向函数的指针变量称为"函数指针"（Pointer of Function）。函数指针是 C 语言中一项相当有特色的功能。假设有多个格式相类似的函数（函数的参数完全相同，返回值也相同）。如果要调用不同的函数，通常需要用条件判断语句完成，也就是使用同一个函数指针名称在程序运行期间动态地决定所要调用的函数。

函数名称也是指针变量，其本身所存储的值为函数所在内存的起始地址。如果将函数指针指向该函数的起始地址，在程序中就可以通过函数指针调用该函数。函数指针的声明格式如下：

返回数据类型（*函数指针名称）(参数 1 数据类型，参数 2 数据类型，…)；

此外，在声明函数指针时，返回数据类型与参数数据类型、个数必须与所指向的函数相符。将函数指针指向函数地址的方式有以下两种：

返回数据类型（*函数指针名称）(参数 1 数据类型，参数 2 数据类型，…)=函数名称；
或
返回数据类型（*函数指针名称）(参数 1 数据类型，参数 2 数据类型，…)；
函数指针名称=函数名称；

例如：

```
int iFunc();  /* 函数原型声明 */
int (*piFunc)()=iFunc; /* 直接声明函数指针，并指向函数地址 */
```

【范例：CH12_03.c】

以下范例程序使用 math.h 头文件中的三角函数来示范函数指针的简单应用。

```
01  #include <stdio.h>
02  #include <stdlib.h>
03  #include <math.h>/*使用三角函数,必须包含 math.h 头文件*/
04
05  #define PI 3.1415926
06
07  int main()
08  {
09   double (*pF)(double);/*函数指针声明*/
10   pF=sin;/*将 sin 函数的地址赋值给 pF*/
```

207

```
11    printf("%f\n",pF(PI/2));
12    /*使用 pF()执行 sin()函数的功能*/
13    pF=cos;/*将 cos 函数的地址赋值给 pF*/
14    printf("%f\n",pF(PI));
15    /*使用 pF()执行 cos()函数的功能*/
16
17    system("PAUSE");
18    return 0;
19  }
```

运行结果如图 12-4 所示。

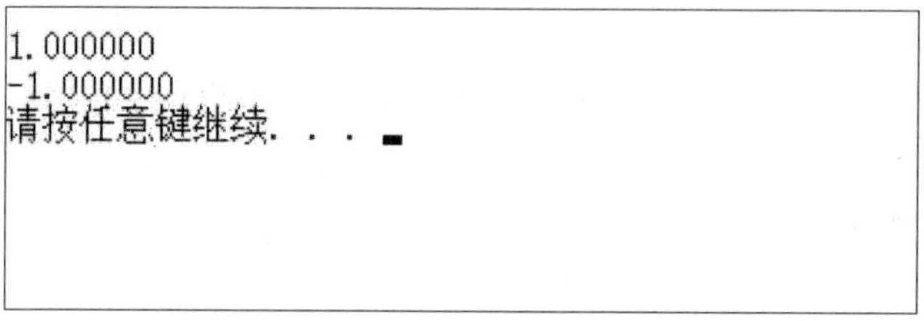

```
1.000000
-1.000000
请按任意键继续. . . ▃
```

图 12-4　范例程序 CH12_03.c 的运行结果

【程序说明】

第 3 行：使用三角函数，必须包含 math.h 头文件。

第 5 行：声明常数 PI 的值。

第 9 行：返回值为 double 类型的函数指针声明。

第 10 行：将 sin 函数的地址赋值给 pF 函数指针。

第 11 行：使用 pF()执行 sin()函数的功能。

第 13 行：将 cos 函数的地址赋值给 pF。

第 15 行：使用 pF()执行 cos()函数的功能。

12-4　变量的作用域

变量按照在 C 程序中所定义的位置与格式可以决定在内存中所占空间的大小以及在程序中可以存取到该变量的程序区块。在函数中声明变量时，我们在数据类型前加上一些修饰词，这些变量在函数中的作用域就会有所不同。较常见的修饰词有自动（auto）变量、寄存器（register）变量、静态（static）变量以及外部（extern）变量等。

12-4-1　auto 变量

auto 是函数中变量默认的类型。换句话说，每一个变量声明后加上修饰词 auto，或者完全不加修饰词，其类型都是自动变量。在函数中声明变量时，变量就确定了作用域。变量的值会随着函数的结束而消失。前面各章程序中所定义的变量未加存储类型说明符的都是自动变量。声明语法如下：

```
auto 数据类型 变量名称;
```

【范例：CH12_04.c】

下面的范例程序用于说明在不同区域范围中，即使定义相同名称的自动变量，程序也会使用不同的内存空间来存放。

```
01  #include <stdio.h>
02  #include <stdlib.h>
03
04  int main()
05  {
06    auto int iVar=5;/* 定义 auto 整数变量 iVar */
07
08      printf("进入程序区块前的 iVar=%d\n",iVar);
09
10      /* 下面以大括号分隔出一段程序区块 */
11      {
12          auto int iVar=10;    /* 程序区块中定义整数变量 iVar */
13      printf("程序区块中的 iVar=%d\n",iVar);
14        }
15    printf("离开程序区块的 iVar=%d\n",iVar);
16
17      system("pause");
18      return 0;
19  }
```

运行结果如图 12-5 所示。

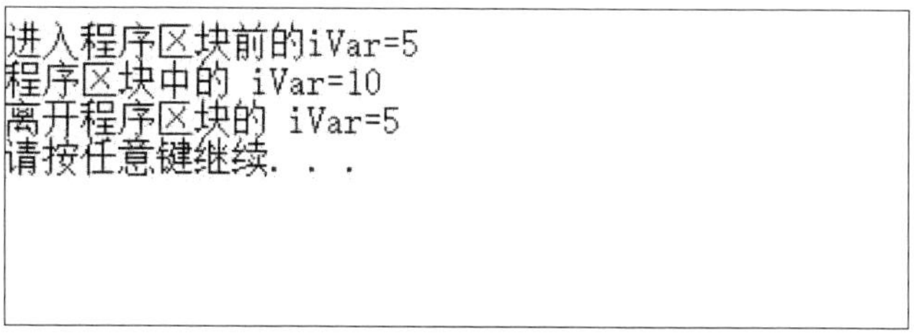

```
进入程序区块前的iVar=5
程序区块中的 iVar=10
离开程序区块的 iVar=5
请按任意键继续. . .
```

图 12-5　范例程序 CH12_04.c 的运行结果

【程序说明】

第 6 行：定义 auto 整数变量 iVar。

第 12 行：在程序区块中定义整数变量 iVar。

第 11~14 行：以大括号分隔出一段程序区块。

第 15 行：输出离开程序区块的 iVar 值。

12-4-2　register 变量

计算机最基本的运行原理是由中央处理器存取内存中的数据，然而中央处理器中也有自己的存储器（如寄存器和高速缓存），虽然容量不及内存，但是访问速度更快。因此，指明某变量为寄存器变量就是特别要求将这个变量存储在寄存器中。例如，64 位 CPU 的寄存器和高速缓存一般会大一些。由于 CPU 的寄存器和高速缓存速度较快，因此可以加快变量存取的效率。声明语法如下：

```
register 数据类型 变量名称=初始值;
```

在此特别提醒大家，由于个人计算机上所使用的寄存器容量有限，因此有些编译器规定最多只能使用两个缓存器变量，因此当大家声明更多 register 变量时，编译器仍然会视其为一般变量，从而无法感知其执行速度增加了。

12-4-3　static 变量

auto 变量所占用的内存空间在函数结束时会被清除并释放，而 static 变量是在函数中声明一处固定的内存地址存储这个变量，如此变量的值不会随着函数结束而消失。如果要使用静态变量，只要在数据类型前加上 static 修饰词即可。其声明语法如下：

```
static 数据类型 变量名称=初始值;
```

此外，在声明静态局部变量的同时，如果没有设置初始值，系统就会自动将静态变量初始值设置为 0，而一般变量的初始值在未设置的情况下是一个不确定的值。

【范例：CH12_05.c】

下面的范例程序是给大家示范在循环中调用函数时，函数中的 static 变量与 auto 变量值的变化。

```
01  #include <stdio.h>
02  #include <stdlib.h>
03
04  void Add_Num();     /* 累加变量值的函数声明  */
05
06  int main()
07  {
08     int count;
09     for (count=0; count<5; count++)
10     Add_Num();    /* 通过 for 循环执行函数调用 5 次 */
11
12     system("pause");
13     return 0;
14  }
15
16  void Add_Num()
17  {
18     auto int auto_Num=1; /* 声明并初始化自动变量 */
19     static int static_Num=1; /* 声明并初始化静态变量 */
20     printf("自动变量 auto_Num 的值为：%d\n",auto_Num);
21     printf("静态变量 static_Num 的值为：%d\n",static_Num);
```

```
22
23      auto_Num++;    /* 将 auto 变量加 1 */
24      static_Num++;  /* 将 static 变量加 1 */
25  }
```

运行结果如图 12-6 所示。

```
自动变量 auto_Num 的值为：1
静态变量 static_Num 的值为：1
自动变量 auto_Num 的值为：1
静态变量 static_Num 的值为：2
自动变量 auto_Num 的值为：1
静态变量 static_Num 的值为：3
自动变量 auto_Num 的值为：1
静态变量 static_Num 的值为：4
自动变量 auto_Num 的值为：1
静态变量 static_Num 的值为：5
请按任意键继续. . .
```

图 12-6　范例程序 CH12_05.c 的运行结果

【程序说明】

第 4 行：累加变量值函数原型声明。

第 9、10 行：通过 for 循环执行函数调用 5 次。

第 18 行：声明并初始化自动变量。

第 19 行：声明并初始化静态变量。

第 23 行：将 auto 变量加 1。

第 24 行：将 static 变量加 1。

12-4-4　extern 变量

原本所有变量在使用前都必须声明，然而对于分为多个文件的程序项目而言会出现问题。例如，在某个计算税率的 counttax.c 程序文件中会使用变量 tax_rate。如果不声明 float tax_rate，程序就无法通过编译；如果在 counttax.c 中直接加入 float tax_rate 的声明，就会造成重复定义的问题，因为 float tax_rate 在 main.c 程序文件中已经定义过了。那么要在 counttax.c 程序文件中存取 main.c 程序文件中的变量 float tax_rate 该怎么做呢？这时只要加上 extern 修饰词，声明其为外部变量即可：

```
extern float tax_rate;
```

extern 修饰词可以将声明在函数或程序区块后方的外部变量引用到函数内使用。不过，在函数内使用 extern 修饰词声明外部变量时并不会实际配置内存，在函数外部必须有一个同名的变量存在才能实际分配内存。声明语法如下：

extern 数据类型 变量名称;

【范例: CH12_06.c】

下面的范例程序用来示范在外部变量作用范围以外的区域使用变量时使用 extern 修饰词声明该变量。

```
01  #include<stdio.h>
02  #include<stdlib.h>
03
04  void transfer(double);/* 函数原型声明 */
05
06  int main()
07  {
08      double kg;
09      extern double pound;
10      /* 使用 extern 修饰词,可引用声明在函数下方的外部变量 */
11          printf("公斤转英磅\n");
12          printf("----------------------------------\n");
13      printf("一公斤=%f 英磅\n",pound);
14      printf("----------------------------------\n");
15          printf("请输入公斤数:");
16
17      scanf("%lf",&kg);
18      transfer(kg);
19
20      system("pause");
21          return 0;
22  }
23
24
25  double pound=2.204634;/*声明在函数外的外部变量*/
26  void transfer(double kg)
27  {
28
29      printf("%.1lf 公斤=%.3f 英磅\n",kg,pound*kg);
30      /* 此函数在外部变量 pound 的下方,因此可直接使用 */
31  }
```

运行结果如图 12-7 所示。

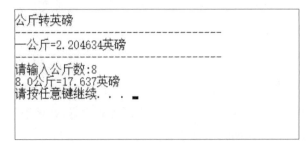

图 12-7　范例程序 CH12_06.c 的运行结果

【程序说明】

第 4 行：transfer 函数原型声明。

第 9 行：使用 extern 修饰词，可引用声明于函数下方的外部变量。

第 25 行：声明在函数外的外部变量。

第 29 行：函数在外部变量 pound 的下方，因此可以直接使用。

使用 extern 修饰词时，除了外部变量可在函数之间交互使用外，还能跨不同的程序文件使用。例如，使用两个程序文件编写程序，文件名为 file1.c 与 file2.c，如果在 file1.c 中声明了一个全局变量 x，要在 file2.c 中也使用这个变量，就会出现 file2.c 中变量 x 没有定义的错误信息。然而，如果在 file2.c 中直接声明全局变量 x，就会发生变量重复定义的错误，这时必须在 file2.c 中使用 extern 声明变量，表示这个全局变量引用另一个文件中所定义的变量，从而不再发生错误，代码如下：

```
#include <stdio.h>
#include <stdlib.h>
#include "file2.c"
int x;
int main()
{
    foo();

  system("pause");
  return 0;
}                                    file1.c
```

```
#include <stdio.h>
#include <stdlib.h>
extern x;

void foo(void)
{
    x = 1;
}                                    file2.c
```

12-5 预处理器

"预处理器"（Preprocessor）是指在 C 程序开始编译成机器码之前，编译程序就会执行一个程序，把 C 源文件中的预处理指令适当替换成纯 C 语言语句的新文件，然后编译程序用此新文件产生目标文件（.obj），完成编译的工作。在 C 语言里，预处理指令以#符号开头，可以放置在程序的任何地方，借助这种特性可以让程序代码的编排更有弹性。

12-5-1 宏指令

宏（Macro）指令又称为"替代指令"，是由一些以#为开头的"预处理指令"所组成的，主要功能是以简单的名称取代某些特定常数、字符串或函数,快速完成程序需求的自定义指令。简单来说，善用宏可以节省不少程序开发与运行的时间。其语法如下：

```
#define 宏名称  表达式  /*不用在结尾加上分号*/
```

注意：使用#define 指令定义标识符时，通常会使用大写字母表示，这样便于区分程序中使用的变量或函数名称。

【范例：CH12_07.c】

下面的范例程序是使用宏指令将程序中所有 MAX(a, b)的名称替换成所定义的表达式，并且把 a 与 b 的值代入替换后的算式中。

```
01  #include <stdio.h>
02  #include <stdlib.h>
03
04  #define MAX(a, b) (a>b?a:b)   /* #define 指令定义宏 MAX(a, b) */
05
06  int main()
07  {
08      int x, y;   /* 定义整数变量 x, y*/
09      printf("输入第一个数值:");
10      scanf("%d",&x);                  /* 获取变量 x 的值 */
11      printf("输入第二个数值:");
12      scanf("%d",&y);                  /* 获取变量 y 的值 */
13      printf("两数中的较大值是:%d\n",MAX(x, y));/* MAX(x,y)获取较大值 */
14
15      system("pause");
16      return 0;
17  }
```

运行结果如图 12-8 所示。

```
输入第一个数值:8
输入第二个数值:4
两数中的较大值是:8
请按任意键继续. . .
```

图 12-8　范例程序 CH12_07.c 的运行结果

【程序说明】

第 4 行：以#define 指令定义宏函数 MAX(a, b)。

第 10 行：获取变量 x 的值。

第 12 行：获取变量 y 的值。

【范例：CH12_08.c】

下面的范例程序是定义各种宏的范例，相关的声明语法如下：

```
#define 宏名称 常数值
#define 宏名称 "字符串"
#define 宏名称 程序语句
```

```
01  #include<stdio.h>
02  #include<stdlib.h>
03
04  /*定义各种宏名称的形式*/
05  #define PI 3.14159
06  #define SHOW "The Circle's Area="
07  #define  RESULT r*r*PI
08
09  int main()
10  {
11      int r;
12
13      printf("请输入圆半径:");
14      scanf("%d",&r);/*输入半径值*/
15      printf(SHOW"%f\n",RESULT);/*输出宏字符串及程序语句*/
16
17      system("pause");
18      return 0;
19  }
```

运行结果如图 12-9 所示。

```
请输入圆半径:10
The Circle's Area=314.159000
请按任意键继续...
```

图 12-9　范例程序 CH12_08.c 的运行结果

【程序说明】

第 5~8 行：定义各种宏名称的形式。

第 5 行：预处理器会将程序中所有 PI 替换为 3.14159。

第 6 行：使用#define 指令以 SHOW 替换字符串 The Circle's Area=。

第 14 行：输入半径值。

第 15 行：输出宏字符串及程序语句。

此外，如果在程序中想要解除已定义的宏，可以使用#undef 语句，在#undef 之后被解除的宏名称不再有效。也就是说，不可以再调用此宏，否则编译时会发生错误。其语法如下：

```
#undef 宏名称
```

12-5-2　条件编译指令

假如程序代码在开始执行时需要用户输入某个值，同时希望程序可以根据用户所输入的值编译程序代码内部分片段的程序代码，就是所谓的"条件编译"。在 C 语言中，条件编译是可以让程序员根据条件控制程序代码的编译。条件编译通常被用来进行调试，以便确认程序代码的流程是否正确。要进行条件编译，可以使用 if…#else…#endif 语句或#ifdef 与#ifndef 两组指令搭配使用。

● #if…#endif 语句

#if…#endif 语句与条件表达式 if…endif 的功能类似，可分为单一条件判断及嵌套条件判断，系统可根据条件表达式的判断结果进行程序代码的编译。其格式如下：

```
#if 条件表达式
    程序代码内容
#endif
```

例如：

```
#if Flag == 5
    #define Weekday 7
#endif
```

程序进行编译时会先判断常数 Flag 是否为 5，如果 Flag 的值为 5，就定义 Weekday 的常数值为 7，否则跳过#endif 语句直接到下一行程序代码中。和条件表达式 if…endif 一样，每一个#if 语句都会配上一个#endif 语句，否则会发生错误。

【范例：CH12_09.c】

下面的范例程序说明当#if 语句的表达式（Use_MACRO == 1）成立时，第 7 行定义的宏才会被执行，而主函数 main()可以使用 MAX 宏。

```
01  #include <stdio.h>
02  #include <stdlib.h>
03
04  #define Use_MACRO 1      /*#define 指令定义标识符 Use_MACRO*/
05
06  #if Use_MACRO == 1       /*条件成立，允许编译区块内的程序语句*/
07   #define MAX(a, b) (a>b?a:b)        /*#define 指令定义宏 MAX(a, b)*/
08  #endif
09
10  int main()
11  {
```

```
12    int x, y;              /* 定义整数变量 x、y */
13
14    printf("请输入两个数进行大小比较:");
15    scanf("%d%d",&x,&y);      /*整数变量 x 与 y 存储输入值*/
16    printf(" %d与%d中的较大值是%d \n",x,y, MAX(x, y)); /*显示结果信息*/
17
18    system("pause");
19    return 0;
20    }
```

运行结果如图 12-10 所示。

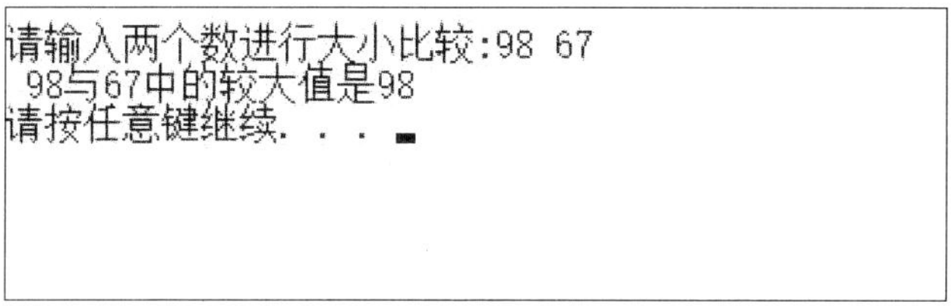

```
请输入两个数进行大小比较:98 67
 98与67中的较大值是98
请按任意键继续. . . ▪
```

图 12-10 范例程序 CH12_09.c 的运行结果

【程序说明】

第 4 行：使用#define 指令定义标识符 Use_MACRO。

第 6～8 行：使用#if 语句判断是否编译区段内的程序代码（是否定义 MAX 宏）。

第 15 行：存储整数变量 x 与 y 输入的值。

第 16 行：显示结果信息。

#if 语句与#else 语句合并使用可以形成有选择性的编译。当#if 语句之后的表达式为假时，#else 语句与#endif 语句之间的程序语句就会被加入程序主体中，交由编译程序编译。语法格式如下：

```
#if 表达式
  …      //程序语句1;
#else
  …      //程序语句2;
#endif
```

预处理指令#if 也可以使用嵌套形式的多重选择，即在#if 语句之后可以再包含一层#if…#else…#endif，而且可使用的层数没有限制。#else 语句后如果还包含一层#if…#endif 时，就可以合并成#elif 语句。使用格式如下：

```
#if 条件表达式一
程序语句区块一
#elif 条件表达式二
程序语句区块二
#elif 条件表达式三
程序语句区块三
…
#else 条件表达式
```

程序语句区块四

12-5-3 #include 指令

#include 预处理器指令能将所指定路径的文件包含到当前程序文件中，接着就可以在当前程序代码中使用包含进来的文件所定义的函数或常数了。基本上，除了可包含 C 语言所提供的头文件外，还可以包含自定义的头文件。要使用#include 指令将文件包含进来，可以采用下面两种语法格式：

```
#include <文件名>
#include "文件名"
```

如果在#include 之后使用尖括号（< >），预处理器就会到默认的系统目录中寻找指定的文件。使用双引号（" "）指定文件时，预处理器会先到当前程序文件的工作目录中寻找是否有指定的文件，如果找不到，就到系统目录（Include 目录）中寻找，所以将 #include <stdio.h> 写成以下形式程序仍然可以执行，不过效率会差很多：

```
#include "stdio.h"
```

在中大型程序开发中，将程序代码编写在数个文件中会使用#include 将这些文件包含到程序中。

【范例：CH12_10.c】

下面的范例程序是编写一个自定义的简单头文件，也就是将程序分为函数部分与主程序部分，并分别存放在 CH12_10.c 与 CH12_10_1.h 两个文件中，以此来示范 #include 的作用。

```
01 #include <stdio.h>
02 #include "CH12_10_1.h"
03
04 int main()
05 {
06     sayhello();
07
08     system("pause");
09     return 0;
10 }
```

【CH12_10_1.h】

```
01 void sayhello(void)
02 {
03     printf("Hello!World!\n");
04 }
```

运行结果如图 12-11 所示。

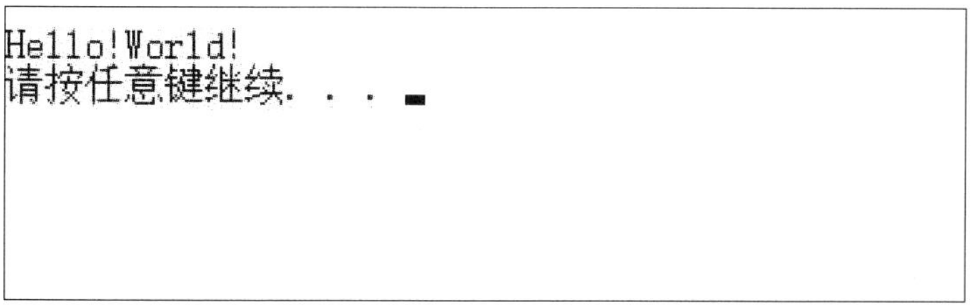

```
Hello!World!
请按任意键继续. . . _
```

图 12-11 范例程序 CH12_10.c 的运行结果

【程序说明】

第 2 行：包含外部文件 CH12_10_1.h。

第 6 行：调用定义在外部文件中的 sayhello()函数。

12-6 上机程序测验

1. 请设计一个 C 程序，包含两个函数 func1() 与 func2()，前者使用静态变量，后者未使用静态变量，分别在给定变量数值后观察值的变化。

解答：参考范例程序 ex12_01.c

2. 请设计一个 C 程序，设计两个宏函数来定义 scanfint(x)与 scanffloat(y)，以便取代程序中输入整数与输入实数的 scanf()函数。

解答：参考范例程序 ex12_02.c

3. 请设计一个 C 程序，必须使用#if 、#endif、#else、#eli、#endif 示范条件编译指令声明与使用的过程。

解答：参考范例程序 ex12_03.c

4. 请设计一个 C 程序，使用函数指针 ptr 调用所指向的两个简单的打印函数，并打印出结果。这两个打印函数的程序代码如下：

```c
void print_word1 (char* str)
{
    puts("这是 print_word1 函数");
    puts(str);
}
void print_word2(char *str)
{
    puts("这是 print_word2 函数");
    puts(str);
}
```

解答：参考范例程序 ex12_04.c

5. 请设计一个 C 程序，从命令行读入学生的成绩，计算出总分与平均分，并使用 atoi()函数将字符串转换为整数类型。

解答：参考范例程序 ex12_05.c

6. 请设计一个 C 程序求取第 n 项斐波那契数列的值。斐波那契数列的基本定义如下：

$$F_n= \begin{cases} 0 & n=0 \\ 1 & n=1 \\ F_{n-1}+F_{n-2} & n=2,3,4,5,6\dots(n\text{ 为正整数}) \end{cases}$$

解答：参考范例程序 ex12_06.c

7. 请设计一个 C 程序，使用递归式 Factorial()函数求取 n!的值，并使用 static 声明变量 count，以记录递归函数被调用了几次。

解答：参考范例程序 ex12_07.c

8. 请设计一个 C 程序，使用有参数的宏函数来做华氏温度与摄氏温度间度量衡的转换。

解答：参考范例程序 ex12_08.c

12-7　课后练习

【问答与实践题】

1. 请分别说明以下函数指针的意义。

```
01  void (*ptr)(void);
02  int (*ptr)(int);
03  char* (*ptr)(char*);
```

2. 试说明以下程序名称 lab1 后面有几个字符串。

```
lab1 "this is a argument1" this,is.a.argument2  this is a argument3
```

3. 定义一个用来计算梯形面积的宏函数，并且可传递上底、下底与高 3 个参数：

```
#define RESULT(r1,r2,h)  (r1+r2)*h/2.0
```

请问此函数定义的是否正确？试说明原因。

4. 在#include 之后使用尖括号(<>)，预处理器就会到默认的系统目录中寻找指定的文件。请问如果将 stdio.h 写成以下形式，会有哪些不同？

```
#include "stdio.h"
```

5. 下面这两行程序代码有什么不同之处？

```
const float pi = 3.14159;
#define PI 3.14159
```

6. 请问以下程序代码的输出结果是怎样的？试说明原因。

```
#define MUL(a) a*a
int i=5;
printf("%d", MUL(++i));
```

7. 某位学生练习命令行参数的应用时程序编译出了问题，请帮忙找出问题所在：

```
01 #include <stdio.h>
02 int main(int argc, char* argv[])
03 {
04     int sum;
05     if (argc == 3)
06         sum = argv[1] + argv[2];
07     printf("%d + %d = %d\n", argv[1], argv[2], sum);
08     return 0;
09 }
```

8. 在程序中，通常使用哪两个"宏指令"判断程序代码中的宏指令是否被定义过了？说明这两个宏指令的差异。

9. 要将程序代码中的宏取消掉，需要使用哪一个"宏指令"？请使用程序代码进行示范。

【习题解答】

1. 解答：

第 1 行：ptr 为函数指针，此函数本身无返回值与参数。

第 2 行：ptr 为函数指针，本身返回整数值并接收整数参数。

第 3 行：ptr 为函数指针，本身返回字符指针并接收字符指针作为参数。

2. 解答：以上程序码表示接在程序名称 lab1 后面的共有 6 个字符串，所以 argc 的个数一共有 7 个。

3. 解答：不正确。当 r1、r2 和 h 变量都加 2 时，根据运算符的优先级（乘法高于加法）代入数值后的结果与数学梯形面积计算的结果不相符。解决的方法是定义宏函数时将函数表达式的变量都加上括号，语句如下：

```
#define RESULT(r1,r2,h) ((((r1)+(r2))*(h))/2.0
```

4. 解答：使用双引号（" "）指定文件时，预处理器会先寻找当前程序文件的工作目录中是否有指定的文件，如果找不到，就到系统目录（Include 目录）中寻找，因此程序仍然可以执行，不过效率会差很多。

5. 解答：不同之处在于"替换"的差别。在这两行程序代码中，预处理器不会理会第一行程序代码，pi 只是一个变量名称，然而预处理器会将 PI 替换为 3.14159。

6. 解答：输出结果是 42，而不是预期的 25（5*5），原因在于 C 编译程序将 MUL(++i)展开后会变成如下格式：

```
printf("%d", ++i*++i);
```

由于++运算符的优先级较高，因此输出的结果是 6*7。类似这种宏指令产生的问题在调试时不容易发现。

7. 解答：从命令行参数所读入的值为字符串值，不能直接进行加法运算，我们必须使用 atoi()函数将其转换为整数值。

8. 解答：#ifdef、#ifndef。#ifdef 指令可直接判断程序代码中的宏是否被定义了，而#ifndef 用于判断是否还没被定义。

9. 解答：#undef 指令。

第 13 章
◀ 结构数据类型 ▶

数组可以看成是一种集合，用来记录一组类型相同的数据，如果要同时记录多个数据类型不同的数据，数组就不适用了。这时，C语言的结构类型（Structure）就能派上用场了。简单来说，结构就是一种能让用户自定义的数据类型，并且可以将一种或多种关联的数据类型集合在一起，形成全新的数据类型。

13-1　结构简介

结构能够形成一种派生数据类型（Derived Data Type），是一种以C语言现有的数据类型作为基础，允许用户建立自定义的数据类型。声明结构后，要先告知编译程序产生了一种新的数据类型，还必须声明结构变量，才能够使用结构存取成员。

例如，描述一位学生的成绩数据时，除了要记录学号与姓名等字符串数据外，还必须定义数值数据类型来记录英语、语文、数学等成绩，此时数组就不再适用，可以把这些数据类型组合成结构类型，以简化数据处理的问题。

13-1-1　声明结构变量

声明结构变量有两种方式：第一种方式为结构与变量分开声明，先定义结构主体，再声明结构变量；第二种方式为在定义结构主体时一并声明结构变量。结构的组成必须有结构名称与结构项目，而且必须使用C语言的关键字 struct 来建立，声明方式如下：

```
struct 结构类型名称
{
      数据类型 结构成员1;
      数据类型 结构成员2;
      …
}结构变量1;
或
结构类型名称 结构变量2;
```

在结构定义中可以使用 C 语言的变量、数组、指针甚至是其他结构成员以形成嵌套结构的声明。下面定义一个简单结构：

```
struct person
{
    char name[10];
    int age;
    int salary;
};  /* 务必加上分号; */
```

注意定义后的分号不可省略，通常新手在使用结构定义数据类型时会犯这个错误。还要特别强调的是结构中不能有同名结构存在，下面这种结构声明就是错误的：

```
struct student
{
    char name[80];
    struct student next; /* 不能有同名结构 */
};
```

定义了结构就等于定义了一种新的数据类型，可以按下列声明方式声明结构变量：

```
struct student s1, s2;
```

也可以在定义结构主体的同时声明结构变量：

```
struct student
{
    char name[10];
    int score;
    int ID;
} s1, s2;
```

或者采用不定义结构名称直接声明结构变量，并同时设置初始值：

```
struct
{
    char name[10];
    int score;
    int ID;
} s1={ "Justin",90,10001};
```

13-1-2 存取结构成员

定义完新的结构类型并声明结构变量后，就可以开始使用所定义的结构成员。只要在结构变量后加上点号运算符（.）与结构成员的名称，就可以直接存取对应的数据，语法如下：

```
结构变量.结构成员名称;
```

可以如下设置结构成员：

```
strcpy(p1.name, "Michael"); /* 必须使用 strcpy()函数来设置字符串值 */
p1.age = 23;
p1.salary=30000;
```

也可以在定义结构时同步声明结构变量，语句如下：

```
struct person
{
    char name[10];
    int age;
    int salary;
} p1, p2;
```

如果要将其中一个结构变量的所有成员赋值给另一个结构变量，就必须通过赋值运算符（＝）。例如，将 p1 所有成员赋值给 p2 的范例如下：

```
struct person
{
    char name[10];
    int age;
    int salary;
} p1, p2;

strcpy(p1.name, "Michael");
p1.age = 23;
p1.salary=30000;
p2 = p1;
```

此外，如果在结构类型内声明指针成员，就必须在实体结构变量中以小数点（.）存取指针变量，例如以下程序代码：

```
struct rectangle
{
    float length;
    float *width;/*成员为指针类型*/
};

int main()
{
  struct rectangle rec1;
  float w;

  rec1.length=20;
rec1.width=&w;/*指向实体地址*/
printf("请输入宽度:");
scanf("%f",&w);
printf("面积=%.2f\n",rec1.length*(*rec1.width));
```

```
/*以*rec1.width 存取宽度的值 */
}
```

【范例：CH13_01.c】

下面的范例程序是相当简单的结构声明与应用，其中包含两个整数的结构，以键盘输入的方式存取该结构的成员并打印成员的值。

```
01  #include <stdio.h>
02  #include <stdlib.h>
03
04  int main()
05  {
06      struct
07      {
08          int length;
09          int width;
10      } rectangle;/*声明结构类型与变量*/
11
12      printf("输入长与宽: ");
13      scanf("%d %d", &rectangle.length, &rectangle.width);
14      /*输入长与宽的值*/
15      printf("长=%d 宽=%d\n", rectangle.length, rectangle.width);
16      /* 使用点运算符输出结构变量中各成员的值*/
17      system("pause");
18      return 0;
19  }
```

运行结果如图 13-1 所示。

```
输入长与宽：40 24
长=40 宽=24
请按任意键继续. . .
```

图 13-1　范例程序 CH13_01.c 的运行结果

【程序说明】

第 6~10 行：同时声明结构类型与变量。

第 13 行：输入长与宽的值。

第 15 行：使用点运算符输出结构变量中各成员的值。

13-1-3　结构指针

以结构为数据类型声明的指针就称为"结构指针"。结构指针是一种指向结构的指针。结构指针存储的内容是地址，因此要存取指定结构变量的成员，必须先把结构变量的地址赋值给指针，从而进行间接存取。例如，一个简单的结构如下：

```
struct animal
{
float weight;
  int age;
} tiger;
```

接着，声明一个结构指针：

```
struct animal *getData;  /*声明指向 animal 结构的指针 getData*/
getData = &tiger;   /*将指针指向结构变量 tiger*/
```

这时，如果要存取结构指针的数据成员，就必须使用 "->" 进行存取，或者使用指针的概念，用取值运算符配合 "." 运算符存取，下面是结构指针存取成员的两种方式：

```
结构指针->结构成员名称;  /* 第一种方式 */
(*结构指针).结构成员名称; /* 第二种方式 */
```

简单运用两种存取结构成员的方式如下：

```
getData->weight;
getData->age;
或
(*getData).weight;
(*getData).age;
```

【范例：CH13_02.c】

下面的范例程序说明结构指针的声明与两种存取方式，程序中将声明结构指针 ptr 指向结构变量 m1 与 m2，然后使用结构指针 ptr 分别输出结构成员的值。

```
01 #include <stdio.h>
02 #include <stdlib.h>
03
04 int main()
05 {
06    struct book
07    {
08       char title[30];
09       int price;
10    };
11
12    struct book m1,m2;
13    struct book *ptr;   /* 声明结构指针 */
14
15    printf("第一本书的书名：");
16    scanf("%s",m1.title);
17    printf("书的定价：");
18    scanf("%d", &m1.price);
19
20    printf("第二本书的书名：");
```

```
21      scanf("%s",m2.title);
22      printf("书的定价: ");
23      scanf("%d", &m2.price);
24      printf("---------------------------------\n");
25      ptr = &m1; /* 初始化指针 */
26      printf("第一种结构指针存取方式: \n");
27      printf("书名: ");
28      printf("%s",ptr->title);/* 第一种结构指针存取方式 */
29      printf("\t 书的定价: ");
30      printf("%d",ptr->price);
31
32      ptr = &m2; /* 初始化指针 */
33      printf("\n 第二种结构指针存取方式: \n");
34      printf("书名: ");
35      printf("%s",(*ptr).title);/* 第二种结构指针存取方式 */
36      printf("\t 书的定价: ");
37      printf("%d",(*ptr).price);
38      printf("\n");
39
40      system("pause");
41      return 0;
42  }
```

运行结果如图 13-2 所示。

```
第一本书的书名：黑客大曝光第7版
书的定价：129
第二本书的书名：Scratch动画游戏与创意设计教程
书的定价：69
---------------------------------
第一种结构指针存取方式：
书名：黑客大曝光第7版      书的定价：129
第二种结构指针存取方式：
书名：Scratch动画游戏与创意设计教程      书的定价：69
请按任意键继续. . .
```

图 13-2　范例程序 CH13_02.c 的运行结果

【程序说明】

第 6~10 行：声明结构类型 book，其中有 title 字符串与整数变量 price 两个成员。

第 12 行：声明两个 book 结构变量 m1 与 m2。

第 13 行：声明结构指针 ptr。

第 25 行：初始化指针，将 ptr 指向 m1 结构变量。

【范例：CH13_03.c】

下面的范例程序用于示范：如果结构类型内已经声明指针成员，要以结构指针存取数据成员，就必须以 -> 运算符存取指针成员及其他数据成员。

```
01  #include <stdio.h>
```

```
02  #include <stdlib.h>
03
04  struct rectangle
05  {
06      float length;
07      float *width;
08  };  /*声明结构类型*/
09
10  int main()
11  {
12      struct rectangle rec;
13      struct rectangle *rec1;/*声明为结构指针*/
14
15      float w;
16
17      rec.length=3.5;
18      printf("请输入宽度 :");
19      scanf("%f",&w);
20      rec.width=&w;
21      rec1=&rec;
22      printf("面积=%.2f\n",rec1->length*(*rec1->width));
23      /* rec1 为结构指针的存取方式 */
24
25      system("pause");
26      return 0;
27  }
```

运行结果如图 13-3 所示。

```
请输入宽度 :20
面积=70.00
请按任意键继续. . . ■
```

图 13-3　范例程序 CH13_03.c 的运行结果

【程序说明】

第 4~8 行：声明结构类型。

第 13 行：声明 rect1 为结构指针。

第 22 行：以 -> 运算符存取指针成员及其他数据成员，并计算面积。

13-1-4　动态分配结构变量

除了上述基本结构类型声明外，如果在编写程序时无法决定要分配多少内存空间给结构变量，就可以使用动态分配方式。例如，有一种商品数据 product 为基本结构，其中包含商品名称 name [10]、单价 price、数量 amount 共 3 个字段。我们将以动态分配方式产生一个与该结构的数据类型相同的变量，并将用户所输入的数据存储到该变量中。

首先，定义数据结构 product，其中包含 3 个字段：产品名称 char name[10] 为 10 个字符的字符数组、单价 int price 为整数类型的变量、数量 int amount 为整数类型的变量。另外，声明 product *list 是一个指向 product 类型的指针。其语句如下：

```
list=(product *)malloc(sizeof(product));
```

如果以 sizeof(product) 取出 product 所占的字节数并分配内存，返回给指针 list，该变量就会真正在内存中占有空间，并可通过 list 变量进行存取。

值得注意的是，原本在结构变量中存取各成员时是以 "." 运算符存取的。若程序声明 list 变量为 product list，而非 product *list，则存取成员变量应为 list.name[10]、list.price、list.amount。然而以 product *list 声明并以动态方式分配内存时，如果要存取各成员变量，就必须改以 "->" 运算符存取，即 list->name[10]、list->price、list->amount。

【范例：CH13_04.c】

下面的范例程序将示范如何以动态分配方式产生一个结构变量，将用户所输入的数据存储到该变量中，并将其输出到屏幕上。

```
01  #include <stdio.h>
02  #include <stdlib.h>
03  #include <string.h>
04
05  struct product{
06      char name[10];          /*产品名称*/
07      int price;              /*单价 */
08      int amount;             /*数量 */
09  };
10
11  int main()
12  {
13
14      struct product *list;
15      list=(struct product *)malloc(sizeof(struct product));
16      /*动态分配一个结构变量*/
17      printf("请输入产品名: ");
18      scanf("%s",list->name);
19      printf("请输入单价: ");
20      scanf("%d",&list->price);
21      printf("请输入数量: ");
22      scanf("%d",&list->amount);
23      printf("================\n");
24      printf("产品名   单价   数量\n");
25      printf("================\n");
26      printf("%s  %d  %d\n",list->name,list->price,list->amount);
27      /*输出各项结构成员*/
```

```
28        printf("================\n");
29
30        system("PAUSE");
31        return 0;
32    }
```

运行结果如图 13-4 所示。

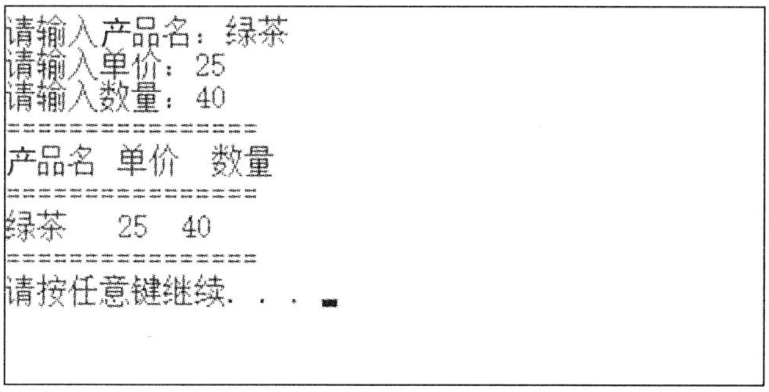

```
请输入产品名：绿茶
请输入单价：25
请输入数量：40
================
产品名 单价  数量
================
绿茶    25  40
================
请按任意键继续. . .
```

图 13-4　范例程序 CH13_04.c 的运行结果

【程序说明】

第 5~9 行：声明商品数据 product 为基本结构，包含商品名称 name [10]、单价 price、数量 amount 共 3 个字段。

第 14 行：声明一个结构指针。

第 15 行：动态分配此结构变量的内存。

第 26 行：存取与输出各项结构成员的数据值。

13-1-5　结构数组

如果要同时声明几个同样结构的数据，一个一个声明就会没有效率，此时可以将其声明成结构数组。声明方式如下：

```
struct 结构名称 结构数组名[数组长度 ];
```

例如，声明 student 类型的结构数组 class1：

```
struct student
{
 char name[20];
int math;
int english;
  };
struct student class1[3]=
 {{"方立源",88,78},{"陈忠忆",80,97},{"罗国辉",98,70}};
```

要存取结构数组的成员，在数组后面加上 [下标值] 存取该元素即可，例如：

结构数组名[下标值].数组成员名称

【范例：CH13_05.c】

下面的范例程序将定义 student 结构，将其声明为 3 个元素的结构数组，并计算这 3 个学生的数学与英语平均成绩，最后输出 3 位学生的姓名、数学与英语成绩。

```
01  #include <stdio.h>
02  #include <stdlib.h>
03
04  int main()
05  {
06    struct student
07    {
08     char name[10];/*可存储10个字符的字符串*/
09     int math;
10     int english;
11    }; /* 定义结构 */
12
13    struct student class1[3]=
14    {{"张三",87,69},{"李四",77,88},{"金五",78,70}};
15    /* 定义并设置结构数组初始值 */
16    int i;
17    float math_Ave=0,english_Ave=0;
18
19    for(i=0;i<3;i++)
20    {
21     math_Ave=math_Ave+class1[i].math;/* 计算数学总分 */
22     english_Ave=english_Ave+class1[i].english;/* 计算英语总分 */
23     printf("姓名:%s\t 数学成绩:%d\t 英语成绩:%d\n",class1[i].name,class1[i].math,
24     class1[i].english);
25    }
26    printf("--------------------------------------------\n");
27    printf("数学平均分数:%4.2f  英语平均分数:%4.2f\n",math_Ave/3,english_Ave/3);
28
29    system("pause");
30    return 0;
31  }
```

运行结果如图 13-5 所示。

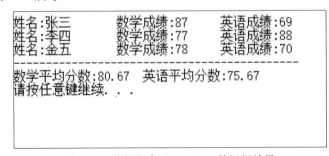

图 13-5 范例程序 CH13_05.c 的运行结果

【程序说明】

第 6~11 行：定义 student 结构，其中包括字符串 name、整数 math 与整数 english 三种数据成员。

第 8 行：声明 name 为可存储 10 个字符的字符串。

第 13、14 行：定义并直接设置 3 个元素的结构数组初始值。

第 21 行：计算数学总分。

第 22 行：计算英语总分。

第 27 行：计算 3 个学生的两科平均成绩。

13-1-6　嵌套结构

结构内的成员可以声明各种不同数据类型的变量，这些数据类型可以是一种自定义的结构类型，这种在结构中声明另一个结构的结构就是嵌套结构。嵌套结构的声明格式如下：

```
struct 结构名称1
{
    ......
};
struct 结构名称2
{
......
    struct 结构名称1 变量名称;
    ......
  }
```

例如，下面的代码段中定义了 employee 结构，并使用原先定义好的 name 结构声明 employee_name 成员、定义 m1 结构变量：

```
struct name
{
 char first_name[10];
 char last_name[10];
};
struct employee
{
 struct name employee_name;
 char mobil[10];
 int salary;
} m1={ {"致远","陈"},"0932888777",40000};
```

当然，也可以将嵌套结构用以下方式编写，内层结构被包于外层结构下，可省略内层结构的名称定义：

```
struct employee
{
```

```
    struct
{
    char first_name[10];
      char last_name[10];
} employee_name;
 char mobil[10];
    int salary;
} m1={ {"致远","陈"},"0932888777",40000};
```

嵌套结构的成员存取方式为由外层结构对象加上小数点（.）存取内层结构对象，然后继续存取内层结构对象的成员，一层接着一层。

【范例：CH13_06.c】

下面的范例程序定义了一个嵌套结构 product，其数据成员包含重量（weight）与规格（scale）。规格（scale）属于 size 结构的变量，由长（length）、宽（width）与高（height）3 个成员组成。在此程序中声明并设置一个 parcel 类型的变量 large，并输出所有成员的数据。

```
01 #include <stdio.h>
02 #include <stdlib.h>
03
04 int main()
05 {
06    struct size /* 定义结构 size */
07    {
08      int length;
09      int width;
10      int height;
11    };
12    struct parcel      /* 定义嵌套结构 parcel */
13    {
14      float weight;
15      struct size scale;
16    } large={35.8,{160,90,70}};   /* 声明结构变量 large*/
17
18    printf("箱子重量:%0.1f 公斤\n",large.weight);
19    printf("箱子长度:%d 厘米\n",large.scale.length);
20    printf("箱子宽度:%d 厘米\n",large.scale.width);
21    printf("箱子高度:%d 厘米\n",large.scale.height);
22
23    system("pause");
24    return 0;
25 }
```

运行结果如图 13-6 所示。

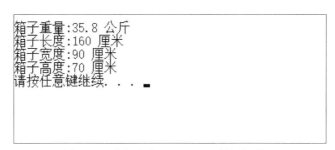

图 13-6 范例程序 CH13_06.c 的运行结果

【程序说明】

第 6~11 行：定义结构 size，包含 3 个成员变量。

第 12~16 行：定义嵌套结构 parcel，并声明结构变量 large。

第 18~21 行：以小数点（.）存取内层结构对象，再存取内层结构对象的成员，一层接着一层。

13-2 链表

在计算机处理数据的过程中，数据与数据之间的关系时常是错综复杂的。要将多个同类数据聚合在一起，可以使用数组；要将不同类型的数据聚合在一起，可以使用结构；要将多个、多种数据聚合在一起，可以使用结构变量数组。

如果在编写程序时无法决定所需数据的项数，只能留给用户决定，就可以使用动态分配内存的方式。也就是说，允许用户输入需要的大小，再动态分配内存。不过，这是相当没有效率的做法。如果用户获取的数据有成千上万项，岂不是要让用户先逐一算完有几项，才能根据数据项数来动态分配内存。其实，这类问题能够以更有效率的方法来解决，例如使用链表（Linked List）。

链表是由许多相同数据类型的项按照特定顺序排列而成的线性表，特性是在计算机内存中的位置是不连续且随机（Random）存在的，优点是数据的插入或删除都相当方便，有新数据加入就向系统申请一块内存空间，数据删除后就把空间还给系统。

日常生活中有许多链表的抽象运用，例如把"链表"想象成和谐号动车，有多少人就挂多少节车厢，假日人多需要较多车厢时可多挂些车厢，人少了就把车厢数量减少，十分灵活且富有弹性，如图 13-7 所示。

图 13-7 链表结构类似于和谐号动车

13-2-1　链表的建立

链表是将具有相同结构的多个结构变量串接在一起，是一种相当常用的数据结构。这里所使用的串接方式就是指针。用户要先定义每一项数据的类型，当要添加一项数据时，动态分配内存并将新分配的数据与原来的数据以指针串接起来即可。下面介绍一个使用结构建立链表的范例。

首先，定义一个数据结构 node，用以表示每个节点的数据：

```
struct node
{
    int value;              /*表示节点所含的数据*/
    struct node *next;      /*表示指向下一个同类型的指针*/
};
```

为了简化我们要说明的概念，在此使用字段 value 表示节点内所包含的数据。另一个字段是同样指向 node 结构类型的指针 *next，如图 13-8 所示。

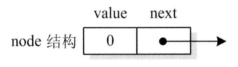

图 13-8　链表节点的示意图

第 13-2-2 小节程序的目的是让用户动态输入数据，并在输入数据后分配内存以存储新节点的数据。接下来程序会将新的节点附加在原有的链表上。如果用户已经结束输入数据，可以设计成只要输入 -1 ，就表示输入完毕。

13-2-2　链表程序的实现

接下来使用 C 语言实现一个线性链表，在这个程序开头先声明 3 个指针 *ptr、*head、*newnode，而且每一个指针变量都是指向 node 类型的结构。其中，*head 变量指向链表的起始节点，*ptr 指向链表的尾部节点，如图 13-9 所示。建立链表时要遵循以下步骤：

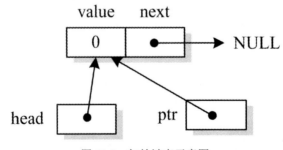

图 13-9　初始链表示意图

1. 建立 head 部分（链表头部），head 和 ptr 指向同一个节点。
2. 建立一个新节点，并且由 newnode 指向该节点，此节点先指向 NULL。

3. ptr->next 指向 newnode 所指向的节点，如图 13-10 所示。

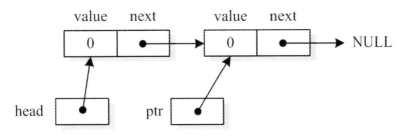

图 13-10 建立链表基本步骤的示意图

【范例：CH13_07.c】

下面的范例程序是建立一个简单的链表，原理是使用自定义结构数据类型在结构中定义一个指针字段，其数据类型与结构相同，用意是指向下一个链表节点，并且至少有一个数据字段。

```
01 #include <stdio.h>
02 #include <stdlib.h>
03
04 struct node{
05     int value;
06     struct node *next;
07 };
08
09 int main()
10 {
11     int num=0,i;
12     struct node *ptr,*head, *newnode;
13     head = ptr = newnode = NULL;
14     printf("请输入一个数字：(输入-1 则结束)");
15     scanf("%d",&num);
16
17     if(num!=-1)
18     {
19         ptr=(struct node *)calloc(1,sizeof(struct node));
20         head=ptr;
21         ptr->next=NULL;
22         ptr->value=num;
23     }   /*建立首节点*/
24     while(num!=-1){
25         printf("请输入一个数字：(输入-1 则结束)");
26         scanf("%d",&num);
27         if(num==-1){
28             break;/* num=-1 则跳出循环 */
29         }
30         newnode=(struct node*)calloc(1,sizeof(struct node));
31     /*动态分配一个节点内存*/
32         ptr->next=newnode;
```

```
33          ptr=newnode;/*ptr 移到链表头部*/
34          ptr->next=NULL;/*指向空节点*/
35          ptr->value=num;/*value 成员值设置为num*/
36      }
37
38      ptr=head;
39      for(i=1;ptr!=NULL;i++){
40          printf("第%d 个节点是：%d\n",i,ptr->value);
41          ptr=ptr->next;
42      }/*输出链表中的每一个节点*/
43
44      system("PAUSE");
45      return 0;
46 }
```

运行结果如图 13-11 所示。

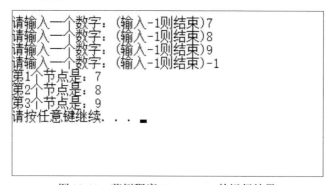

图 13-11   范例程序 CH13_07.c 的运行结果

【程序说明】

第 4~7 行：自定义一个结构数据类型 node。

第 12 行：声明 3 个类型为 node * 的指针变量 *head、*ptr、*newnode。其中，*head 变量指向链表的起始点，*ptr 变量指向链表的结束点。

第 19 行：每当要动态分配一个新的节点时，就由 *newnode 指针变量进行分配，并记录新节点的地址信息，使得后续得以加入链表。

第 39、40 行：输出链表中的每一个节点。

以上建立链表的基本步骤对动态添加数据非常方便，那么可以做一些什么运用呢？下面举一个教师计算成绩的范例，使用链表的类型重新展示一遍。

【范例：CH13_08.c】

下面的范例程序要求用户逐一输入学生的姓名和期中、期末、平时成绩。输入完毕后以-1 -1 -1 -1 结束，会输出所有学生的各项成绩并显示平均成绩。在此采用学校中平均成绩的计算方式，即期中成绩占 30%、期末成绩占 40%、平时成绩占 30%。

```
01 #include <stdio.h>
02 #include <stdlib.h>
```

```
03  #include <string.h>
04
05  struct grades_node{
06      char name[10];
07      int mid; /*期中成绩*/
08      int final;   /*期末成绩*/
09      int usual;   /*平时成绩 */
10      float avg;    /*平均成绩 */
11      struct grades_node *next;
12  };
13  int main()
14  {
15      int num=0,i;
16      struct grades_node *ptr, *head, *newnode;
17      int mid,final,usual;
18      char name[10];
19
20      head = ptr = newnode = NULL;
21      printf("请输入：姓名 期中成绩 期末成绩 平时成绩 \n");
22      scanf("%s %d %d %d",name,&mid,&final,&usual);
23
24      if(num!=-1 ){
25          ptr=(struct grades_node *)malloc(sizeof(struct grades_node));
26          head=ptr;
27          ptr->next=NULL;
28          strcpy(ptr->name,name);
29          ptr->mid=mid;
30          ptr->final=final;
31          ptr->usual=usual;
32          ptr->avg=0.3*ptr->mid+0.4*ptr->final+0.3*ptr->usual;
33      }
34      do{
35          printf("请输入：姓名 期中成绩 期末成绩 平时成绩(输入 -1 -1 -1 -1 结束)\n");
36          scanf("%s %d %d %d",name,&mid,&final,&usual);
37
38          newnode=(struct grades_node*)malloc(sizeof(struct grades_node));
39          /*动态分配新节点*/
40          if(strcmp(name,"-1")==0){
41              break;
42          }
43          ptr->next=newnode;
44          ptr=newnode;
45          ptr->next=NULL;
46          strcpy(ptr->name,name);/*拷贝字符串值*/
47          ptr->mid=mid;
48          ptr->final=final;
49          ptr->usual=usual;
50          ptr->avg=0.3*ptr->mid+0.4*ptr->final+0.3*ptr->usual;/*成绩计算公式*/
51      }while(strcmp(name,"-1")!=0);
52
```

```
53      ptr=head;
54
   printf("--------------------------------------------------------------\n");
55      printf(" 姓名 期中成绩  期末成绩  平时成绩  平均成绩\n");
56
   printf("--------------------------------------------------------------\n");
57
58      for(i=1;ptr!=NULL;i++){
59          printf("%d: %s\t%d\t%d\t%d\t%4.2f\n",
60      i,ptr->name,ptr->mid,ptr->final,ptr->usual,ptr->avg);
61          ptr=ptr->next;
62      }   /*输出所有学生成绩*/
63
   printf("--------------------------------------------------------------\n");
64
65      system("PAUSE");
66      return 0;
67  }
```

运行结果如图 13-12 所示。

图 13-12　范例程序 CH13_08.c 的运行结果

【程序说明】

第 5~12 行：定义一个数据结构 struct grades_node 记录学生成绩，包含字符串类型的 name 字段，用以记录学生姓名；整数类型的 mid、final、usual 字段，分别为期中、期末、平时成绩；浮点类型的 avg 字段表示平均成绩。

第 28、46 行：拷贝字符串值。

第 38 行：动态分配新节点。

第 50 行：成绩计算公式。

13-3　函数与结构

由于结构是一种用户自定义的数据类型，并不是基本数据类型，因此要在函数中传递结构类型，必须在全局范围内事先声明，声明后其他函数才可以使用此结构类型定义变量。在 C 语言中，函数的结构数据传递也可以使用传值调用和传址调用两种参数传递方法。

13-3-1　结构参数与传值调用

传值调用会将整个结构变量复制到函数中，在函数中更改传来的参数值，不过主函数内结构变量的值并不会被更改，当结构对象容量很大时，如果使用传值调用，就会占用许多内存，从而降低程序执行的效率。结构传值调用的函数声明如下：

```
函数类型 函数名称(struct 结构名称 结构变量)
{
    函数主体;
}
```

调用函数的语法如下：

```
函数名称(结构变量);
```

13-3-2　结构参数与传址调用

传址调用传入的参数为指向结构数据类型的内存地址，以&运算符将地址传给函数。如果在函数中更改了传来的参数值，那么主程序内结构变量的值也会同步更改。函数原型声明如下：

```
函数类型 函数名称(struct 结构名称 *结构变量);
或
函数类型 函数名称(struct 结构名称 *);
```

结构传址调用的函数声明如下：

```
函数类型 函数名称(struct 结构名称 *结构变量)
{
    函数主体;
}
```

调用函数的语法如下：

```
函数名称(&结构变量);
```

13-4 上机程序测验

1. 请设计一个 C 程序，使用指针常数方式存取以下结构数组内的各个元素值：

```
struct student
{
    char name[15];
     int score;
 };
struct student class1[5] = { {"周小仑", 90},{"程小春", 85},{"吴金金", 88},{"张小风", 75},{"
汪青青", 80} };
```

解答：参考范例程序 ex13_01.c

2. 请设计一个 C 程序，使用指针变量 product *list 产生一个动态一维结构数组，根据 sizeof(product) 获取 product 结构的大小，并乘上元素个数 kind_num 来分配动态一维数组的空间，让用户能输入与输出产品名、单价与数量：

```
struct product{
char name[10];
int price;
int amount;
} product;
struct product *list;
int i,kind_num;
```

解答：参考范例程序 ex13_02.c

3. 请设计一个 C 程序，可输入一份书籍订购单，包含书名、单价及数量。使用传值调用方式将结构变量传递到函数中计算定购总额：

```
struct product
{
   char name[20];
   int price;
   int number;
};
```

解答：参考范例程序 ex13_03.c

4. 请设计一个 C 程序，使用一个结构传值调用函数传递两个结构变量，进行两个成员数值大小的比较，并输出重量（weight）较大者：

```
struct box
  {
    int length;
    int width;
    int height;
    float weight;
  };
```

```
struct parcel /*嵌套结构 */
   {
     int price;
     struct box scale;
   };
```

解答：参考范例程序 ex13_04.c

5. 请设计一个 C 程序，使用结构传址调用函数传递一个结构数组变量，如数组元素的价格（price）数据成员大于 1200 就可享有 5 折优惠，更改 price 成员的值并返回，最后输出此数组所有成员：

```
struct box
  {
     int length;
     int width;
     int height;
     float weight;
  };
struct parcel
  {
     int price;
     struct box scale;
  };
struct parcel desk={1500,{130,145,153,12.5}};
```

解答：参考范例程序 ex13_05.c

6. 请设计一个 C 程序，使用 malloc()函数动态分配一个内存空间给结构变量，在程序结束前使用 free() 释放所分配的资源，并输入与输出成员的数据。该结构如下：

```
struct employee
{
     char division[20];
     int salary;
};
```

解答：参考范例程序 ex13_06.c

7. 请设计一个 C 程序，通过 sizeof 运算符求出结构变量所占的内存空间大小。该结构如下：

```
struct book
{
     char title[30];
     int price;
} sample;
```

解答：参考范例程序 ex13_07.c

8. 请设计一个 C 程序，让结构指针数组 s2 的每个元素都指向结构数组 s1 的每个元素，对 s2 数组的数据进行冒泡法排序，并根据定价从小到大输出所有数组元素的数据成员。s1 数组的内容如下：

```
struct book s1[5] = { {"计算机概论",590},
              {"多媒体概论",540},
              {"网页三合一",500},
               {"Java 程序设计",620},
               {"数据库理论",580},
               }
```

解答：参考范例程序 ex13_08.c

9. 请设计一个 C 程序，使用 tall()函数接收两个外部输入的结构变量，并根据数据成员 height 的大小决定哪一个人身高比较高。该结构变量如下：

```
struct member    /* 定义全局的结构 member */
{
  char name[10];
  int height;
};
```

解答：参考范例程序 ex13_09.c

10. 请设计一个 C 程序，使用结构变量作为返回值，由用户输入交易明细数据，计算小计并打印出账单。由于本程序同时将分配结构变量与计算的工作交给函数进行，因此使用双重指针 record **r 进行动态数组的分配。

解答：参考范例程序 ex13_10.c

11. 汉字由两个字节组成，第一个汉字编码为 0xA440，请设计一个 C 程序，使用结构存储前 10 个汉字并将其显示出来。

解答：参考范例程序 ex13_11.c

12. 假设有以下结构类型：

```
struct product
{
   char  name[30];
   int price;
   float discount;
} desk;
```

请设计一个程序输出结构变量 desk 一共占了多少字节。

解答：参考范例程序 ex13_12.c

13-5 课后练习

【问答与实践题】

1. 请问下面的代码段中哪一行会发生编译错误？

```
1  struct flower
2  {
3      /* 花的名称 */
4      char *name;
5  };
6  struct flower fruit_flower[5];
7  fruit_flower.name[0]= " lotus";
```

2. "结构指针"的作用是什么？

3. 请举一个实例说明如何声明嵌套结构。

4. 有一个结构内容如下：

```
struct circle
{
float r;
  float pi;
float area;
};
```

且声明为结构指针：

```
struct circle *getData;
getData = &myCircle;
```

请按照上述程序代码写出两种结构指针的存取方式？

5. 请举例声明一个包含5个成员的结构数组，并设置其初值。

6. 试说明嵌套结构的内容与优点。

7. 以下的声明有什么错误？

```
struct member
{
    char name[80];
    struct member no;
}
```

8. 以下代码段将建立具有 5 个元素的 student 结构数组，数组中每个元素都各自拥有字符串 name 与整数成员 score：

```
struct student
{
char name[10];
int score;
};
struct student class1[5];
```

请问此结构数组共占多少字节？

【习题解答】

1. 解答：第 7 行。发生编译错误的原因主要是程序不知道到底要存取哪一个元素的结构成员，所以必须将下标值[0]更正放在 flower 后面（fruit_flower[0].name= " lotus";），如此才可以让程序执行无误。

2. 解答：如果以结构为数据类型声明指针变量，此指针就称为"结构指针"。虽然结构变量可以直接对其成员进行存取，但由于结构指针是以此结构为数据类型的指针变量，所存储的内容是地址，因此还是和一般指针变量一样，必须先把结构变量的地址赋值给指针，才能间接存取其指向的结构变量成员。

3. 解答：

```
struct grade
 {
    struct
    {
       char *name;
       int height;
       int weight;
    } std[3];   /*省略了内层结构的名称定义，直接使用 grade 结构定义*/
    char *teacher;
 };
```

4. 解答：

第一种结构指针的存取方式：

```
printf("getData->r = %.2f\n", getData->r);
printf("getData->pi = %.2f\n", getData->pi);
printf("getData->area = %.2f\n", getData->area);
```

第二种结构指针的存取方式：

```
printf("(*getData).r = %.2f\n", (*getData).r);
printf("(*getData).pi = %.2f\n", (*getData).pi);
printf("(*getData).area = %.2f\n", (*getData).area);
```

5. 解答：

```
struct student
    {
       char name[10];
       int score;
    };/* 声明 student 结构 */
    struct student class1[5] = { {"吴益政", 88},
                     {"蓝心梅", 98},
                     {"周玉女", 87},
                     {"蒋芳彦", 95},
                     {"陈元甲", 83} };/* 设置 5 个成员的初值 */
```

6．解答：结构类型既然允许用户自定义数据类型，我们也可以在一个结构中声明与创建另一个结构对象，称之为嵌套结构。嵌套结构的好处是在已建立好的数据分类上继续分类，会将原来的数据再进行细分。

7．解答：结构中不能有同名结构存在，且该声明最后没有以分号作为结束。

8．解答：70 字节。

第 14 章
◀其他自定义数据类型与项目设计▶

虽然 C 语言的自定义数据类型在面向对象概念之前出现，但是俨然具备了对象概念的雏形，足以用来表现真实世界中独立的个体数据。所谓自定义数据类型，就是自行创建的数据类型定义名称，在程序中用自定义的数据类型声明变量。在 C 语言中，除了结构（struct）自定义数据类型外，还包含枚举（enum）、联合（union）与类型定义（typedef）3 种自定义数据类型。

14-1　类型定义指令

所谓类型定义（typedef）功能，就是可以定义自己喜好的数据类型名称，将已有的数据类型以另一个名称重新定义，目的是让程序的可读性更高。声明语法如下：

```
typedef 原数据类型 新定义类型的标识符
```

例如，简单定义一种数据类型：

```
typedef int integer;
integer age=120;
type char* string;
string s1="生日快乐"
```

类型定义的作用范围

经过 typedef 重新定义的新类型的作用范围仍和声明时是全局性或局部性有关。如果仅在函数中声明，就只能在此函数中使用。但如果放在主程序 main() 之前，新定义类型的标识符就会是全局的，程序中的其他函数或在任何地方都可以使用这个新定义的名称。

此外，使用 #define 指令也可以达到所要的效果，例如程序员使用 typedef 指令将 int 重新定义为 integer：

```
typedef int integer;
integer age=20;
```

经过以上声明，int 和 integer 都成为整数类型。如果重新定义结构类型，程序代码声明就不必每次加上 struct 保留字了，例如：

```
typedef struct house
{
    int roomNumber;
    char houseName[10];
} house_Info;

house_Info  myhouse;
```

【范例：CH14_01.c】

下面的范例程序用于示范类型定义指令（typedef）重新定义 int 类型与字符数组，重新定义结构后就不必加上 struct 保留字了。

```
01  #include <stdio.h>
02  #include <stdlib.h>
03
04  typedef int INTEGER;/* 把 int 定义成 INTEGER */
05  typedef char* STRING;/* 把 char*定义成 STRING */
06
07  int main()
08  {
09      INTEGER amount;/* 声明 amount 是 INTEGER 类型 */
10      STRING s1="生日快乐";/* 声明 s1 是 STRING 类型 */
11      amount=9999;
12      printf("%s %d\n",s1,amount);
13
14      system("pause");
15      return 0;
16  }
```

运行结果如图 14-1 所示。

图 14-1　范例程序 CH14_01.c 的运行结果

【程序说明】

第 4 行：把 int 类型定义成 INTEGER。

第 5 行：把 char*定义成 STRING。

第 9 行：声明 amount 为 INTEGER 类型。

第 10 行：声明 s1 为 STRING 类型。

【范例：CH14_02.c】

下面的范例程序让大家了解如何使用传址调用方式传递使用 typedef 定义后的新类型结构数组，并加以排序。

```c
01  #include <stdio.h>
02  #include <stdlib.h>
03
04  struct student
05  {
06      char name[10];
07      int score;
08  };
09  typedef struct student snd;     /* 定义数据类型名称为 sdn */
10
11  void sort(snd*);     /* 按成绩进行排序 */
12
13  int main(void)
14  {
15      snd s[5] = {{"Justin", 90},
16                  {"momor", 53},
17                  {"Becky", 84},
18                  {"bush",  75},
19                  {"Snoopy", 93}};
20      int i;
21
22      puts("排序前: ");
23      for(i = 0; i < 5; i++)
24          printf("姓名: %s\t 成绩: %d\n", s[i].name, s[i].score);
25
26      sort(s);
27
28      puts("排序后: ");
29      for(i = 0; i < 5; i++)
30          printf("姓名: %s\t 成绩: %d\n", s[i].name, s[i].score);
31
32      system("pause");
33      return 0;
34  }
35
36  void sort(snd* fs)
37  {
38      int i, j;
39      snd temp;
40
41      for(j = 5; j > 0; j--)
42        for(i = 0; i < j - 1; i++)
43            if( fs[i].score < fs[i+1].score)
44            {
45                temp = fs[i+1];   /* 复制结构对象 */
```

```
46              fs[i+1] = fs[i];
47              fs[i] = temp;
48          }
49  }
```

运行结果如图 14-2 所示。

```
排序前:
姓名:Justin    成绩: 90
姓名:momor     成绩: 53
姓名:Becky     成绩: 84
姓名:bush      成绩: 75
姓名:Snoopy    成绩: 93
排序后:
姓名:Snoopy    成绩: 93
姓名:Justin    成绩: 90
姓名:Becky     成绩: 84
姓名:bush      成绩: 75
姓名:momor     成绩: 53
请按任意键继续. . .
```

图 14-2 范例程序 CH14_02.c 的运行结果

【程序说明】

第 9 行：以 typedef 定义新数据类型，名称为 snd。

第 15~19 行：声明 snd 类型的数组 s，并设置初始值。

第 29~30 行：由于数组是传址方式，因此排序后的结果会直接影响 s 数组，只要直接在主函数中再次显示 s 的内容即可显示排序后的结果。

第 36~49 行：以冒泡排序法对 fs 数组进行排序，使用的概念是如果两个结构对象变量相同，就可以直接使用赋值运算符进行成员数据的复制。

14-2 枚举指令

枚举（enum）是一种很特别的常数定义方式，是将一组常数集合成枚举成员，并给予各个常数不同的命名。使用枚举类型的声明可以使用有意义的名称指定方式取代不易判读意义的整数常数，使用枚举类型的好处是让程序代码更具可读性，方便程序员编写。

枚举类型的定义及声明方式和结构类以，声明是以 enum 为关键字，enum 后面就是枚举类型名称，声明语法如下：

```
enum 枚举类型名称
{
    枚举成员 1,
    枚举成员 2,
    ......
}
enum 枚举类型名称 枚举变量 1,枚举变量 2...; /* 声明变量 */
```

例如以下声明：

```
enum fruit
{
  apple,
  banana,
  watermelon,
  grape
}; /* 定义枚举类型 fruit */
enum fruit fru1,fru2; /* 声明枚举类型 fruit 的变量 */
```

枚举成员的常数值

在声明枚举类型时，如果没有指定枚举成员的常数值，C 语言就会将第一个枚举成员自动设置为 0，后面的枚举成员的常数值按序递增。枚举成员的值不一定要从 0 开始，如果要设置枚举成员的初始值，可在声明的同时直接设置。如果没有设置初始值（如 tea），C 语言就会以最后一次设置常数值的枚举成员为基准，按序递增并赋值。例如以下语句：

```
enum Drink
    {
    coffee=20,  /* 值为 20 */
    milk=10,    /* 值为 10 */
    tea,        /* 值为 11 */
    water       /* 值为 12 */
    };
```

下面的语句是定义 Drink 枚举类型并声明这种枚举类型的变量 my_drink 与 his_drink：

```
enum Drink
    {
    coffee=10, /* 值为 10 */
    milk,      /* 值为 11 */
    tea,       /* 值为 12 */
    water      /* 值为 13 */
    }my_drink;

enum Drink his_drink;
```

【范例：CH14_03.c】

下面的范例程序用来示范枚举类型的声明与应用，并使用 for 循环将所有水果名称显示出来。

```
01  #include <stdio.h>
02  #include <stdlib.h>
03
04  int main()
05  {
```

```
06    enum fruit { APPLE = 1, BANANA, WATERMELON, GRAPE };
07    /* 定义枚举类型 fruit */
08    char *fruit_name[] = { "apple", "banana",
09                    "watermelon", "grape"};
10    int i;
11    for(i = APPLE; i <= GRAPE; i++)
12       printf("第 %d 水果名称: %s\n", i,fruit_name[i-1]);
13    /*第 1 个枚举常数 apple 的默认值为 1,依次递增*/
14    system("pause");
15    return 0;
16 }
```

运行结果如图 14-3 所示。

```
第 1 水果名称: apple
第 2 水果名称: banana
第 3 水果名称: watermelon
第 4 水果名称: grape
请按任意键继续. . .
```

图 14-3　范例程序 CH14_03.c 的运行结果

【程序说明】

第 6 行：定义枚举类型 fruit，第 1 个枚举常数 APPLE 的默认值为 1，第 2 个枚举常数 BANANA 的默认值为 2，第 3 个枚举常数 WATERMELON 的默认值为 3，第 4 个枚举常数 GRAPE 的默认值为 4。

第 8、9 行：声明一个字符串数组。

第 11、12 行：使用枚举常数输出字符串数组元素。

14-3　联合指令

联合类型指令（union）与结构类型指令（struct）无论是在定义方法还是成员存取上都十分相似，不过结构类型指令所定义的每个成员都拥有各自的内存空间，而联合成员是共享内存空间的，如图 14-4 所示。

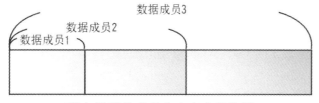

联合类型的成员在内存中的位置

图 14-4　联合类型的成员在内存中的位置示意图

联合类型的两种声明方式如下：

```
union 联合类型名称
{
    数据类型 1 数据成员 1;
    数据类型 2 数据成员 2;
数据类型 3 数据成员 3;
        ......
}联合变量;

union 联合类型名称 联合变量;
```

例如:

```
union student
{
 char name[10]; /* 占 10 bytes 空间 */
 int score;      /* 占 4 bytes 空间 */
};
```

联合成员的存取方式

联合变量内的成员以同一个内存区块存储数据,并以占最大长度内存的成员为联合的空间大小。例如,定义联合类型 Data 时,u1 联合对象的长度会以字符数组 name 为主,也就是20个字节:

```
union Data
{
    int a;
    int b;
    char name[20];
} u1;
```

定义完新的联合类型并声明联合变量后,就可以开始使用所定义的数据成员了。只要在联合变量后加上成员运算符(.)与数据成员名称,就可以直接存取数据成员的数据:

```
联合对象.数据成员;
```

【范例:CH14_04.c】

下面的范例程序用于比较用联合类型和结构类型分别声明相关变量所占内存空间的大小,其中两个数据成员所占空间一致,从程序的输出结果可以看出联合类型是共享内存空间的。

```
01  #include <stdio.h>
02  #include <stdlib.h>
03
04   struct product
05   {
06      int id;
07      int price;
```

```
08      float weight;
09  }; /* 声明结构类型 */
10
11  union product_U
12  {
13      int id;
14      int price;
15      float weight;
16  }; /* 声明联合类型 */
17
18  int main()
19  {
20      struct product obj1;/* 结构变量 */
21      union product_U obj2; /* 联合变量 */
22      printf("结构变量占用=%d 字节\n",sizeof(obj1));
23      printf("联合变量占用=%d 字节\n",sizeof(obj2));
24
25      system("pause");
26      return 0;
27  }
```

运行结果如图 14-5 所示。

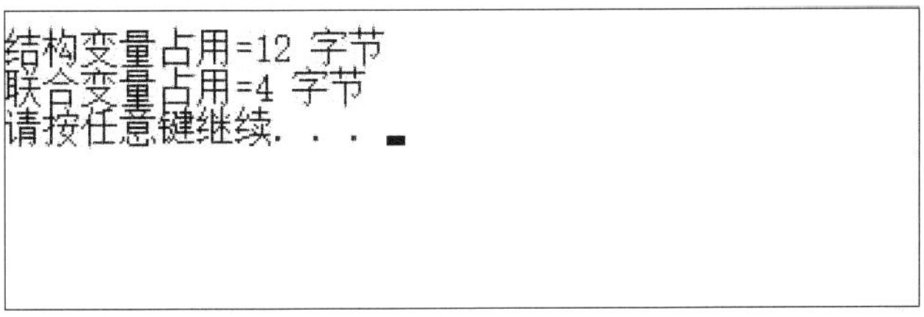

```
结构变量占用=12 字节
联合变量占用=4 字节
请按任意键继续. . .
```

图 14-5 范例程序 CH14_04.c 的运行结果

【程序说明】

第 5~9 行：声明结构类型。

第 11~16 行：声明联合类型。

第 20 行：声明结构变量。

第 21 行：声明联合变量。

第 22 行：输出此结构变量所占用内存空间的大小（字节数）。

第 23 行：输出此联合变量所占用内存空间的大小（字节数）。

14-4 项目程序简介

本节将介绍 C 语言在程序编写上的技巧。之前曾说明过函数的好处之一是可以将许多函数分到多个文件中，不但可以降低维护成本，而且能让多位程序开发人员分工合作。如果要将函数放在不同文件中，就要注意函数声明、定义以及调用。一般而言，函数声明会放在扩展名为 .h 的头文件中，而函数定义会放在扩展名为 .c 的程序文件中。如果有程序需要使用这个函数，就要包含该函数声明所在的 .h 头文件。

程序项目的实践

接下来使用一个范例程序说明将函数分割到不同文件中的使用方法。这个范例程序是让用户输入商品明细数据，并调用另一个文件中所定义的函数计算含税价格。我们将函数的定义与主程序分割开来，放在独立的文件中。

其中，主程序为 main.c，所有结构定义都可以放在同一个 .h 头文件中（在此范例中为 global.h）。函数的定义放在独立的 .c 文件中，例如 counttax.c。因此，如果要将一个程序项目分割给多位程序员合作开发，只要在扩展名为 .h 的头文件中定义好规格，再由各个程序员编写不同的程序文件即可。未来如果计算含税价的方式有所变动，只要修改 counttax.c 文件即可。

这个程序需要新建一个项目，假设项目名称为 tax，项目中包含的文件有以下 3 种。

- main.c: 主程序。
- counttax.c: 函数 counttax 的定义。
- global.h: 结构 product 的定义与 counttax 函数的定义。

在 Dev C++ 中依次单击"文件"→"新建"→"项目"，如图 14-6 所示。

图 14-6　在 Dev C++ 集成开发环境中新建一个项目

接下来，在"新项目"对话框中选择 Console Application（纯文本模式的项目），项目名称设置为 tax，并选择"C 项目"，如图 14-7 所示。

图 14-7　新建项目的一些基本设置

下一步，将项目存盘。依次单击"项目"→"新建单元"，将项目保存为 3 个文件：main.c、counttax.c 以及 global.h。如果已经有现成文件，就用"添加"选项，如图 14-8 所示。

图 14-8　添加程序项目的文件

以下是 3 个程序的内容。首先是 global.h，定义商品结构 product，包含商品名称、原价以及含税价。接下来，在同一个程序中加入 counttax 函数的声明。在这个头文件中，特别加入以下条件编译指令避免重复定义：

```
#ifndef _GLOBAL_H_
#define _GLOBAL_H_
```

以下为 global.h 的内容：

```
01  #ifndef _GLOBAL_H_
02  #define _GLOBAL_H_
03  typedef struct{
04      char name[20];
05      int org_price;
06      float tax_price;
07  }product;
08  void counttax(product *); /* 函数声明 */
09  #endif
```

main.c 文件是项目的主要流程，必须包含 global.h 文件才能获得 product 结构的定义。之后在程序中声明并定义税率变量为浮点数，值为 1.05。

在主程序中使用一个指向 product 类型的指针变量 *list 作为稍后商品数据的数组。程序开始执行时会要求用户输入商品种类数以及各项商品的名称、单价。输入完成后，主程序会调用 counttax 函数并计算各项商品的含税价。以下为 main.c 的程序内容：

```
01  /*
02   * 文件名：main.c
03   */
04  #include <stdlib.h>
05  #include "global.h"
06  float tax_rate=1.05; /* 项目中的公用变量：税率*/
07  int main(int argc, char *argv[])
08  {
09      int kind,i;
10      product *list;
11      printf("请输入商品种类数：");
12      scanf("%d",&kind);
13      list = malloc(kind*sizeof(product));
14      for(i=0;i<kind;i++){
15          printf("请输入第%d 种商品名称：",i+1);
16          scanf("%s",list[i].name);
17          printf("请输入第%d 种商品单价：",i+1);
18          scanf("%d",&list[i].org_price);
19      }
20      printf("----------------------------------------\n");
21      printf("序号\t 品名\t 原价\t%含税价\n");
22      printf("----------------------------------------\n");
23      for(i=0;i<kind;i++){
24          counttax(&list[i]);
25          printf("(%d)\t%s\t%3d\t%5.2f\n",
          i+1,list[i].name,list[i].org_price,
          list[i].tax_price);
26      }
27      printf("----------------------------------------\n");
28      system("PAUSE");
29      return 0;
```

```
30  }
```

接下来介绍 counttax.c。为了获得 product 结构的定义，这个程序也要包含 global.h 文件。由于要使用税率变量 tax_rate，但此变量已在 main.c 中定义过，因此使用 extern float tax_rate; 声明。使用已知的税率，这个函数的主要功能是将各种商品的单价乘上税率以求得含税价格。以下为 counttax.c 的程序内容：

```
01  /*
02   * 文件名：counttax.c
03   */
04  #include <stdio.h>
05  #include "global.h"
06  /* 函数定义 */
07  void counttax(product *list){
08      extern float tax_rate;
09      list->tax_price=list->org_price*tax_rate;
10      return;
11  }
```

最后，选择"运行"→"全部重新编译"，运行这个程序项目，结果如图 14-9 所示。

图 14-9 范例程序项目 tax.dev 的运行结果

14-5 上机程序测验

1. 可以使用联合类型成员共享内存空间这个特性制作简单的加密程序。请设计一个 C 程序将每个字节的数值加上一个整数。若要解密，则将每个数值减去一个整数。

解答：参考范例程序 ex14_01.c

2. 请设计一个 C 程序，直接使用以下定义的符号进行数据运算，并使用 for 循环将所有颜色显示出来：

```
enum colors { RED = 1, ORANGE, YELLOW, GREEN, BLUE, INDIGO, PURPLE };
```

解答：参考范例程序 ex14_02.c

14-6　课后练习

【问答与实践题】

1. 请说出以下程序代码的错误之处。

```
01 typedef struct house
02 {
03    int roomNumber;
04    char houseName[10];
05 } house_Info;
06
07 struct house_Info  myhouse;
```

2. 简述枚举类型指令的意义与作用。

3. 试说明类型定义功能的作用和语法声明。

4. 有一个枚举类型定义如下：

```
enum fruit
{
    watermelon=1,
    papaya,
    grapes = 6,
    strawberry=10
 };
```

请问以下程序片段的输出结果是什么？

```
01    printf("西瓜 %d 颗\n", watermelon);
02    printf("木瓜 %d 颗\n", papaya);
03    printf("葡萄 %d 串\n", grapes);
04    printf("草莓 %d 盒\n", strawberry);
```

【习题解答】

1. 解答：第 7 行，如果重新定义结构类型，程序代码声明就不必每次加上 struct 保留字了。

2. 解答：枚举类型指令是一种由用户自行定义的数据类型，内容是由一组常数集合成的枚举成员，要给予各个常数值不同的命名。枚举类型指令的优点在于把变量值限定在枚举成员的常数集合中，并使用名称方式进行设置，使程序的可读性大大提高。

3. 解答：类型定义功能可以看成是为已有的数据类型定义新的识别名称（别名），目的是让程序可读性更高。声明语法如下：

```
typedef 原数据类型 新定义类型标识符
```

4. 解答：1, 2, 6, 10。

第 15 章
◄ 文件的输入与输出 ►

当 C 语言的程序执行完毕后，所有存储在内存中的数据都会消失，如果需要将运行结果存储在不会消失的存储介质上（如硬盘等），就必须通过文件的方式保存。在 C 语言中，数据流（Stream）的主要作用是作为程序与周边设备的数据传输通道，文件的处理正是通过数据流的方式存取数据。C 语言的文件处理函数主要分为两类：有缓冲区的输入与输出、无缓冲区的输入与输出。

15-1　缓冲区简介

"缓冲区"（Buffer）就是在程序执行时所提供的额外内存，可用来暂时存放准备处理的数据。缓冲区的设置是出于存取效率的考虑，因为内存的访问速度比硬盘驱动器快得多。有无缓冲区的差别在于输入输出时的操作，如图 15-1 所示。

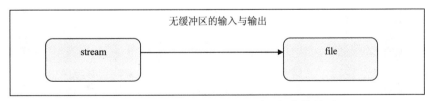

图 15-1　有无缓冲区的输入与输出操作的差别

两者的差别在于读写过程是否先经过缓冲区。有缓冲区的输入与输出在读取函数执行时会先到缓冲区检查是否有符合的数据；当写入函数写入时，也会先将数据写至缓冲区。无缓冲区的输入与输出在执行相关函数时会直接将数据输入与输出至文件或设备上。

如果使用标准 I/O 函数（包含在 stdio.h 头文件中）进行输入和输出，系统就会自动设置缓冲区。在进行文件读取时，其实并不会直接对硬盘进行存取，而是先打开数据流，将硬盘上的文件信息放置到缓冲区，程序再从缓冲区中读取所需的数据。有缓冲区的输入输出函数如表15-1 所示。

表 15-1 有缓冲区的输入输出函数

函数	说明
fopen()	打开文件
fclose()	关闭数据流（文件）
putc()	把一个字符放入数据流
getc()	从数据流读取一个字符
fprintf()	把已有格式的数据放入数据流
fscanf()	从数据流读取数据
feof()	检查是否到了文件尾部
fwrite()	使用区块的方式将数据写入数据流
fread()	从数据流对象中，将数据读入指定的内存区块
fseek()	定位数据流的位置指针
rewind()	数据流指针倒回起点

15-1-1 fopen()函数与 fclose()函数

在进行文件操作与管理之前，大家必须先了解 C 语言中通过 FILE 类型的指针操作文件的开关和读写。FILE 是一种指针类型，声明方式如下：

```
FILE *stream;
```

FILE 所定义的指针变量用来指向当前 stream 的位置，所以 C 语言中有关文件输入输出的函数多数必须搭配声明此数据类型。

接着进行文件的存取，首先必须打开数据流，进行打开文件的操作。也就是说，所有文件的读写操作都必须先打开文件。打开文件的语句如下：

```
FILE * fopen ( const char * filename const char * mode );
```

【参数说明】

Filename：指定文件名。

mode：打开文件的模式，文件打开模式的字符串在文本文件的存取上主要以 6 种模式为主，如表 15-2 所示。

表 15-2 六种存取模式

模式	说明
"r"	读取模式。文件必须存在
"w"	写入模式。建立一个空文件用于写入，若文件已存在，则不会清空并覆盖写入

（续表）

模式	说明
"a"	添加模式。打开一个文件并添加新的数据。若文件不存在，则会创建新文件
"r+"	读取或更新。打开一个文件可同时具备读取与更新，文件必须存在
"w+"	读取或写入。创建一个空文件可同时读取与写入，若文件已存在，则会被清空并覆盖写入
"a+"	读取或添加。打开一个文件可同时读取与添加。添加过程会保护当前已存在的数据，通过控制指针在文件中来回移动以读取数据，写入时仍会从文件末端处添加。若文件不存在，则会创建新文件

文件处理完毕后，最好记得关闭文件。当我们使用 fopen()打开文件后，文件数据会先复制到缓冲区中，而我们所下达的读取或写入操作都是针对缓冲区进行存取而不是针对硬盘，只有在使用 fclose()关闭文件时，缓冲区中的数据才会写入硬盘中。

也就是说，执行完文件的读写后，明确地通过 fclose()关闭活动的文件才不会发生文件被锁定或者数据记录不完整的情况。文件关闭语句如下：

```
int fclose ( FILE * stream );
```

【参数说明】

Stream：指向数据流对象的指针。

当数据流被正确关闭时，返回数值为 0；如果数据流关闭错误，就引发错误或者返回 EOF。

 提示　　EOF（End Of File）是表示数据结尾的常数，值为-1，定义在 stdio.h 头文件中。

【范例：CH15_01.c】

下面的范例程序用于示范 fopen()函数与 fclose()函数的用法，也就是通过判断指针变量是否为 NULL 来确认文件是否存在。

```
01  #include <stdio.h>
02  #include <stdlib.h>
03
04  int main ()
05  {
06      FILE * pFile;          /*声明一个文件指针类型的变量，变量名称为pFile*/
07
08      pFile = fopen ("fileIO.txt","r");   /* 以读取模式打开文件 */
09      if (pFile!=NULL){                    /* 当指针不为 Null 时 */
10        printf("文件读取成功\n");           /* 表示读取成功 */
11        fclose (pFile);                    /* 打开成功后记得关闭 */
12      }
13      else
14        printf("文件读取失败\n");           /* 当指针为 Null 时，表示失败  */
15
16      system("pause");
```

```
17      return 0;
18  }
```

运行结果如图 15-2 所示。

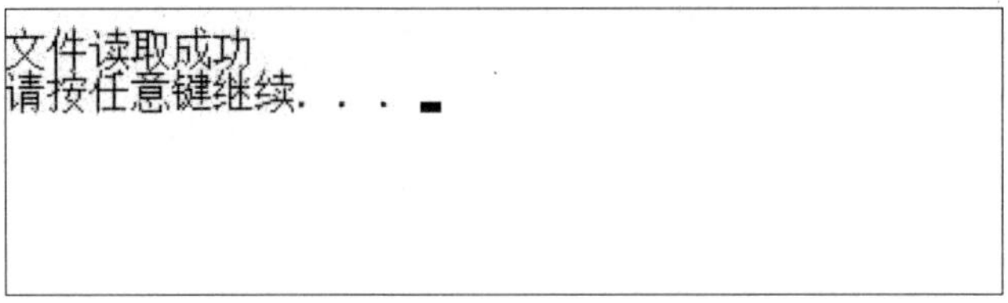

```
文件读取成功
请按任意键继续. . . _
```

图 15-2 范例程序 CH15_01.c 的运行结果

【程序说明】

第 6 行：声明一个文件指针类型的变量，变量名称为 pFile。

第 8 行：以读取模式打开文件。

第 9 行：通过判断指针变量是否为 NULL 来确认文件是否存在。

第 11 行：打开文件后，在程序结束前应通过 fclose()函数关闭文件。

15-1-2　putc()函数与 getc()函数

如果想将字符逐一写入文件中，就可以使用 putc()函数。若写入字符失败，则返回 EOF，否则返回所写入的字符。putc()函数只会将参数中的字符写入数据流，一次一个字符。其语句如下：

```
int putc (int character, FILE * stream );
```

【参数说明】

Character：字符代表的 ASCII 码。

Stream：指向数据流对象的指针。

【范例：CH15_02.c】

下面的范例程序用于示范使用 putc()函数写入文件，写入字符的 ASCII 为 65，代表英文字母 A，程序执行完毕后可打开 fileIO.txt 查看结果。

```
01  #include <stdio.h>
02  #include <stdlib.h>
03
04  int main ()
05  {
06      FILE * pFile;        /*声明一个文件指针类型的变量，变量名称为 pFile */
07
08      pFile = fopen ("fileIO.txt","w");   /*写入模式打开文件*/
09      if (pFile!=NULL)
10      {
11        putc (65,pFile);                  /*写入一个字符，ASCII 为 65 */
```

```
12        fclose (pFile);
13        printf ("字符写入成功\n") ;
14    }
15
16    system("pause");
17    return 0;
18 }
```

运行结果如图 15-3 所示。写入的字符文件 fileIO.txt 可以通过记事本查看，如图 15-4 所示。

图 15-3 范例程序 CH15_02.c 的运行结果

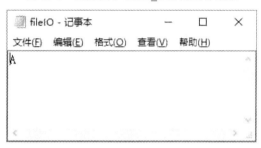

图 15-4 打开 fileIO.txt 查看写入的结果

【程序说明】

第 6 行：声明一个文件指针类型的变量，变量名称为 pFile。

第 8 行：以写入模式打开文件。

第 11 行：用 putc()函数写入一个字符，ASCII 为 65。

getc()函数可从文件数据流中一次读取一个字符，然后将读取指针移动至下一个字符，读取字符正常时，返回该字符的 ASCII 码。读取完后指针会指向下一个地址，并且逐步将文件内容读出。当需要更有效率地读取或处理数据时，可使用此函数。其语句如下：

```
int getc ( FILE * stream );
```

【参数说明】

stream：指向数据流对象的指针。

【范例：CH15_03.c】

下面的范例程序示范使用一个循环与 getc()函数，每次读取字符后，通过 printf()函数将字符打印出来。

```
01 #include <stdio.h>
02 #include <stdlib.h>
03
04 int main ()
```

```
05  {
06      FILE * pFile;        /*声明一个文件指针类型的变量，变量名称为pFile*/
07      int i;
08      char c;
09
10      pFile = fopen ("fileIO.txt","r");   /*以读取模式打开文件*/
11      if (pFile!=NULL)
12      {
13        while ( c != EOF){
14            c = getc (pFile);
15            printf ("%c",c);
16        }
17        printf ("\n");
18
19        fclose (pFile);                /*关闭文件 */
20        printf ("字符读取成功\n") ;
21      }
22
23      system("pause");
24      return 0;
25  }
```

运行结果如图 15-5 所示。

图 15-5 范例程序 CH15_03.c 的运行结果

【程序说明】

第 6 行：声明一个文件指针类型的变量，变量名称为 pFile。

第 10 行：以读取模式打开文件。

第 13~16 行：使用 while 循环与 EOF 值进行条件判断，并逐字读出文件中的数据。

15-1-3 fputs()函数与 fgets()函数

我们也可以使用 fputs()函数将整个字符串写入文件中，使用格式如下：

```
fputs("写入字符串",文件指针变量);
```

例如：

```
File *fptr;
char str[20];
…..
```

```
fputs(str,fptr);
```

【范例：CH15_04.c】

下面的范例程序示范使用 fputs() 函数写入数据至文件中，并以添加模式打开文件。

```
01  #include <stdio.h>
02  #include <stdlib.h>
03
04  int main ()
05  {
06      FILE * pFile;       /*声明一个文件指针类型的变量，变量名称为 pFile */
07
08      pFile = fopen ("fileIO.txt","a");    /*以添加模式打开文件*/
09      if (pFile!=NULL)
10      {
11          fputs("添加数据",pFile);          /*把数据写入指针变量指向的位置 */
12          fclose(pFile);                   /*关闭文件 */
13          printf("文件添加成功\n") ;
14      }
15
16      system("pause");
17      return 0;
18  }
```

运行结果如图 15-6 所示。打开 fileIO 文件查看添加的结果，如果 15-7 所示。

图 15-6　范例程序 CH15_04.c 的运行结果

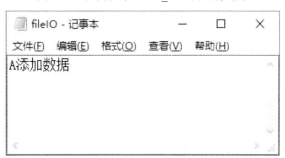

图 15-7　打开 fileIO 文件查看添加的结果

【程序说明】

第 6 行：声明一个文件指针类型的变量，变量名称为 pFile。

第 8 行：以添加模式打开文件。

第 11 行：用 fputs() 函数把数据写入指定的文件中。

如果要读取文件中的一个字符串，就可以使用 fgets()函数，使用格式如下：

```
fgets("读出字符串", 字符串长度,文件指针变量);
```

例如：

```
File *fptr;
char str[20];
int length;
...
fgets(str,length,fptr);
```

其中，str 是字符串读取之后的暂存区；length 是读取的长度，单位是字节。fgets()函数所读入的 length 有两种情况，一种是读取指定 length-1 的字符串，因为最后必须加上结尾字符 (\0)；另一种是当 length-1 的长度包括换行字符 \n 或 EOF 字符时，只能读取到这些字符为止。

15-1-4　fprintf()函数与 fscanf()函数

除了单纯以字符或字符串方式写入文件外，也可以像使用 printf()与 scanf()函数一样，将要写入的数据以特定格式写入文件中，这些格式存取函数就是 fprintf()与 fscanf()函数。

首先，介绍写入文件的 fprintf()函数，与 printf()函数的不同处在于 printf()函数输出到屏幕上，而 fprintf()函数可指定输出到特定的数据流对象中。其语句如下：

```
int fprintf ( FILE * stream, const char * format, ... );
```

【参数说明】

stream：指向数据流对象的指针。

format：格式化的字符串，同 printf()函数一致。

例如：

```
File *fptr;
int  math,eng;
float average;
fprintf(fptr, "%d\t%d\t%f\n",math,enf,average);
```

fscanf() 函数与 scanf() 函数也相当类似，只是 scanf() 函数是从用户的键盘输入取得数据，而 fscanf() 函数是从文件中读取所指定的数据，也就是从数据流读取数据。通过此函数设置好参数，反向将数据引用（reference）到指定的变量中。其语句如下：

```
int fscanf ( FILE * stream, const char * format, ... );
```

【参数说明】

stream：指向数据流对象的指针。

· Format：格式化字符串，如表 15-3 所示。

表 15-3 格式化字符串

类型	说明
c	单一字符
d	整数
e,E,f,g,G	浮点指针
s	字符串
u	无符号整数
x,X	十六进制整数

例如：

```
File *fptr;
int  math,eng;
float average;
fprintf(fptr, "%d\t%d\t%f\n",&math,&enf,&average);
```

【范例：CH15_05.c】

下面的范例程序示范简单使用格式化写入函数将特定数据写入文件，再由 fscanf()函数通过变量指针把数据流中特定类型的数据读出。

```
01  #include <stdio.h>
02  #include <stdlib.h>
03
04  int main ()
05  {
06      FILE  *pFile;
07      int length=10,width=5,height=30;
08      /*变量声明*/
09      pFile=fopen("fileIO.txt","w+");
10      /*以读取或写入模式打开文件*/
11      if(pFile != NULL){
12
13          fprintf(pFile,"%d %d %d",length,width,height);
14          /*写入数据*/
15          fscanf(pFile,"%d %d %d",&length,&width,&height);
16          /*读取数据*/
17          printf("长: %d \n宽: %d \n高: %d",length,width,height);
18
19          fclose(pFile);
20      }else
21          printf("fileIO.txt 打开有误");
22
23      system("pause");
24      return 0;
25  }
```

运行结果如图 15-8 所示。

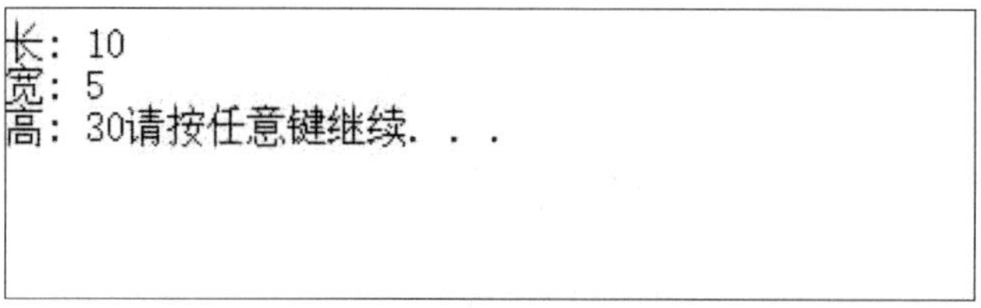

```
长: 10
宽: 5
高: 30请按任意键继续. . .
```

图 15-8　范例程序 CH15_05.c 的运行结果

【程序说明】

第 6 行：声明一个文件指针类型的变量，变量名称为 pFile。

第 9 行：以读取或写入模式打开文件。

第 13 行：用 fprintf()函数写入数据。

第 15 行：用 scanf()函数读取数据。

15-1-5　fwrite()函数与 fread()函数

也可以使用区块的方式将数据写入数据流，这样适合大范围写入数据。当准备写入数据流的数据范围是一个内存区块时，通过此函数可方便定义写入的范围。例如，数据可能先存储在变量、数组或结构中，使用 fwrite()函数时就可将变量、数组或结构的内存地址传送给它。其语句如下：

```
size_t fwrite ( const void * p, size_t s, size_t c, FILE * stream );
```

【参数说明】

p：数据区块的指针。

s：每个元素的数据大小。

c：总数据量。

stream：指向数据流对象的指针。

例如：

```
File *fptr;
char str[20];
int count;
fwrite(str,sizeof(char),count,fptr);
```

【范例：CH15_06.c】

下面的范例程序介绍如何使用区块指针方式将数据写入数据流，我们将使用 fwrite()函数将数据写入数据流对象。

```
01  #include <stdio.h>
02  #include <stdlib.h>
03
04  int main()
05  {
```

```
06    FILE * pFile;
07    char buffer[10];/*声明字符数组*/
08
09    pFile = fopen ( "fileIO.txt" , "w" );
10    if(pFile!=NULL){
11        printf("请输入您的出生年月日(yyyy/MM/dd)?");
12        gets(buffer);/*使用gets()函数取得用户输入的数据*/
13        fwrite (buffer , 1 , sizeof(buffer) , pFile );
14        /*以区块方式写入数据*/
15        fclose (pFile);
16    }
17
18    system("pause");
19    return 0;
20 }
```

运行结果如图 15-9 所示。打开 fileIO 文件查看数据以区块方式写入后的结果，如图 15-10 所示。

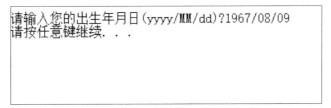

图 15-9　范例程序 CH15_06.c 的运行结果

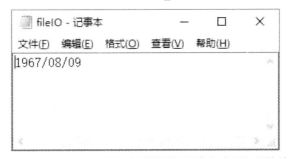

图 15-10　打开 fileIO 文件查看数据以区块方式写入后的结果

【程序说明】

第 6 行：声明一个文件指针类型的变量，变量名称为 pFile。

第 9 行：以写入模式打开文件。

第 12 行：使用 gets()函数取得用户输入的数据。

第 13 行：使用 fwrite()函数以区块方式写入数据。

如果想读取 fwrite()函数所写入的数据内容，就必须采取 fread()函数读取文件，这样才能正确读出有意义的信息。也就是从数据流对象中将数据读入指定的内存区块，当需要以区块方式读取数据流数据至内存时，就可以使用此函数。其语句如下：

```
size_t fread ( void * p, size_t s, size_t c, FILE * stream );
```

【参数说明】

p：数据区块的指针。

s：每个元素的数据大小。

c：总数据量。

stream：指向数据流对象的指针。

【范例：CH15_07.c】

下面的范例程序用于示范当 fread()函数读取数据流时直接指定字符类型指针以存放读入的数据。

```
01  #include <stdio.h>
02  #include <stdlib.h>
03
04  int main()
05  {
06    FILE *pFile;
07    char c[30];
08
09    int n;
10
11    pFile = fopen("fileIO.txt", "r");
12    if(pFile!=NULL) {
13      printf("文件打开成功\n");
14
15      n = fread(c, 1, 10, pFile); /*读取数据流数据，填入指定的指针。 */
16      c[n] = '\0';                /*设置最后一个字符为\0 */
17
18      printf("%s\n", c);          /*打印出字符串 */
19      printf("读出的字符数：%d\n\n", n);
20
21      fclose(pFile);              /*关闭数据流 */
22
23      system("pause");
24      return 0;
25    }else {
26      printf("文件打开错误\n");
27      return 1;
28    }
29  }
```

运行结果如图 15-11 所示。

```
文件打开成功
1967/08/09
读出的字符数: 10

请按任意键继续. . . ▄
```

图 15-11 范例程序 CH15_07.c 的运行结果

【程序说明】

第 6 行：声明一个字符类型的指针变量。

第 7 行：声明固定长度的字符数组。

第 15 行：以 fread()函数返回值表示读取数据的长度。

第 16 行：在字符串数组中加入 NULL 字符表示结束。

15-1-6 fseek 函数与 rewind()函数

每次使用文件存取函数，文件读取指针都会往下一个位置移动。例如，使用 fgetc()函数读取完毕后会移动一个字节，而在 fgets()函数中，由于 length 长度为 10，因此一次会读取 9 个字节长度（因为最后一个字节必须填入\0），这种读取方式称之为顺序式读取。其实，在文件中可以指定文件读取指针的位置，从文件中任意位置读出或写入数据时，可以借助 fseek()函数操作读取指针。其语句如下：

```
int fseek ( FILE * stream, long int os, int o );
```

【参数说明】

Stream：指向数据流对象的指针。

os：位移量。

o：开始的位置。

位移量的单位是字节，是由指针起始点向前或向后的位移量。起点参数是指针起始点设置位移量的计算起点，共有 3 种宏常数，如表 15-4 所示。

表 15-4 三种宏常数

宏常数	常数值	说明
SEEK_SET	0	从文件开头向后计算
SEEK_CUR	1	从当前的指针位置向后计算
SEEK_END	2	从文件尾端向前计算

例如：

```
File *fptr;
fseek(fptr,10,SEEK_SET); /* 从文件开头向后计算 10 个字节 */
fseek(fptr,10,SEEK_CUR); /* 从当前的指针位置向后计算 10 个字节 */
```

```
fseek((fptr,10,SEEK_END); /* 从文件尾端向前计算 10 个字节 */
```

【范例：CH15_08.c】

下面的范例程序用来示范 fseek()函数的基本声明与用法，使用 fseek()函数每次跳跃 3 个间格读取已创建完成的文件。

```
01  #include <stdio.h>
02  #include <stdlib.h>
03
04  int main()
05  {
06    FILE *pFile;
07    int i;
08    char c;
09
10    pFile = fopen("fileIO.txt", "w");
11    if(pFile!=NULL) {
12      for(i='A';i<='Z';i++){
13        putc(i,pFile);
14      } /*在 fileIO.txt 文件中创建 A~Z 的数据*/
15
16      fclose(pFile);
17    }
18
19    pFile = fopen("fileIO.txt", "r");
20    if(pFile!=NULL) {
21      for(i=1;i<=5;i++) {
22          c=getc(pFile) ;
23          printf("%c",c) ;
24          fseek(pFile,3,SEEK_CUR);/*使用 fseek()函数，每次跳跃 3 个间格*/
25      } /*使用 for 循环，共执行 5 次*/
26
27      fclose(pFile);
28    }
29
30    system("pause");
31    return 0;
32  }
```

运行结果如图 15-12 所示。

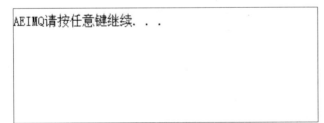

图 15-12　范例程序 CH15_08.c 的运行结果

【程序说明】

第 10~14 行：在 fileIO.txt 文件中创建 A~Z 的数据。

第 21~25 行：使用 for 循环，共执行 5 次。

第 24 行：使用 fseek()函数，每次跳跃 3 个间格。

每次使用文件存取函数，文件读取指针都会往下一个位置移动，如果想将文件读取指针返回文件的开头，就可以使用 rewind()函数。其语句如下：

```
void rewind ( FILE * stream);
```

【参数说明】

stream：指向数据流对象的指针。

rewind()函数的功能等同下列程序语句：

```
fseek ( stream , 0L , SEEK_SET );
```

15-2　无缓冲区的输入与输出

无缓冲区的输入与输出起源于 UNIX 系统，一般通过相关函数存取文件，指令会直接读写文件，所以会有频繁的硬件读写操作。和缓冲区的输入与输出相比，无缓冲区的效率比较差，且耗资源。在操作系统（OS）底层的实际行为上，有缓冲区的输入与输出在最后确定关闭或存取时才会对数据执行批次操作。从某种程度来说，有缓冲区的输入与输出比无缓冲区的输入与输出模式有效率，因为多数数据可能在读写过程中会进行运算，以判断是否需要进行删除和修改等操作，有缓冲区的输入与输出会在内存中执行这些操作，而不是直接对硬件进行读写。

基本上，使用无缓冲区的输入与输出函数时需包含 fcntl.h 头文件，所以在程序代码最上方需加入以下包含语句：

```
#include<fcntl.h>
```

无缓冲区的输入与输出函数如表 15-5 所示。

表 15-5　无缓冲区的输入与输出函数

函数名称	说明
open()	打开文件
close()	关闭文件
read()	读取文件数据
write()	将数据写入文件
lseek()	设置读写文件数据的位置

15-2-1 open()函数与 close() 函数

在 open()函数中可使用一种以上的打开模式常数，彼此间加上"|"即可。除了文件名外，也不需要用双引号括住。声明方式如下：

```
int open(char *filename, int mode, int  access);
```

【参数说明】

filename：要打开的文件名。

mode：要打开文件的模式，如表 15-6 所示。

表 15-6　要打开文件的模式

模式	说明
O_APPEND	添加模式，打开文件时指针将指向文件尾处
O_BINARY	二进制模式，以二进制的方式打开文件
O_CREAT	创建文件模式，创建一个文件
O_RDONLY	只读模式，文件打开时只能被读取
O_RDWR	读写模式，打开文件可被读取或写入
O_TEXT	文本模式，以文本模式打开文件
O_TRUNC	清空模式，打开并清空一个已存在的文件
O_WRONLY	写入模式，文件打开只能被写入

access：存取模式，指定存取方式，一般情况下设置为 0 即可。

例如：

```
O_WRONLY| O_APPEND /* 打开文件,但只能写入附加数据 */
O_RDONLY| O_TEXT   /* 打开只读的文本文件 */
```

【范例：CH15_09.c】

下面的范例程序用来示范：如果打开成功，open()函数会返回一个 int 值，返回-1 表示失败，返回其他值表示成功。

```
01  #include <stdio.h>
02  #include <fcntl.h>
03
04  int main()
05  {
06      const char *filename="fileIO.txt";
07      int intRst;
08      intRst=open(filename,O_RDONLY,0);
09      /*打开指定文件名的文件，模式为只读*/
10      if(intRst==-1)
11      {
12          printf ("file open fail \n");
13          /*返回-1 表示失败*/
```

```
14      }
15      else
16      {
17          printf ("file open success  \n");
18      /*本程序执行时，已经存在 fileIO.txt 文件，所以结果是成功*/
19      }
20
21      system("pause");
22      return 0;
23  }
```

运行结果如图 15-13 所示。

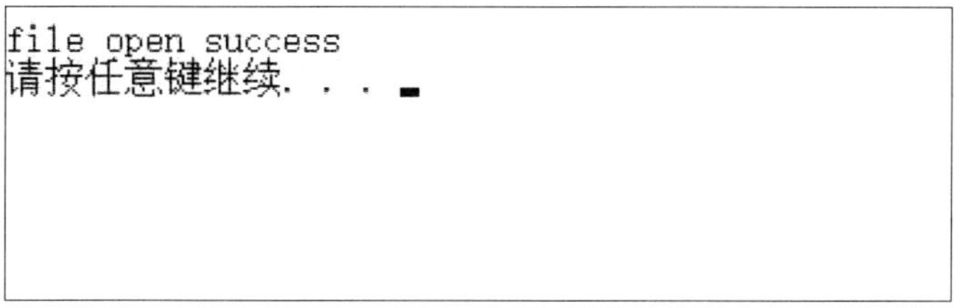

```
file open success
请按任意键继续. . . _
```

图 15-13　范例程序 CH15_09.c 的运行结果

【程序说明】

第 8 行：打开指定文件名的文件，模式为只读。

第 10 行：返回为-1，表示失败。

第 17 行：在程序执行时已经存在 fileIO.txt 文件，所以结果是成功。

close()函数主要用来关闭一个已打开的文件。一般搭配 open()函数使用。当使用 open()函数打开文件时，会返回一个 int 类型的文件代码，通过 close()函数可关闭此代码所代表的文件。声明方式如下：

```
int close(int fileID);
```

【参数说明】

fileID：表示文件代码。

例如：

```
close(fpt1);
```

15-2-2　read()函数与 write() 函数

无缓冲区文件处理函数的写入与读取函数分别为 write()与 read()，定义与 fread()、fwrite() 函数类似，可以一次性处理整个区块的数据。其中，read()函数主要用来读出文件中的数据，声明方式如下：

```
int read(int fileID,void *buff,int length);
```

【参数说明】

fileID：准备读取的文件代码。

*buff：存放读入数据的暂存区指针。

length：读入数据的长度。

例如：

```
bytes=read(fptl, buffer, sizeof(buffer));/* 从 fpt1 文件,每次读取 256 个字节, bytes 为实际返
回读取字节 */
```

【范例：CH15_10.c】

下面的范例程序示范 read()函数读取文件的使用方式，当 read()读取成功时，返回读取的
数据长度，失败时返回-1。

```
01  #include <stdio.h>
02  #include <fcntl.h>
03  #define  length    512 /*定义一个常数，代表读取长度*/
04
05  int main()
06  {
07      int  fileID;
08      char buff[length];
09      const char* filename="fileIO.txt";
10      fileID = open(filename,O_RDONLY,0);
11      /*声明 int 类型值记录打开文件的文件 ID 码*/
12
13      if(fileID!=-1)/*确认文件打开成功*/
14      {
15       if(read(fileID,buff,length)>0)/*确认文件读取成功*/
16       {
17        printf("%s \n",buff);
18        }
19       }
20      close(fileID);
21
22      system("pause");
23      return 0;
24  }
```

运行结果如图 15-14 所示。

```
ABCDEFGHIJKLMNOPQRSTUVWXYZ。
请按任意键继续. . .
```

图 15-14　范例程序 CH15_10.c 的运行结果

【程序说明】

第 3 行：定义一个常数，代表读取长度。

第 10 行：声明 int 类型值记录打开文件的文件 ID 码。

第 13 行：确认文件打开成功。第 15 行确认文件读取成功。

write()函数主要用来将数据写入文件，声明方式如下：

```
int write(int fileID,void *buff,int length);
```

【参数说明】

fileID：准备要写入的文件代码。

*buff：存放写入数据的暂存区指针。

length：写入数据的长度。

例如：

```
write(fpt1, buffer, sizeof(buffer));
/* 在 fpt1 文件中,每次写入 256 个字节 */
```

【范例：CH15_11.c】

下面的范例程序示范 write()函数写入文件的使用方式，当 write()函数写入成功时返回 0，失败时返回-1。

```
01  #include <fcntl.h>
02  #include <stdio.h>
03  #include <stdlib.h>
04
05  int main()
06  {
07      int  fileID;
08      const char *filename;/*定义一个文件名变量*/
09      char *buff;/*定义一个准备写入数据的变量*/
10      int intRst;
11
12      buff="1234567890";
13      filename="fileIO.txt";
14
15      fileID = open(filename,O_CREAT | O_RDWR);
16      /*打开指定文件名的文件，若没有，则创建此文件，并可供读写*/
17      intRst=write(fileID,buff,10);/*将数据写入文件*/
18      if(intRst!=-1)/*判断数据是否写入成功*/
19        printf("data write success\n");
20
21      close(fileID);
22      system("pause");
23      return 0;
24  }
```

运行结果如图 15-15 所示。

```
data write success
请按任意键继续. . . ■
```

图 15-15　范例程序 CH15_11.c 的运行结果

【程序说明】

第 8 行：定义一个文件名变量。

第 9 行：定义一个准备写入数据的变量。

第 15 行：打开指定文件的文件名，若没有，则创建此文件，并可供读写。

第 17 行：使用 write()函数将数据写入文件。

15-2-3　lseek()函数

无缓冲区随机文件存取方式也可以配合文件指针位置在文件中移动，作为随机存取数据的模式。C 语言提供了 lseek()函数来移动与操作读取指针，到指针所指定的新位置读取或写入数据。lseek()函数使用的方法与概念类似于 fseek()，只是使用的地方不同，fseek()适用于有缓冲区的输入与输出，lseek()适用于无缓冲区的输入与输出。

声明方式如下：

```
int lseek(int fileID,long offset,int position);
```

【参数说明】

fileID：文件代码。

offset：偏移量。根据 position 的位置偏移，不可超过 64K。

position：偏移的起始位置。可设置的参数如表 15-7 所示。

表 15-7　可设置的参数

位置	说明
SEEK_SET	文件起始位置
SEEK_CUR	当前指针位置
SEEK_END	文件截止位置

【范例：CH15_12.c】

下面的范例程序示范可以通过 lseek()函数偏移文件指针当前的位置，当 lseek()函数执行成功时返回 offset 值，失败时返回-1。

```
01  #include <fcntl.h>
02  #include <stdio.h>
03  #include <stdlib.h>
04
```

```
05  int main()
06  {
07      int  fileID,i;
08      const char *filename;
09      char buff[]={'A','B','C','D','E'};/*定义一个字符数组*/
10
11      filename="fileIO.txt";
12
13      fileID = open(filename,O_CREAT | O_RDWR);
14      /*打开指定文件名的文件，若没有，则创建此文件，并可供读写*/
15      for(i=1;i<=4;i++)/*循环共执行 4 次*/
16      {
17        write(fileID,buff,5);/*写入 buff 代表的数据到文件中*/
18        lseek(fileID,-i,SEEK_CUR);/*设置文件读写指针从当前位置偏移-i*/
19        write(fileID,"-",1);
20      }
21
22      close(fileID);
23
24      system("pause");
25
26      return 0;
27  }
```

运行结果如图 15-16 所示。打开 fileIO 文件查看数据写入文件后的结果，如图 15-17 所示。

图 15-16　范例程序 CH15_12.c 的运行结果

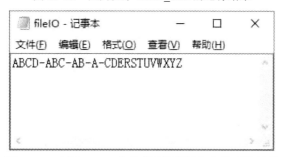

图 15-17　打开 fileIO 文件查看数据写入文件后的结果

【程序说明】

第 9 行：定义一个字符数组。

第 13 行：打开指定文件名的文件，若没有，则创建此文件，并可供读写。

第 15~20 行：共执行 4 次循环。

第 17 行：写入 buff 代表的数据至文件。

15-3　上机程序测验

1. 在 Windows 系统的记事本程序中创建一个文本文件 "fileIO.txt"，并设计一个 C 程序关闭指针所指向的数据流对象。

解答：参考范例程序 ex15_01.c

2. 请设计一个 C 程序，设置一个循环，用字符当作循环执行的起始和终止值。程序中会产生 A~Z 等 26 个大写英文字母，并使用 fputc() 函数将其存储到文件中。

解答：参考范例程序 ex15_02.c

3. 请设计一个 C 程序，简单打开一个文件 test.txt，使用 fgetc() 函数与 while 循环读出此文件中的所有字符数据内容，并使用 feof() 函数判断是否读到文件末尾。

解答：参考范例程序 ex15_03.c

4. 请设计一个 C 程序，将 "Novel.txt" 文件的数据以字符串方式 fgets() 函数读取，再以字符串方式 fputs() 函数写入 "Novelcopy.txt" 中。

解答：参考范例程序 ex15_04.c

5. 请设计一个 C 程序，使用 for 循环执行 3 次，每次通过 gets() 函数获取用户输入的字符串，并将此字符串通过 fprintf() 函数写入数据流中。

解答：参考范例程序 ex15_05.c

6. 请设计一个 C 程序，假设现在有一个文件 sample.txt，当中含有字符串数据 How are you doing?，比较在程序中任意指定读取指针的位置值后结果的不同。

解答：参考范例程序 ex15_06.c

7. 请设计一个 C 程序，说明 rewind() 函数的用法及功能，在每次循环执行时都跳回数据流起点。

解答：参考范例程序 ex15_07.c

8. 请设计一个 C 程序，声明两个 int 类型值记录打开文件的文件 ID 码，并检查 close() 的返回值，为 0 时表示成功。两个用于打开的范例文件为：fileIO1.txt 与 fileIO2.txt。

解答：参考范例程序 ex15_08.c

9. 请设计一个 C 程序，可以让用户指定文件名，并使用 fputc() 函数将用户键盘所输入的内容写入文件中，直到按 Enter 键为止。

解答：参考范例程序 ex15_09.c

10. 请设计一个 C 程序，使用 fputc() 函数与 fgetc() 函数把一个已知文本文件拷贝到另一个文件，并从拷贝完成的文件中逐字读出内容，以每 30 个字符为一行来输出。此文件名为 "text.txt"。

解答：参考范例程序 ex15_10.c

11. 请设计一个 C 程序，将 3 位学生的成绩数据结构以 fprintf() 函数的格式化模式写入，使用 fscanf()函数将此 3 项数据读出并输出到屏幕上。该学生的结构数组数据如下：

```
s1[3]={"张小华",77,89,66,"吴大为",54,90,76,"林浩成",88,90,65};
```

解答：参考范例程序 ex15_11.c

12. 请设计一个 C 程序，将一个包含 5 个元素的整数数组以 fwrite()函数与二进制方式写入文件"二进制文件.bin"中。此数组声明如下：

```
int data[5]={ 1178,1623,8845,6116,92319 };
```

解答：参考范例程序 ex15_12.c

13. 请设计一个 C 程序，可让用户逐字输入字符并存入字符数组中，当输入 Enter 键时使用 frwite()函数把整个字符串写入文件，再将一个包含 8 个元素的整数数组按序写入文件，最后使用 fread()函数读出。

解答：参考范例程序 ex15_13.c

14. 请设计一个 C 程序逐字读取 word.txt 的文件内容，并将所有英文字符以大写及每行 20 个字符输出。

解答：参考范例程序 ex15_14.c

15. 请设计一个 C 程序，定义一个使用结构类型创建的简易客户数据库，主要用来记录客户的相关数据，可对客户数据库进行添加、删除、修改与显示等操作，并可通过循环不断为用户提供挑选项目的功能，直到用户按"4"键才会结束选项的挑选模式。

解答：参考范例程序 ex15_15.c

15-4　课后练习

【问答与实践题】

1. 什么是 ferror()函数？试说明其用法。

2. C 语言对文本文件的处理方式与存取函数有哪些？

3. 试简述"缓冲区"的作用。

4. C 语言的文件输入输出函数与基本输入输出函数有什么差异？

5. 不用通过数据流与缓冲区而使用较低级的 I/O 函数（包含在 io.h 与 fcntl.h 头文件中定义的）直接对硬盘进行存取有什么优缺点？

6. 试说明文本文件与二进制文件。

7. 请说明以下 fseek()函数中文件位置指针的起始点模式的意义。

（1）SEEK_SET　（2）SEEK_CUR　（3）SEEK_END 。

8. 请大家说明应该使用哪种文件函数计算文件的容量。

9. 试说明 rewind()函数与 ftell()函数的作用。

10. 试说明以下程序代码的意义：

```
if( (fpt1 = open("test4.txt", O_RDONLY | O_TEXT)) == -1)
```

11. 下面这个程序代码哪里出了问题，导致程序无法编译成功？

```
01 #include <stdio.h>
02
03 int main(void)
04 {
05    int fptr;
06    fptr = fopen("test.txt", "w");
07    fputs("Justin", fptr);
08    fclose(fptr);
09    return 0;
10 }
```

【习题解答】

1. 解答：当对数据流的操作产生错误时，可通过此函数来检查。返回值不等于 0 表示对数据流的操作产生错误，返回值等于 0 表示未发生错误。此函数可搭配循环式的输入输出操作，在循环执行过程中判断是否有数据流发生错误，再进行特别处理。

2. 解答：C 语言对文本文件的处理方式主要通过标准 I/O 函数进行文件的打开、写入、关闭与设置缓冲区，相关存取函数有 fopen()、fclose()、fgets()、fputs()、fprintf()、fscanf()等，都定义在 stdio.h 头文件中。

3. 解答：所谓"缓冲区"，就是在程序执行时所提供的额外内存，可用来暂时存放准备处理的数据。缓冲区的设置是为了提高存取效率，因为内存的访问速度比硬盘驱动器的访问速度快得多。

4. 解答：差异在于文件输入输出函数需要指定目标文件作为输入输出对象，而基本输入输出是从键盘读取并呈现在屏幕上。

5. 解答：优点是可以节省设置缓冲区的内存空间，缺点是硬盘的访问速度较慢，容易拖累程序整体执行的速度。另外，这些函数不是 C 语言的标准函数，跨平台时容易发生问题。

6. 解答：文本文件会以字符编码的方式进行存储，在 Windows 操作系统中扩展名为 txt 的文件就属于文本文件，至于采用哪一种编码方式，视文本文件编辑软件而有所不同。所谓二进制文件，就是将内存中的数据原封不动的存储至文件中，适用于以非字符为主的数据。其实除了以字符为主的文本文件外，所有数据都是二进制文件，例如编译过后的程序文件、图像或视频文件等。

7. 解答：

Mode（模式）	说明
SEEK_SET	指针起始点位于文件的起始位置
SEEK_CUR	指针起始点为当前文件的指针位置
SEEK_END	指针起始点位于文件的结尾

8. 解答：由于 fgetc()函数一次可以读取一个字符，也就是一个字节的大小，因此可以用

来计算文件的容量，只要每读出一个字节计数一次即可。

9. 解答：rewind()函数可以将文件读取指针返回文件的开头。ftell()函数可以取得文件指针的位置。

10. 解答：打开一个已存在只读的文本文件 test4.txt，并检查文件是否成功打开。

11. 解答：第 05 行文件指针声明错误，应修改为：

```
FILE *fptr
```

第 16 章
◀ C到C++面向对象程序设计 ▶

相信大家学到这里，已经对 C 语言有了一定程度的了解，对于系出同门的 C++程序设计语言，学习起来应该更能驾轻就熟。C++语言也是源自于贝尔实验室，是由原创者本贾尼·斯特劳斯特卢普（Bjarne Stroustrup）以 C 语言作为基本架构，导入面向对象的概念而形成的。C++比 C 更为简单易学，改进了 C 语言中一些容易混淆出错的部分，并且增加了更实用与完整的面向对象设计功能，这种概念的引进会让程序设计工作更加容易修改，而且在程序代码的重复使用及扩充性方面有了更强的功能，更能满足日益复杂的系统开发需求。C 语言和 C++语言的关系如图 16-1 所示。

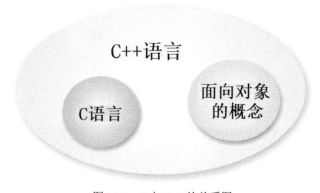

图 16-1　C 与 C++的关系图

16-1　认识面向对象设计

C++中最让人津津乐道的创新功能是"面向对象程序设计"，这是面向过程的结构化程序设计后程序设计领域的一大创新。传统程序设计的方法主要是以"结构化程序设计"为主，核心精神是"自上而下""模块化设计"。每一个模块会分别完成特定的功能，主程序组合每个模块后完成最后要求的功能。不过，一旦主程序要求功能变动，许多模块内的数据与程序代码就需要同步变动，这也是面向过程程序设计无法有效使用程序代码的主要原因。

面向对象程序设计（Object-Oriented Programming，OOP）的主要精神是将日常生活中的对象（Object）概念应用在软件开发模式中。也就是说，OOP 让大家在从事程序设计时能以一种更生活化、可读性更高的设计概念进行，并且开发出来的程序更容易扩充、修改与维护。

例如，如果现在想自己组装一台计算机，而目前你人在外地，因为部件不足可能必须找遍本市所有计算机部件公司，如果仍找不到所需要的部件，或许还要到北京市中关村寻找。也就是说，一切工作必须一步一步按照自己的计划到不同的公司完成所需要的部分。如此即使省了少许资金成本，时间成本却是相当高的。

换一个角度来说，如果不去理会货源如何取得，完全交给一家计算机公司全权负责，事情就会简单许多。只需填好一份部件配置列表，该计算机公司就会收集好所有部件寄往你所指定的地方，而该计算机公司如何取得货源并不需要我们关心，这里就是要强调这一点。我们要确定每一个单位是一个独立的个体，该个体有其特定的功能，而各项工作的完成仅需在这些独立的个体间进行信息（Message）交换即可。

面向对象设计的概念就是认定每一个对象是一个独立的个体，而每个个体有其特定的功能，我们无须理解这些特定功能实现目标的具体过程，仅需将需求告诉一个个体，如果这个个体可以独立完成，就可以直接托付任务。面向对象程序设计的重点是强调软件的可读性（Readability）、重复使用性（Reusability）与扩展性（Extension），还具备 3 种特性，如图 16-2 所示。

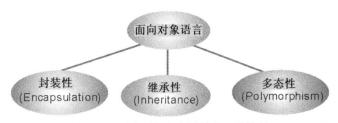

图 16-2　面向对象程序设计的 3 种特性

16-1-1　封装

封装（Encapsulation）是使用"类"（class）实现"抽象化数据类型"（ADT）。类是一种用来具体描述对象状态与行为的数据类型，可以看成是一个模型或蓝图，按照这个模型或蓝图产生的实例（Instance）就称为对象。图 16-3 所示为类和对象的关系示意图。

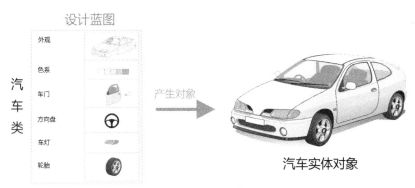

图 16-3　类与对象的关系

所谓"抽象化"，就是将代表事物特征的数据隐藏起来，并定义"方法"（Method）作为操作这些数据的接口，让用户能接触到这些方法却无法直接使用数据。符合"信息隐藏"（Information Hiding）真意的自定义数据类型称为"抽象化数据类型"。传统程序设计必须掌握所有来龙去脉，因此时效性会大打折扣。

16-1-2　继承

继承性称得上是面向对象程序设计语言中最强大的功能。继承性允许程序代码的重复使用，表达了树状结构中父代与子代的遗传现象。"继承"（Inheritance）类似现实生活中的遗传，允许定义一个新类继承已有的类，进而使用或修改继承而来的方法，并可在子类中加入新数据成员与函数成员。继承从 C++的视角来看，就是一种"承接基类实例变量及方法"的概念，在继承关系中，可以把继承单纯视为一种复制（copy）操作。换句话说，当程序开发人员以继承机制声明新建类时，会先将所引用的原始类中的所有成员完整地写入新建类中。图 16-4 所示为类继承关系图。

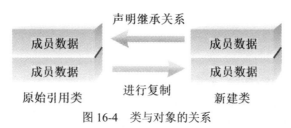

图 16-4　类与对象的关系

16-1-3　多态

多态性（Polymorphism）是面向对象程序设计的重要特性，可让软件在开发和维护时实现充分的扩展性。多态性按照英文字面意思解释就是一样东西同时具有多种不同的类型。在面向对象程序设计语言中，多态性的定义是使用类的继承架构先创建一个基类对象，用户可通过对象的转型声明将此对象向下转型为派生类对象，进而控制所有派生类的"同名异式"成员方法。简单地说，多态性最直接的定义就是让具有继承关系的不同类对象可以调用相同名称的成员函数，并产生不同的响应结果。

16-2　第一个C++程序

C++可以说是包含了整个C,也可以说许多C程序只要微幅修改,直接将扩展名.c改为.cpp甚至完全不需要修改就可以正确执行。本章中的 C++程序使用 Dev C++作为运行环境，进入Dev C++环境后，按照下面的 CH016_01.cpp 文件的程序代码输入完毕后，保存文件时必须以".cpp"为扩展名。

【范例：CH16_01.cpp】

```
01  #include <iostream>
02  #include <cstdlib>
03  using namespace std;
04
05  int main()
06  {
07      cout<<"我的第一个 C++程序"<<endl;
08      //打印字符串
09      system("pause");
10      return 0;
11  }
```

运行结果如图 16-5 所示。

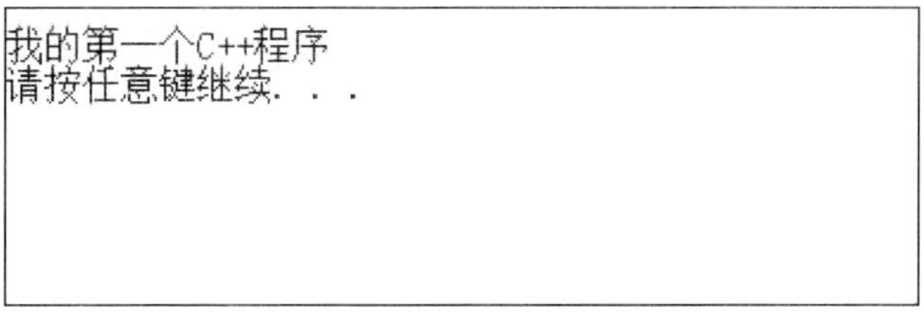

```
我的第一个C++程序
请按任意键继续. . .
```

图 16-5　范例程序 CH16_01.cpp 的运行结果

下面我们将快速解析这个 C++程序范例。

第 1 行：包含 iostream 头文件，C++中有关输入输出的函数都定义在这个头文件中。

第 2 行：cstdlib 是标准函数库的缩写，有许多实用的函数，包括第 9 行所使用的 system() 函数。

第 3 行：使用标准链接库的命名空间 std。

第 5 行：main()函数为 C++主程序的进入点，其中 int 是整数类型。

第 7 行：cout 是 C++语言的输出指令，其中 endl 代表换行。

第 8 行：C++的单行注释指令。

第 9 行：用意是让程序输出结果暂停，等用户按任意键后才会退出输出窗口。

第 10 行：因为主程序被声明为 int 数据类型，所以必须返回(return)一个值。

16-2-1　头文件

C++程序的内容与 C 一样，主要由一个或多个函数组成，例如我们之前介绍过的 main() 就是函数的一种。

通常在头文件中会定义一些标准函数或类以便外部程序引用，在 C++中以预处理器指令 "#include" 完成引用的操作。例如，C++的输出（cout）、输入（cin）函数都定义在 iostream 头文件内，因此在使用这些输入输出函数时，要先将 iostream 头文件包含到程序文件中：

```
#include <iostream>
```

C++的头文件有新旧之分，其中旧版的扩展名为".h"，是沿用 C 语言头文件的格式，这类头文件适用于 C/C++程序的开发，旧版头文件的说明如表 16-1 所示。

表 16-1　C/C++旧版头文件说明

C/C++旧版头文件	说明
\<math.h\>	C 的旧版头文件，包含数学运算函数
\<stdio.h\>	C 的旧版头文件，包含标准输入输出函数
\<string.h\>	C 的旧版头文件，包含字符串处理函数
\<iostream.h\>	C++的旧版头文件，包含标准输入输出函数
\<fstream.h\>	C++的旧版头文件，包含文件输入输出的处理函数

新版头文件没有".h"扩展名，这类头文件只能在 C++的程序中使用，如表 16-2 所示。

表 16-2　C/C++新版头文件说明

C++ 的新版头文件	说明
\<cmath\>	C 的\<math.h\>新版头文件
\<cstdio\>	C 的\<stdio.h\>新版头文件
\<cstring\>	C 的\<string.h\>新版头文件
\<iostream\>	C++的\<iostream.h\>的新版头文件
\<fstream\>	C++的\<fstream.h\>新版头文件

16-2-2　程序注释

在编写程序的过程中，需要注释程序目的以及解释某段程序代码的功能时，最好使用注释加以说明。越复杂的程序注释越重要，不仅有助于程序调试，而且让其他人更容易了解程序。通常 C++中以双斜线（//）表示注释：

```
//注释文字
```

//符号可单独成为一行，也可跟随在程序语句后，例如：

```
//声明变量
int a, b, c, d;

a = 1;    //声明变量 a 的值
b = 2;    //声明变量 b 的值
```

在 C 语言中将文字包含在/*...*/符号范围内作为注释，在 C++中也可使用这种注释方式：

```
/*声明变量*/
int a, b, c, d;

a = 1;    /*声明变量 a 的值*/
b = 2;    /*声明变量 b 的值*/
```

//符号式注释只可使用于单行，/*...*/注释可跨多行使用。当我们使用 /* 与 */ 符号标示注释时必须注意/*与*/符号的配对问题，由于在进行程序编译时将第 1 个出现的/*符号与第 1 个出现的*/符号视为一组，而忽略其中所包含的内容，因此建议采用 C++格式的//注释符号，以免不小心忽略了结尾的 */ 符号而造成错误。

16-2-3　命名空间

早期的 C++语言版本是将所有标识符名称（包含变量、函数与类等）都定义为全局性命名空间，因为所有名称都处于同一个命名空间中，所以很容易造成名字冲突而发生"覆写"现象。因此，在 ANSI/ISO C++中新加入了命名空间（namespace）的概念。

由于不同厂商所研发出的类库可能会有相同的类名称，因此标准 C++新增了命名空间的概念，用来区别不同定义的名称，使得在不同命名空间的变量、函数与对象即便有相同的名称也不会发生冲突。

由于 C++的新版头文件几乎都定义于 std 命名空间中，要使用里面的函数、类与对象必须加上使用指令（using 指令）的语句，因此在编写 C++程序代码时几乎都要加上这类程序代码。

例如，在下述程序代码中引入<iostream>头文件后，由于命名空间封装的关系无法使用此区域定义的对象。只有加上使用声明后，才能够取用 std 中<iostream>定义的所有变量、函数与对象：

```
#include <iostream>
using namespace std;
```

当然，也不是非要设置命名空间为 std。还可以加载在头文件后，使用新版头文件所提供的变量、函数与对象时直接在前面加上 std::即可。例如：

```
#include <iostream>
…
std::cout << "请输入一个数值："  << endl; // 在每个函数前都必须加上 std::
```

16-2-4　输入输出功能简介

C++的基本输入输出功能与 C 相比，可以说非常简单与方便。相信学过 C 语言的读者都知道 C 语言中的基本输入输出功能是以函数形式实现的，必须配合设置数据类型完成不同格式的输出，例如 printf()函数与 scanf()函数。

由于输出格式对于用户来说并不方便，因此 C++将输入输出格式进行了全新的调整，也就是直接使用 I/O 运算符进行输入输出，且不必搭配数据格式，全权由系统判断，只要包含<iostream>头文件即可。

事实上，C++中定义了两个数据流输入与输出对象 cin（读作 c-in）和 cout（读作 c-out），分别代表键盘的输入和终端屏幕的输出内容。尤其当程序运行到 cin 指令时，会停下来等待用户输入。语法格式如下：

```
cout << 变量 1 或字符串 1 << 变量 2 或字符串 2 << …<< 变量 n 或字符串 n;
cin >> 变量 1 >> 变量 2 … >> 变量 n;
```

其中，<< 为串接输出运算符，表示将所指定的变量或字符串移至输出设备；而 >> 为串接输入运算符，作用是从输入设备读取数据，并将数据按序设置给指定变量。

当使用 cout 指令进行输出时，可以使用 endl 进行换行控制或运用表 16-3 的格式化字符格式作为输出的句柄。

表 16-3 字符格式

字符格式	说明
'\0'	产生空格
'\a'	产生"嘟"声
'\b'	回退
'\t'	移到下一个定位点
'\n'	换行
'\r'	回车
'\''	插入单引号
'\"'	插入双引号
'\\'	插入反斜杠

C++的指令与 C 一样采用自由格式（Free Format），也就是只要不违背基本语法规则，就可以自由安排程序代码的位置。例如，每行语句以 ; 作为结尾与分隔，中间的空格符、tab 键、换行都算是"空格"（White Space），也就是可以将一条语句拆成好几行，或将好几行语句放在同一行，例如以下都是合法语句：

```
std::cout<<"我的第一个 C++程序"<<endl;  //合法指令

std:: cout<<"我的第一个 C++程序"

<<endl;  //合法指令
```

在一行语句中，完整不可分割的单元称为标记符号（Token），两个字符间必须以空格键、tab 键或输入键分隔，而且不可分开。例如以下是不合法语句：

```
intmain();
return0;
c out<<"我的第一个 C++程序";
```

16-2-5 浮点数

C++中的浮点数可以区分为单精度浮点数（float）、双精度浮点数（double）和长双精度浮点数（long double）3 种，比 C 语言多了 long double，差别在于表示的范围大小不同。表 16-4 列出了 3 种浮点数数据类型所使用的位数与表示范围。

表 16-4　三种浮点数数据类型所使用的位数与表示范围

数据类型	字节	表示范围
float	4	1.17E–38~3.4E + 38 (精确至小数点后 7 位)
double	8	2.25E – 308~1.79E+308 (精确至小数点后 15 位)
long double	12	1.2E +/– 4932 (精确至小数点后 19 位)

C++的浮点数默认为 double 数据类型，因此在指定浮点常数值时可以在数值后加上 f 或 F，将数值转换成 float 类型。如果要将浮点常数值设置成 long double 类型，就要在数值后加上 l 或 L 字母。例如：

```
7645.8              //7645.8 默认为双精度浮点数
7645.8F、7645.8f //标示 7645.8 为单精度浮点数
7645.8L、7645.8l //标示 7645.8 为长双精度浮点数
```

【范例程序：CH16_02.cpp】

下面的范例程序中使用 size()函数显示各种浮点常数与不同精度浮点变量中所占存储空间的大小。当所设置的浮点常数值未特意标示时，默认以 double 数据类型存储。

```
01  #include <iostream>
02  #include <cstdlib>
03
04  using namespace std;
05
06  int main()
07  {
08      float Num1;                 // 声明 float 变量
09      double Num2;                // 声明 double 变量
10      long double Num3=3.144E10;   // 声明并设置 long double 变量的值
11
12      Num1=1.742f;
13      Num2=4.159;
14
15      cout<<"3.5678 的存储字节="<<sizeof(3.5678)<<endl;
16      //打印出 3.5678 的存储字节大小
17      cout<<"3.5678f 的存储字节="<<sizeof(3.5678f)<<endl;
18      //打印出 3.5678f 的存储字节大小
19      cout<<"3.5678L 的存储字节="<<sizeof(3.5678L)<<endl;
20      //打印出 3.5678L 的存储字节大小
21      cout<<"----------------------------------------------------------"<<endl;
22      cout << "Num1 的值: " << Num1 << endl
23          << "占用存储空间的大小: " << sizeof(Num1)
24          << " Byte" <<endl;
25          // 输出 float 变量内容及占用存储空间的大小
26      cout << "Num2 的值: " << Num2 << endl
27          << "占用存储空间的大小: " << sizeof(Num2)
28          << " Byte" <<endl;
29          // 输出 double 变量内容及占用存储空间的大小
30      cout<< "Num3 的值: " << Num3 << endl
```

```
31              << "占用存储空间的大小: " << sizeof(Num3)
32                << " Byte" << endl;
33          // 输出 long double 变量内容及占用存储空间的大小
34
35      system("pause");
36      return 0;
37  }
```

运行结果如图 16-6 所示。

```
3.5678的存储字节=8
3.5678f的存储字节=4
3.5678L的存储字节=16
————————————————————————————————————————
Num1 的值: 1.742
占用存储空间的大小: 4 Byte
Num2 的值: 4.159
占用存储空间的大小: 8 Byte
Num3 的值: 3.144e+010
占用存储空间的大小: 16 Byte
请按任意键继续. . .
```

图 16-6　范例程序 CH16_02.cpp 的运行结果

【程序说明】

第 8~13 行：分别声明单精度、双精度、长双精度浮点数并设置初始值。

第 15~19 行：打印出 3 种浮点常数所占存储空间的字节大小。

第 22~32 行：打印出不同浮点数数据的内容与所占存储空间的大小。

16-2-6　布尔数据类型

C++中正式定义了一种新的布尔数据类型（bool），其值以 true 代表正确、false 代表错误，每一个布尔变量占用 1 个字节。C++的布尔变量声明方式如下：

```
方式 1：bool 变量名称1，变量名称2，…，变量名称N;  // 声明布尔变量
方式 2：bool 变量名称 = 数据值;// 声明并初始化布尔变量
```

方式 2 中的数据值可以是 "0" "1" 或 "true" "false" 中的一种。C++将 0 视为 "假"；非 0 视为 "真"，通常以 1 表示。"true" 和 "false" 是预先定义好的常数值，分别代表 1 与 0。下面举几个例子来说明：

```
bool Num1 = 1;          //声明布尔变量，设置值为1
bool Num2 = 0;          //声明布尔变量，设置值为0
bool Num3 = true;       // 声明布尔变量，设置值为true
bool Num4 = false;      //声明布尔变量，设置值为0
bool Num5 = 128;        // 128 为非零值，结果为真
bool Num6 = -43;        // -43 为非零值，结果也为真
```

【范例：CH16_03.cpp】

下面的范例程序将说明各种布尔变量的声明方式并输出运算结果。当设置值为 true 或 false 时，在 C++中会自动转为整数 1 或 0。

```
01  #include <iostream>
02  #include <cstdlib>
03
04  using namespace std;
05
06  int main()
07  {
08
09       bool Num1= true;         // 声明布尔变量，设置值为 true
10      bool Num2= 0;            //声明布尔变量，设置值为 0
11      bool Num3= -43;          // -43 为非零值，结果为真
12      bool Num4= Num1>Num2;    // 设置值为布尔判断式，结果为真
13
14      cout<<"Num1="<<Num1<<" Num2="<<Num2<<endl;
15      cout<<"Num3="<<Num3<<" Num4="<<Num4<<endl;
16
17
18      system("pause");
19      return 0;
20  }
```

运行结果如图 16-7 所示。

```
Num1=1 Num2=0
Num3=1 Num4=1
请按任意键继续. . .
```

图 16-7　范例程序 CH16_03.cpp 的运行结果

【程序说明】

第 9 行：声明布尔变量，设置值为 true。

第 10 行：声明布尔变量，设置值为 0。

第 11 行：-43 为非零值，结果为真。

第 13 行：设置值为布尔判断式，结果为真。

16-3　C++的函数

在 ANSI/ISO C++的函数部分增加了一些功能或应用，以取代一些 C 语言中没有效率的方法，让 C++在使用上更为方便。例如，C 语言中的变量必须在程序区块的开始就进行声明，否

则会出现错误；而 C++的变量声明，不必局限在程序区块的开始，只要在使用该变量之前声明即可。在 C++中，传递参数的方式可以根据传递和接收的是参数数值或参数地址区分为 3 种：传值调用（call by value）、传址调用（call by address）和传引用调用（call by reference）。

16-3-1　传引用调用

传引用方式是 C++特有的参数传递方式，类似于传址调用，不过在传引用方式的函数中，形式参数不会另外分配内存存放实际参数传入的地址，而是直接把形式参数作为实际参数的一个别名（alias）。

简单地说，传引用调用不仅可以实现传址调用的功能，而且有传值调用便利性。在使用传引用调用时，只需要在函数原型和定义函数所要传递的参数前加上&运算符即可，传引用方式的函数声明形式如下：

```
返回数据类型 函数名称(数据类型 &参数1，数据类型 &参数2，…)；
或
返回数据类型 函数名称(数据类型 &，数据类型 &，…)；
```

传引用调用的函数调用形式如下：

```
函数名称(参数1，参数2，…)；
```

【范例：CH16_04.cpp】

下面的范例程序是以引用变量的传引用调用方式将参数的值加上另一个参数，最后该参数的值也会随之改变。

```
01  # #include <iostream>
02  #include <cstdlib>
03  using namespace std;
04
05  void add(int &,int &);          //传引用调用的 add()函数的原型
06
07  int main()
08  {
09      int a=5,b=10;
10
11      cout<<"调用 add()之前,a="<<a<<" b="<<b<<endl;
12      add(a,b); //调用 add 函数,执行 a=a+b;
13      cout<<"调用 add()之后,a="<<a<<" b="<<b<<endl;
14
15      system("pause");
16      return 0;
17  }
18
19  void add(int &p1,int &p2)//传址调用的函数定义
20  {
21      p1=p1+p2;
```

```
22  }
```

运行结果如图 16-8 所示。

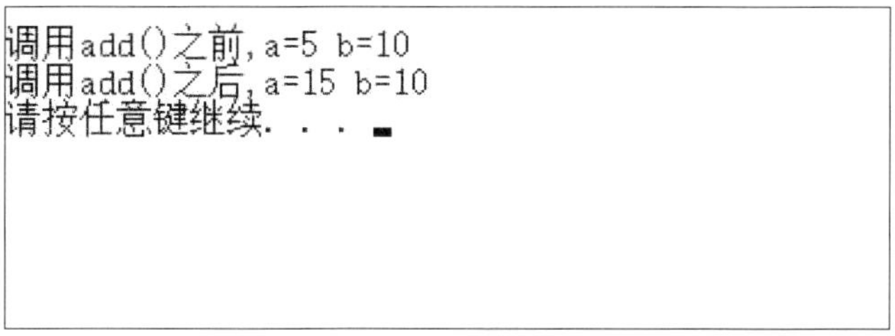

```
调用add()之前,a=5 b=10
调用add()之后,a=15 b=10
请按任意键继续. . .
```

图 16-8　范例程序 CH16_04.cpp 的运行结果

【程序说明】

第 5 行：声明传引用调用的函数原型，因此在函数原型中的变量都要加上&。

第 12 行：将参数 a 与 b 的地址传递到第 19 行中的 add()函数。

第 21 行：p1、p2 的值改变时，a、b 也会随之改变。

C++中的结构类型也可以使用传引用调用方式。当在函数内更改形式参数的值时，也会更改原先调用函数中的实际参数。在使用结构传引用调用时，只需要在函数原型和定义函数所要传递的参数前加上&运算符即可。函数原型声明如下：

```
函数类型 函数名称(struct 结构类型名称 &结构变量);
或
函数类型 函数名称(struct 结构类型名称 &);
```

例如：

```
int calculate(struct product &inbook);
```

调用时直接将结构变量的地址传入函数即可：

```
calculate(book);
```

16-3-2　内联函数

一般程序在进行函数调用前会先将一些必要信息（如调用函数的地址、传入的参数等）保留在堆栈中，以便在函数执行结束后可以返回原先调用函数的程序继续执行。因此，对于某些频繁调用的小型函数来说，这些堆栈存取的操作会降低程序的执行效率，这时可运用内联函数解决这个问题。

C++的内联函数（Inline Function）就是在程序中使用关键字 inline 定义的函数时，将调用inline 函数的部分直接替换成 inline 函数内的程序代码，而不会有实际的函数调用过程。如此一来，可以省下许多调用函数所花费的时间，同时减少主控权转换的次数，从而加快程序执行的效率。声明方式如下：

```
inline 数据类型 函数名称(数据类型 参数名称)
{
    程序语句区块；
}
```

【范例：CH16_05.cpp】

下面的范例程序将使用 inline 函数求取所输入的 3 个整数的和，并判断这个和是偶数还是奇数。

```cpp
01  #include<iostream>
02
03  using namespace std;
04
05  //内联函数定义
06  inline int fun1(int a, int b,int c)
07  {
08      return a+b+c;
09  }
10
11  int main()
12  {
13      int a,b,c;
14      cout<<"请输入三个数字:";
15      cin>>a>>b>>c;
16
17
18      if(fun1(a,b,c)%2==0) //调用内联函数
19          cout<<a<<"+"<<b<<"+"<<c<<"="<<a+b+c<<"为偶数"<<endl;
20      else
21          cout<<a<<"+"<<b<<"+"<<c<<"="<<a+b+c<<"为奇数"<<endl;
22
23      system("pause");
24      return 0;
25  }
```

运行结果如图 16-9 所示。

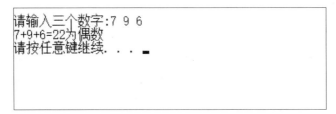

图 16-9 范例程序 CH16_05.cpp 的运行结果

【程序解析】

第 6~9 行：定义内联函数。

第 18 行：调用内联函数。

16-3-3 函数重载

函数重载（Function Overloading）是 C++新增的功能，借助函数重载的特性使得同一个函数名称可以定义成多个函数主体，而在程序中调用该函数名称时，C++会根据传递的形式参数个数与数据类型决定实际调用的函数。

在 C 语言中，同样设置参数值的操作对应不同参数行的类型就必须分别为函数取一个名称，例如：

```
char*  getData1(char*);
int  getData2(int);
float  getData3(float);
double  getData4(double);
```

在上述程序代码中，函数的用途只是为了设置一个参数值，却为了不同参数类型而在函数名称上伤透了脑筋。此时，就可以使用 C++所提供的函数重载功能定义相同意义的函数名称，例如：

```
char*  getData(char*);
int  getData(int);
float  getData(float);
double  getData(double);
```

在上述程序代码中，将会根据传入参数的数据类型决定调用的函数，如此可有效减少函数命名的冲突并整合相似功能的函数。另外，函数重载方式必须遵守以下两个原则：

（1）函数名称必须相同。

（2）各个重载函数间的参数行（arguments list）类型与个数不能完全相同。

【范例：CH16_06.cpp】

下面的范例程序将使用函数重载概念设计可输入不同类型值的同名函数，包括字符串、整数、单精度实数、双精度实数等，并返回所输入的值。

```
01  #include <iostream>
02  using namespace std;
03
04  char* getData(char*);//函数原型重载
05  int getData(int);
06  float getData(float);
07  double getData(double);
08
09  int main()
10  {
11      char cVal[10]="荣钦科技";//定义不同数据类型
12      int iVal=2004;
13      float fVal=2.3f;
14      double dVal=2.123;
15
```

```
16    cout<<"执行 char* getData(char*)   => "<<getData(cVal)<<endl;
17    cout<<"执行 int getData(int)       => "<<getData(iVal)<<endl;
18    cout<<"执行 float getData(float)   => "<<getData(fVal)<<endl;
19    cout<<"执行 double getData(double) => "<<getData(dVal)<<endl;
20
21    system("pause");
22    return 0;
23 }
24 //定义重载函数内容
25 char* getData(char* cVal)
26 {
27    return cVal;
28 }
29
30 int getData(int iVal)
31 {
32    return iVal;
33 }
34
35 float getData(float fVal)
36 {
37    return fVal;
38 }
39
40 double getData(double dVal)
41 {
42    return dVal;
43 }
```

运行结果如图 16-10 所示。

```
执行 char* getData(char*)   => 荣钦科技
执行 int getData(int)       => 2004
执行 float getData(float)   => 2.3
执行 double getData(double) => 2.123
请按任意键继续. . .
```

图 16-10 范例程序 CH16_06.cpp 的运行结果

【程序说明】

第 4~7 行：函数原型重载。

第 16~19 行：调用不同的重载函数。

第 25~43 行：定义重载函数内容。

16-4　类

对象是面向对象程序设计最基本的元素，每一个对象在程序设计语言中的实现都必须通过类声明。C++与 C 的最大差别在于 C++加入了类，类的概念其实是由 C 的结构类型派生而来。类类型与结构类型的差别在于结构类型只能包含数据变量，而类类型（Class Type）可扩展到包含处理数据的函数。以下为结构与类的声明范例，大家可以细心比较：

结构声明：

```
struct  Student     //结构名称
{
   char name[20];       //数据变量
   int  height;
   int  weight;         //不可在结构内定义成员/函数;
}
```

类声明：

```
class  Student   //类名称
{
   char name[20];       //数据成员(属性)
   int  height;
   int  weight;

   void show_datar()    //可以在类内定义成员/函数;
   {
    cout<<height;       //显示类内的数据成员
    cout<<weight;
   }
}
```

16-4-1　类的声明

C++中用来声明类类型的关键字是 class，而"类名称"可由用户自行设置，但也必须符合 C++的标识符命名规则。程序设计者可以在类中定义多种数据类型，这些数据称为类的"数据成员"（Data Member），类中存取数据的函数称为"成员函数"（Member Function）。

在 C++中，类的原型声明语法如下：

```
class 类名称     //声明类
 {
  private:
   私有成员    //声明私有数据成员
  public:
   公有成员    //声明公有成员函数
 };
```

例如，定义一个 Student 类，并在类中加入一个私有"数据成员"与两个公有"成员函数"：

```
class Student                    //声明类
{
private:
    int StuID;                   //声明私有数据成员
public:
    void input_data()            //声明公有成员函数
    {
        cout << "请输入学号： " << endl;
        cin >> StuID;
    }
    void show_data()             //声明公有成员函数
    {
        cout << "您的学号： " << StuID << endl;
    }
};
```

上例是一个非常典型的类声明模式，用法与声明方式说明如下：

● 数据成员

数据成员主要用于描述类的状态，我们可以使用任何数据类型将其定义在 class 内。简单来说，数据成员就是数据变量部分，定义数据成员时不可设置初值。

类的数据成员的声明和一般变量的声明相似，唯一不同之处在于类的数据成员可以设置访问权限。通常数据成员的访问权限设为 private（私有的），如果要存取数据成员，就要通过成员函数。声明的语法如下：

数据类型 变量名称；

● 成员函数

成员函数是指作用于数据成员的相关函数，用于描述类的行为。通常运用于内部状态改变的操作或者作为与其他对象沟通的桥梁。成员函数与一般函数的定义类似，只不过封装在类中，函数的个数并无限定。声明的语法如下：

返回类型 函数名称(参数行)
{

    程序语句；

}

16-4-2　访问权限关键字

在类声明的两个大括号（{}）中可使用访问权限修饰词定义类所属的成员，访问权限修饰词可分为以下 3 种：

```
class 类名称
{
private:      // 不被外界所访问，未定义时默认为此访问权限
私有成员
  protected:  // 只被继承的类所引用
    保护成员
  public:      // 无访问限制，可任意存取
    公有成员
  ...
};
```

其中，3 种访问权限修饰词的作用与意义说明如下：

- private：代表此区块属于私有成员，具有最高的保护权限。也就是此区块内的成员只可被此对象的成员函数所访问，在类中的默认访问类型为私有成员，即使不加访问权限修饰词 private 也无妨。

- protected：代表此区块属于保护成员，保护权限排在第二位。外界无法存取声明在 protected 后的成员，此权限主要让继承此类的新类能定义该成员的访问权限，也就是专为继承关系而量身定做的一种访问模式。

- public：代表此区块属于公有成员，对声明在其后的成员完全不受限，此访问权限具有最低的保护级别。此区块内的成员是类提供给用户的接口，可被其他对象或外部程序调用与存取。通常为了实现数据隐藏的目的，会将成员函数声明为 public 访问权限。

16-4-3　创建类对象

成功声明与定义类就相当于创建了一种新的数据类型，可以使用这种类型声明和创建一般对象。创建类对象的声明格式如下：

```
类名称 对象名称;
```

类名称是指 class 定义的名称，对象名称则用来存放类类型的变量名称。每一个声明类类型的对象都可以访问或调用自己的成员数据或成员函数，以下是访问一般对象中数据成员与成员函数的方式：

```
对象名称.类成员; //访问数据成员
对象名称.成员函数(参数行)//访问成员函数
```

【范例：CH16_07.cpp】

下面的范例程序将使用类类型所声明的一般对象让用户输入学号、数学成绩以及英语成绩，之后将总分和平均分显示出来。

```
01  #include <iostream>
02  #include <cstdlib>
```

```
03  using namespace std;
04
05  class Student                    //声明 Student 类
06  {
07  private:                         //声明私有数据成员
08      char StuID[8];
09      float Score_E,Score_M,Score_T,Score_A;
10  public:                          //公有数据成员
11      void input_data()            //声明成员函数
12      {
13      cout << "**请输入学号及各科成绩**" << endl;
14      cout << "学号: ";
15      cin >> StuID;
16      }
17      void show_data()             //声明成员函数
18      {
19
20      cout << "输入英语成绩: "; //实现 input_data 函数
21       cin >> Score_E;
22       cout << "输入数学成绩: ";
23       cin >> Score_M;
24       Score_T = Score_E + Score_M;
25       Score_A = (Score_E + Score_M)/2;
26       cout << "================================" << endl;//实现 show_data 函数
27       cout << "学生学号: " << StuID << "" << endl;
28       cout << "总分是" << Score_T << "分,平均是" << Score_A << "分" <<    endl;
29      cout << "================================" << endl;
30      }
31  };
32
33  int main()
34  {
35      Student stud1;               //声明 Student 类的对象
36      stud1.input_data();          //调用 input_data 成员函数
37      stud1.show_data();           //调用 input_data 成员函数
38
39      system("pause");
40      return 0;
41  }
```

运行结果如图 16-11 所示。

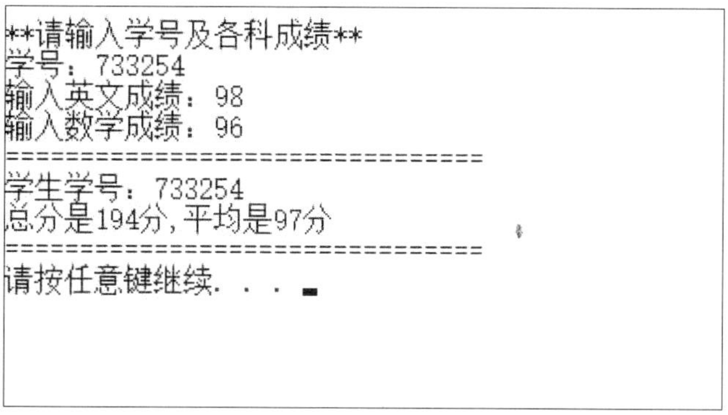

图 16-11 范例程序 CH16_07.cpp 的运行结果

【程序说明】

第 5~31 行：声明与定义 Student 类。

第 8~9 行：声明私有数据成员。

第 11~30 行：声明与定义成员函数。

第 35~37 行：声明一个 stud1 对象，并通过 stud1.input_data() 与 stud1.show_data() 成员函数访问 Student 类内的私有数据成员。

在此特别说明一点，也可以使用指针形式创建对象，语法如下：

```
类名称* 对象指针名称 = new 类名称;
```

声明为类类型的对象可以访问或调用自己的成员数据或成员函数，即使是指针形式也不例外。以下是访问指针对象中数据成员与成员函数的方式，这时必须使用 -> 符号：

```
对象指针名称->数据成员 //访问数据成员
对象指针明称->成员函数(参数行)
```

16-5 构造函数与析构函数

在 C++中，类的构造函数（Constructor）可以用于对象的初始化，也就是在声明对象后，如果希望设置对象中数据成员的初始值，就可以使用构造函数声明。析构函数（Destructor）用于对象生命周期结束时释放对象所占用的内存。

16-5-1 构造函数

构造函数是一种初始化类对象的成员函数，可用于设置对象内部私有数据成员的初始值。每个类至少有一个构造函数，当声明类时，如果没有定义构造函数，C++就会自动提供一个没有任何程序语句和参数的默认构造函数（Default Constructor）。

构造函数具备以下特性，声明方式和成员函数类似：

1. 构造函数的名称必须与类名称相同，例如 class 名称为 MyClass，则构造函数为

MyClass()。

2. 不需要指定返回类型，也就是没有返回值。

3. 对象被创建时自动产生默认构造函数，默认构造函数并不提供参数行传入。

4. 构造函数可以有重载功能，也就是一个类中可以存在多个相同名称但参数行不同的构造函数。

```
类名称(参数行)
{
    程序语句
}
```

【范例：CH16_08.cpp】

下面的范例程序用于示范构造函数的声明与定义，除了可以省略默认构造函数外，还定义了3个参数的构造函数，在创建类对象时给予对象不同的初值。

```
01  #include <iostream>
02  #include <cstdlib>
03  using namespace std;
04
05  class Student           //声明类
06  {
07  private:        //私有数据成员
08  int StuID;
09  float English,Math,Total,Average;
10
11  public:              //公有函数成员
12
13   Student(); //默认构造函数，也可以省略
14   Student(int id, float E, float M)           //声明构造函数
15   {
16    StuID=id;       //设置 StuID=参数 id
17    English=E;      //设置 English=参数 E
18    Math=M;         //设置 Math=参数 M
19    Total = E + M;
20    Average = (E + M)/2;
21
22    cout << "----------------------------------" << endl;
23    cout << "学生学号: " << StuID << "" << endl;
24    cout<<"英语成绩:"<<E<<endl;
25    cout<<"数学成绩:"<<M<<endl;
26    cout << "总分是" << Total << "分,平均是" << Average << "分" << endl;
27   }
28  };
29
30   int main(){
31
32          Student stud1(920101,80,90);     //设置 stud1 对象初值
33          Student stud2(920102,60,70);     //设置 stud2 对象初值
```

```
34          cout << "------------------------------------" << endl;
35
36          system("pause");
37          return 0;
38          }
```

运行结果如图 16-12 所示。

```
------------------------------------
学生学号：920101
英语成绩:80
数学成绩:90
总分是170分,平均是85分
------------------------------------
学生学号：920102
英语成绩:60
数学成绩:70
总分是130分,平均是65分
------------------------------------
请按任意键继续. . .
```

图 16-12　范例程序 CH16_08.cpp 的运行结果

【程序说明】

第 13 行：默认构造函数，也可以省略。

第 14~27 行：声明与定义构造函数。

第 32 行：声明 stud1 对象，并使用构造函数设置初值。

第 33 行：声明 stud2 对象，并使用构造函数设置初值。

事实上，构造函数也具备重载功能，我们可以使用构造函数中不同参数或类型调用相对应的构造函数。

【范例：CH16_09.cpp】

下面的范例程序将实现构造函数的重载功能，我们可以清楚地了解构造函数重载的声明与使用。

```
01 #include <iostream>
02 #include <cstdlib>
03 using namespace std;
04
05 class MyClass //定义一个 Class, 名称为 MyClass
06 {
07 public:        //访问权限为 public(公有)
08    MyClass()
09    {
10        cout<<"无任何参数传入的构造函数"<<endl;
11    }
12
```

```
13      MyClass(int a)
14      {
15          cout<<"传入一个参数值的构造函数"<<endl;
16          cout<<"a="<<a<<endl;
17      }
18
19      MyClass(int a,int b)
20      {
21          cout<<"传入两个参数值的构造函数\n";
22          cout<<"a="<<a<<" b="<<b<<endl;
23      }
24
25  private:
26      // MyClass(){}  若重复定义，编译时将产生错误
27  };
28
29  int main()
30  {
31      int a,b;
32      //指针类型的类对象
33      a=100,b=88;
34      MyClass myClass1;
35      cout<<"------------------------------------"<<endl;
36      MyClass MyClass2(a);
37      cout<<"------------------------------------"<<endl;
38      MyClass MyClass3(a,b);
39      cout<<"------------------------------------"<<endl;
40
41      system("pause");
42      return 0;
43  }
```

运行结果如图 16-13 所示。

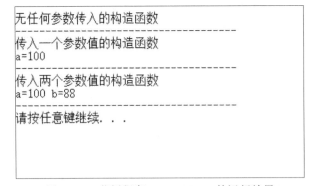

图 16-13　范例程序 CH16_09.cpp 的运行结果

【程序说明】

第 8~11 行：无任何参数传入的构造函数。

第 13~17 行：传入一个参数值的构造函数。

第 19~23 行：传入两个参数值的构造函数。

第 34、36、38 行：指针类型的类对象。

16-5-2　析构函数

对象被创建时会在构造函数内动态分配若干内存空间，当程序结束或对象被释放时，该动态分配所产生的内存空间并不会自动释放，这时必须经由析构函数执行内存释放的操作。

"析构函数"所做的事情刚好和构造函数相反，功能是在对象生命周期结束后在内存中执行清除与释放对象的操作。析构函数的名称必须与类名称相同，但前面必须加上 ~ 符号，并且不能有任何参数行。声明语法如下：

```
~类名称()
{
    //程序主体
}
```

1. 析构函数不可以重载（overload），一个类只能有一个析构函数。

2. 析构函数的第一个字符必须是~，其余字符与该类的名称相同。

3. 析构函数不含任何参数，也不能有返回值。

4. 当对象的生命期结束或用 delete 语句将当初用 new 语句创建的对象释放时，编译程序会自动调用析构函数。在程序区块结束前，所有在区块中曾经声明的对象都会按照先构造后析构的顺序执行。

【范例：CH16_10.cpp】

下面的范例程序用来说明析构函数的声明与使用过程。析构函数如同构造函数，声明名称都为 class 名称，但是析构函数必须在名称前加上 ~，且析构函数无法重载和传入参数。

```
01  #include <iostream>
02  #include <cstdlib>
03  using namespace std;
04
05  class testN        //声明类
06      {
07          int no[20];
08          int i;
09          public:
10          testN()        //声明构造函数
11            {
12              int i;
13                for(i=0;i<10;i++)
14                  no[i]=i;
15                  cout << "构造函数执行完成." << endl;
16            }
17          ~testN()            //声明析构函数
18            {
```

```
19              cout << "析构函数被调用.\n 显示数组内容：";
20              for(i=0;i<10;i++)
21              cout << no[i] << " ";
22              cout << "\n" <<"析构函数已执行完成." << endl;
23          }
24          };
25
26      int show_result()
27      {
28          testN test1;// 对象离开程序区块前会自动调用析构函数
29          return 0;
30      }
31
32      int main()
33      {
34      show_result(); //调用有 testN 类对象的函数
35
36      system("pause");
37      return 0;
38      }
```

运行结果如图 16-14 所示。

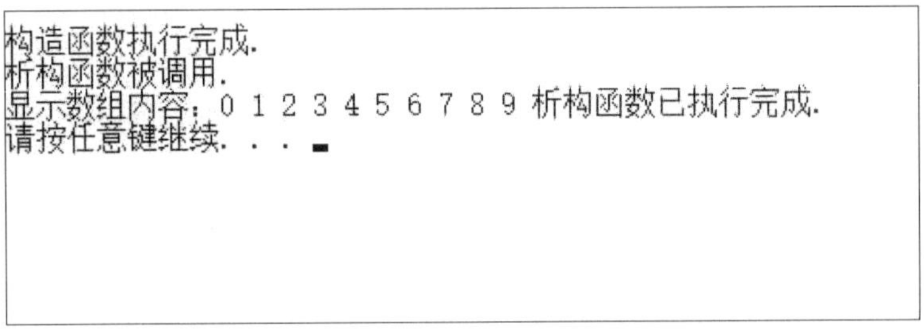

构造函数执行完成.
析构函数被调用.
显示数组内容：0 1 2 3 4 5 6 7 8 9 析构函数已执行完成.
请按任意键继续. . .

图 16-14　范例程序 CH16_10.cpp 的运行结果

【程序说明】

第 10~16 行：声明构造函数。

第 17~23 行：声明析构函数。

第 28 行：对象离开程序区块前会自动调用析构函数。

第 34 行：调用有 testN 类对象的函数。

16-5-3　作用域解析运算符

前面的类声明范例都把成员函数定义在类内，事实上类成员函数的程序代码不一定要写在类中，我们也可以在类中事先声明成员函数的原型，然后在类外实现成员函数的程序代码。

要在类外实现成员函数，只要在外部定义时在函数名称前加上类名称与作用域解析运算符（::）即可。作用域解析运算符的主要作用是指出成员函数所属的类。

【范例：CH16_11.cpp】

下面的范例程序的类中声明了 input_data 成员函数与 show_data 成员函数的原型，并在类外实现成员函数的程序代码，主要为了让大家了解两种程序代码定义方式的不同。

```cpp
01  #include <iostream>
02  #include <cstdlib>
03  using namespace std;
04
05  class Student            //声明类
06  {
07  private:                 //私有数据成员
08      int StuID;
09  public:
10      void input_data();   //声明成员函数的原型
11      void show_data();
12  };
13  void Student::input_data()      //实现 input_data 函数
14  {
15      cout << "请输入您的成绩: " ;
16      cin >> StuID;
17  }
18  void Student::show_data()            //实现 show_data 函数
19  {
20      cout << "成绩是: " << StuID << endl;
21  }
22   int main()
23   {
24    Student stu1;
25    stu1.input_data();
26    stu1.show_data();
27
28      system("pause");
29      return 0;
30
31   }
```

运行结果如图 16-15 所示。

图 16-15　范例程序 CH16_11.cpp 的运行结果

【指令解析】

第 13~17 行：在类外使用作用域解析运算符实现 input_data 函数。

第 18~21 行：在类外使用作用域解析运算符实现 show_data 函数。

在此说明一点，因为构造函数是一种公有成员函数，所以可以使用"作用域解析运算符"将构造函数内的程序主体置于类外。

【范例：CH16_12.cpp】

下面的范例程序除了定义默认构造函数内容及声明 3 个参数的构造函数，还将构造函数的程序代码像成员函数一样在类外实现。

```
01  #include <iostream>
02  #include <cstdlib>
03  using namespace std;
04
05  class Student                    //声明类
06  {
07  private:                         //私有数据成员
08      int StuID;
09      float Score_E,Score_M,Score_T,Score_A;
10  public:                          //公有数据成员
11      Student();                   //声明默认构造函数
12      Student(int id,float E,float M);   //声明 3 个参数的构造函数
13      void show_data();            //声明成员函数的原型
14  };
15  Student::Student()     //构造函数设置数据成员的初始值在 Student 类外
16  {
17      StuID = 920101;
18      Score_E = 60;
19      Score_M = 80;
20  }
21  Student::Student(int id,float E,float M)    //使用参数设置初始值
22  {
23      StuID=id;                //设置 StuID=参数 id
24      Score_E=E;               //设置 Score_E=参数 E
25      Score_M=M;               //设置 Score_M=参数 M
26  }
27  void Student::show_data()              //实现 show_data 函数
28  {
29      Score_T = Score_E + Score_M;
30      Score_A = (Score_E + Score_M)/2;
31      cout << "====================" << endl;
32      cout << "学生学号: " << StuID << "" << endl;
33      cout << "总分是" << Score_T << "分,平均是" << Score_A << "分" << endl;
34  }
35  int main()
36  {
37      Student stud;    //声明 Student 类的对象,此时会调用无参数的构造函数
38      stud.show_data();                //调用 show_data 成员函数
39      Student stud1(920102,30,40);     //声明 Student 类的对象,此时会调用 3 个参数的构造函数
40      stud1.show_data();               //调用 show_data 成员函数
41
```

```
42     system("pause");
43     return 0;
44 }
```

运行结果如图 16-16 所示。

```
==================
学生学号：920101
总分是140分，平均是70分
==================
学生学号：920102
总分是70分，平均是35分
请按任意键继续. . .
```

图 16-16 范例程序 CH16_12.cpp 的运行结果

【程序说明】

第 11 行：声明默认构造函数。

第 12 行：声明 3 个参数的构造函数。

第 15~26 行：使用作用域解析运算符将构造函数定义在类外。

第 37 行：声明 Student 类的对象，此时会调用默认构造函数。

第 39 行：声明 Student 类的对象，此时会调用 3 个参数的构造函数。

16-6 上机程序测验

1. 请设计一个 C++程序，使用基本输入输出运算符输入与输出一个数字。

解答：参考范例程序 ex16_01.cpp

2. 请设计一个 C++程序，分别以字符、十进制、八进制、十六进制的数值与 ASCII 码赋值给字符变量 ch，并且得到相同的输出结果。

解答：参考范例程序 ex16_02.cpp

3. 请设计一个 C++程序，能够让用户输入准备兑换的金额，并且输出能够兑换的 100 元、50 元与 10 元的数量。

解答：参考范例程序 ex16_03.cpp

4. 请设计一个 C++程序，分别在函数中以传值 CallByValue( )函数及传址 CallByAddress( )函数两种方式设置参数值，并在同一个 CallMix( )函数中混合采用传值与传址两种不同的参数传递方式。

解答：参考范例程序 ex16_04.cpp

5. 请设计一个完整的程序，其中定义了 Cube 类的对象，并计算 3 个数据成员的立方和。

解答：参考范例程序 ex16_05.cpp

6. 请设计一个程序，以 a 对象调用 sum 函数，并将 b 对象当作参数传给 sum 函数。

```
class Addsum
{
 int x;
 public:
 //声明构造函数的原型
 Addsum(int);
 //声明函数原型
 void sum(Addsum);    //传入类参数
 void show();
};
```

解答：参考范例程序 ex16_06.cpp

16-7　课后练习

【问答与实践题】

1. 简单的 Hello! World! 字符串输出程序通常是学习程序设计的第一个范例，下面的 Hello! World! 程序中出现了问题，请问问题在哪里？

```
01 #include <iostream>
02 using namespace std;
03 int main()
04 {
05     cout<<"Hello! World!"
06     return 0;
07 }
```

2. 请说明 C++的程序注释。

3. 请指出下列程序代码在编译时会出现什么错误，为什么？

```
#include <iostream>
int main()
{
 int a;
 a=10
 cout >> "a的值为: " >> a >> endl
}
```

4. 请说明命名空间的意义以及标准链接库所属的命名空间是什么？如何开放命名空间？

5. C++中的浮点数有哪 3 种，所使用的位数与表示范围分别是多少？

6. 以下 C++多维数组参数传递程序中，哪一行程序代码有错，为什么？

```
01    int main()
02    {
03        int score_arr[][5]={{78,69,83,90,75},{11,22,33,44,55}};
```

```
04          print_arr(score_arr,2,5);
05          return 0;
06      }
07      void print_arr(int arr[ ][ ],int r,int c)
08      {
09          int i,j;
10          for(i=0; i<r; i++)
11          {
12              for(j=0; j<c;j++)
13                  cout<<arr[i][j]<< " ",;
14              cout<<endl;
15          }
16      }
```

7. 什么是 C++的传引用调用方式？

8. C++的内联函数的作用是什么？

9. 试说明函数重载的意义与功能。

10. 试说明默认构造函数与一般构造函数的不同。

11. 试简述面向对象程序设计的特色。

12. 试说明 C++的类与结构类型的不同之处。

13. 类访问修饰词可分为哪 3 种？

14. 作用域解析运算符（::）的作用是什么？

15. 下列程序代码有什么错误，请指出并加以修正，使程序代码能编译通过。

```
01      #include <iostream>
02      class ClassA
03      {
04          int x;
05          int y;
06      };
07      int main(void)
08      {
09          ClassA formula;
10          formula.x=10;
11          formula.y=20;
12          cout<<"formula.x = "<<formula.x<<endl;
13          cout<<"formula.y = "<<formula.y<<endl;
14          return 0;
15      }
```

【习题解答】

1. 解答：第 05 行后没有加上分号。

2. 解答：C++的程序注释是用来对源代码加注说明的，在编译 C++程序的过程中，遇到注释符号时会忽略其所标记的内容而不加以编译。C++中有两种标记注释的方式，一种是用于单行的注释符号 //，另一种是常用于标记区段注释的 /* 与 */ 符号。

3. 解答：cout 代表从终端屏幕输出数据的对象，借助 << 运算符指定 cout 对象的内容到终端屏幕上输出数据，注意不是 >>。

4. 解答：命名空间是将一些具有关联性的信息集合在一起成为一个独立空间，要使用定义在命名空间下的对象，就必须特别指定该对象所属的命名空间。即使是名称相同的对象，分别属于不同的命名空间就会被附予不同的功能特性，从而使用起来不会产生混淆。

标准链接库所属的命名空间为 std。

可以使用"using namespace 命名空间名称;"语句开放某一个命名空间。

5. 解答：C++中的浮点数可以分为单精度浮点数、双精度浮点数、长双精度浮点数 3 种。

数据类型	字节	表示范围
float	4	1.17E-38~3.4E + 38 (精确至小数点后 7 位)
double	8	2.25E – 308~1.79E+308 (精确至小数点后 15 位)
long double	12	1.2E +/- 4932 (精确至小数点后 19 位)

6. 解答：第 07 行有错，因为在数组参数传递的程序中，第一维下标可省略，而其他维数的下标都必须清楚定义长度。

7. 解答：传引用方式类似于传址调用的一种。在传引用方式的函数中，形式参数并不会另外分配内存用于存放实际参数传入的地址，而是直接把形式参数作为实际参数的一个别名。简单地说，传引用调用不但可以做到传址调用的功能，而且有传值调用的便利性。在使用传引用调用时，只需要在函数原型和定义函数所要传递的参数前加上&运算符即可。

8. 解答：C++的内联函数（inline function）就是当程序中使用到关键字 inline 定义的函数时，C++会将调用 inline 函数的部分直接替换成 inline 函数内的程序代码，而不会有实际的函数调用过程。

9. 解答：函数重载是 C++新增的功能，借助函数重载的特性使得同一个函数名称可以用来定义成多个函数主体。在程序中调用该函数名称时，C++会根据传递的形式参数个数与数据类型决定实际调用的函数。

10. 解答：由于每个类至少有一个构造函数，因此当我们声明一个类时，如果没有定义构造函数，编译程序就会自动提供一个空的默认构造函数，里面不包含任何程序语句及参数。

11. 解答：面向对象程序设计的主要精神是将存在于日常生活中的对象概念应用在软件设计的开发模式中。也就是说，面向对象程序设计能让大家从事程序设计时以一种更生活化、可读性更高的设计概念进行，并且所开发出来的程序也更容易扩充、修改及维护。

12. 解答：类在 C++的面向对象程序设计中属于用户定义的抽象数据类型，类的概念其实是由 C 的结构类型派生而来，二者的差别在于结构类型只能包含数据变量，而类类型可扩充到包含处理数据的函数。

13. 解答：

private：代表此区块属于私有成员，具有最高的保护级别。也就是此区块内的成员只可被此对象的成员函数存取。

protected：代表此区块属于保护成员，保护级别排第二。外界无法存取声明在 protected

后的成员，此访问权限主要让继承此类的新类能定义成员的访问权限。

public：代表此区块属于公有成员，对声明在 public 后的成员完全不受限，此访问权限具有最低的保护级别。此区块内的成员是类提供给用户 public 的接口，可被其他对象或外部程序调用与访问。

14. 解答：作用域解析运算符的主要作用是指出成员函数所属的类。在类外面实现成员函数时，只要在外部定义时在函数名称前面加上类名称与作用域解析运算符（::）即可。

15. 解答：在第 4 行插入一个访问修饰词 public: 即可通过编译。

附 录 A

◀ C 的标准函数库 ▶

C 语言是一种相当模块化的语言，所拥有的指令非常精简，大部分程序功能都是通过函数实现的，主程序由 main() 函数执行，这是 C 程序可移植性高的主要原因。

除了使用自定函数外，还可以使用 C 语言中的标准函数库，例如直接使用#include 指令在头文件中包含所需的函数。在本附录中会将常用的函数整理出来，方便大家日后在程序设计时使用与查阅。

A-1　字符串处理函数

C 语言提供了相当多字符串处理函数，只要包含<string.h>头文件，就可以轻松使用这些函数，表 A-1 列出了一些比较常用的字符串函数与说明。

表 A-1　比较常用的字符串函数与说明

函数原型	说明
size_t strlen(char *str);	返回字符串 str 的长度
char *strcpy(char *str1, char *str2);	将 str2 字符串复制到 str1 字符串，并返回 str1 的地址
char *strncpy(char *d, char *s, int n);	复制 str2 字符串前 n 个字符到 str1 字符串，并返回 str1 的地址
char *strcat(char *str1, char *str2);	将 str2 字符串连接到 str1 字符串，并返回 str1 的地址
char *strncat(char *str1, char *str2,int n);	连接 str2 字符串前 n 个字符到 str1 字符串，并返回 str1 地址
int strcmp(char *str1, char *str2);	比较 str1 字符串与 str2 字符串。如果 str1 > str2，就返回正值；如果 str1 == str2，就返回 0；如果 str1 < str2，就返回负值
int strncmp(char *str1, char *str2, int n);	比较 str1 字符串与 str2 字符串的前 n 个字符。如果 str1 > str2，就返回正值；如果 str1 == str2，就返回 0；如果 str1 < str2，就返回负值
int strcmpi(char *str1, char *str2);	以不考虑大小写的方式比较 str1 字符串与 str2 字符串。如果 str1 > str2，就返回正值；如果 str1 == str2，就返回 0；如果 str1 < str2，就返回负值
int stricmp(char *str1, char *str2);	将两个字符串转换为小写后，开始比较 str1 字符串与 str2 字符串。如果 str1 > str2，就返回正值；如果 str1 == str2，就返回 0；如果 str1 < str2，就返回负值

（续表）

函数原型	说明
int strnicmp(char *str1, char *str2);	以不考虑大小写的方式比较 str1 字符串与 str2 字符串前面 n 个字符。如果 str1 > str2，就返回正值；如果 str1 == str2，就返回 0；如果 str1 < str2，就返回负值
char *strchr(char *str, char c);	搜索字符 c 在 str 字符串中第一次出现的位置，如果找到了就返回该位置的地址，如果没有找到就返回 NULL
char *strrchr(char *str, char c);	搜索字符 c 在 str 字符串中最后一次出现的位置，如果找到了就返回该位置的地址，如果没有找到就返回 NULL
char *strstr(char *str1, char *str2);	搜索 str2 字符串在 str1 字符串中第一次出现的位置，如果找到了就返回该位置的地址，如果没有找到就返回 NULL
char *strlwr(char *str);	将 str 字符串中的大写字母转成小写
char *strupr(char *str);	将 str 字符串中的小写字母转成大写
char *strrev(char *str);	除了终止符外，将 str 字符串中的字符顺序倒置
char *strset(char *str, int ch);	除了结尾字符，将字符串中的每个值都设置为 ch 字符
size_t strcspn(char *str1, char *str2);	搜索字符串 str2 中非空白的任意字符在 str1 中第一次出现的位置

A-2　字符处理函数

C 语言的头文件<ctype.h>中也提供了许多针对字符处理的函数。表 A-2 是一些比较常用的字符处理函数与说明。

表 A-2　比较常用的字符处理函数与说明

函数原型	说明
int isalpha(int c);	如果 c 是一个字母字符就返回 1(True)，否则返回 0(False)
int isdigit(int c);	如果 c 是一个数字字符就返回 1(True)，否则返回 0(False)
int isxdigit(int c);	如果 c 是十六进制数字的 ASCII 字符就返回 1(True)，否则返回 0(False)
int isspace(int c);	如果 c 是空格符就返回 1(True)，否则返回 0(False)
int isalnum(int c);	如果 c 是字母或数字字符就返回 1(True)，否则返回 0(False)
int iscntrl(int c);	如果 c 是控制字符就返回 1(True)，否则返回 0(False)
int isprint(int c);	如果 c 是一个可以打印的字符就返回 1(True)，否则返回 0(False)
int ispunct(int c);	如果 c 是空白、英文或数字字符以外的可打印字符就返回 1(True)，否则返回 0(False)
int islower(int c);	如果 c 是一个小写的英文字母就返回 1(True)，否则返回 0(False)
int isupper(int c);	如果 c 是一个大写的英文字母就返回 1(True)，否则返回 0(False)
int tolower(int c);	如果 c 是一个大写的英文字母就返回小写字母，否则直接返回 c
int toupper(int c);	如果 c 是一个小写的英文字母就返回大写字母，否则直接返回 c
int iscntrl(int c);	如果 c 是控制字符就返回 1(True)，否则返回 0(False)
int toascii(int c);	将 c 转为有效的 ASCII 字符
int isgraph(int c);	如果 c 不是空白的可打印字符就返回 1(True)，否则返回 0(False)
Int isascii(int c);	判断 c 是否为 0~127 中的 ASCII 值

A-3　常用数学函数

C 语言还提供了许多数学函数，可以以这些函数为基础组合一个复杂的数学公式，这些函数都定义于 math.h 头文件中，函数说明如表 A-3 所示。

表 A-3　常用数学函数说明

函数原型	说明
double sin(double x);	传入的参数为弧度值，返回值为其正弦值
double cos(double x);	传入的参数为弧度值，返回值为其余弦值
double tan(double x);	传入的参数为弧度值，返回值为其正切值
double asin(double x);	传入的参数为正弦值，必须介于-1～1 之间，返回值为反正弦值
double acos(double x);	传入的参数为余弦值，必须介于-1～1 之间，返回值为反余弦值
double atan(double x);	传入的参数为正切值，返回值为反余切值
double sinh(double x);	传入的参数为弧度，返回值为双曲线正弦值
double cosh(double x);	传入的参数为弧度，返回值为双曲线余弦值
double tanh(double x);	传入的参数为弧度，返回值为双曲线正切值
double exp(double x);	传入实数，返回 e 的 x 次方值
double log(double x);	传入大于 0 的实数，返回该数的自然对数
double log10(double x);	传入大于 0 的实数，返回该数以 10 为底的对数
double ceil(double x);	返回不小于 x 的最小整数（无条件进位）
double fabs(double x);	返回 x 的绝对值
double floor(double x);	返回不大于 x 的最大整数（无条件舍去）
double pow(double x, double y);	返回 x 的 y 次方
double pow10(int p);	返回 10 的 p 次方值
double sqrt(double x);	返回 x 的平方根，x 不可为负数
double fmod(double x,double y);	计算 x/y 的余数，其中 x, y 都为 double 类型
double modf(double x,double *intprt);	将 x 分解成整数与小数两部分，intprt 存储整数,函数返回值为小数部分
long labs(long n);	计算长整数 n 的绝对值
long labs(long n);	计算长整数 n 的绝对值
long fabs(double x);	计算浮点数 x 的绝对值
int rand(void);	产生 0～32767 之间的假随机数，因为 rand()函数是根据固定的随机数公式产生的，表面看起来是随机数，但是每次重新执行程序所产生的数都会有相同的顺序，所以称之为假随机数
int srand(unsigned seed);	设置随机数种子初始化 rand()随机数的起点，可以随机设置随机数的起点，每次所得到的随机数顺序不会相同，这个起点称为"随机数种子"，通常我们使用系统时间作为随机数种子
void randomize(void)	Randomize 是一个宏函数，可用来产生新的随机数种子

A-4　时间与日期函数

C 语言提供的与时间、日期相关的函数定义于 time.h 头文件中。常用的时间与日期函数如表 A-4 所示。

表 A-4　常用的时间与日期函数说明

函数原型	说明
time_t time(time_t *timer);	设置当前系统的时间，如果没有指定 time_t 类型，就使用 NULL，表示返回系统时间。time()会回应从 1970 年 1 月 1 日 00:00:00 到当前时间所经过的秒数
char* ctime(const time_t *timer);	将 time_t 长整数转换为字符串，采用我们可以理解的时间表示形式
struct tm *localtime(const time_t *timer);	获取当地时间并返回 tm 结构，tm 结构中定义了年、月、日等信息，定义在 time.h 头文件中
char* asctime(const struct tm *tblock);	传入 tm 结构指针，将结构成员以我们可以理解的时间形式呈现
struct tm *gmtime(const time_t *timer);	获取格林尼治标准时间，并返回 tm 结构
clock_t clock(void);	获取程序从开始运行到该行程序语句所经过的频率数，clock_t 类型定义于 time.h 头文件中，为一个长整数，表示系统频率数
double difftime(time_t t2,time_t t1);	返回 t2 与 t1 的时间差距，单位为秒

A-5　类型转换函数

C 语言提供了将字符串转换为数字数据类型的函数，定义于<stdlib.h>头文件中。使用这些函数的前提是必须由数字字符组成字符串。表 A-5 列出了一些比较常用的类型转换函数与说明。

表 A-5　常用的类型转换函数与说明

函数原型	说明
double atof(const char *str);	把字符串 str 转为双精度浮点数（double float）数值
int atoi(const char *str);	把字符串 str 转为整数（int）数值
long atol(const char *str);	把字符串 str 转为长整数（long int）数值
itoa(int value,char *str,int radix);	将 value 转换为指定的数字进制系统（2~36）对应的数字，并存在 str 字符串内
ltoa(long value,char *str,int radix);	将长整数 value 转换为指定的数字进制系统（2~36）对应的数字，并存在 str 字符串内

A-6　流程控制函数

C 语言提供了程序运行时的终止与结束函数，定义于<stdlib.h>头文件中。表 A-6 列出了一些比较常用的流程控制函数与说明。

表 A-6　常用的流程控制函数与说明

函数原型	说明
void exit(int status);	程序正常终止，如果程序终止时为正常状态，就会传递数值 0，非 0 用来表示程序发生错误
void abort(void);	程序异常，立即终止。abort() 会造成程序立即终止，不会执行任何善后操作，已经打开的文件可能没有关闭
int system(char *str);	从 DOS 中执行命令

附 录 B
◄ C编译程序的介绍与安装 ►

C/C++ 语言是一种功能强大的程序设计语言，可以协助程序设计者快速、方便地开发产品。由于 C/C++程序并不依附于特别的系统平台，因此一段以标准 C/C++语法编写的程序代码可以在支持 C/C++语言的 Windows 或者 UNIX/Linux 系统下正确编译并顺利运行。

B-1　C/C++编译程序简介

目前，市面上有几种较常使用的 C/C++集成开发环境：C++ Builder、Visual C++、Dev C++和 GCC，我们只介绍 Dev C++与 Visual Studio 这两套工具。

 所谓集成开发环境（Integrated Development Environment，IDE），就是把程序的编辑（Edit）、编译（Compile）、执行/运行（Execute/Run）与调试（Debug）等功能集成于同一个操作环境下。这样简化了程序开发的步骤，让用户通过单一集成的环境就可以轻松编写程序。

B-1-1　Visual Studio

Visual Studio 是一套具有集成开发环境的软件，在这个开发环境下可使用 Visual Basic、Visual C#、Visual C++、F# 等程序设计语言进行程序的编写、调试和运行，非常方便开发人员使用。Visual Studio 有多种版本，可以在官方网站（https://www.visualstudio.com/zh-hans/downloads/）下载及安装适合初学者的 Express 版本，如图 B-1 所示。

图 B-1 下载 Visual Studio Express 的官方网站

B-1-2 Dev C++

Bloodshed Dev-C++是一款功能完整的程序设计集成开发环境和编译程序（见图 B-2），也是开放源码的完整环境，专为设计 C++语言所设计。这个环境包括编写、编辑、调试和运行 C 语言程序的种种功能。对资深的 C++程序员而言，Dev-C++可以组合所有程序代码和各种不同的功能，从而不用担心程序设计的环境问题。

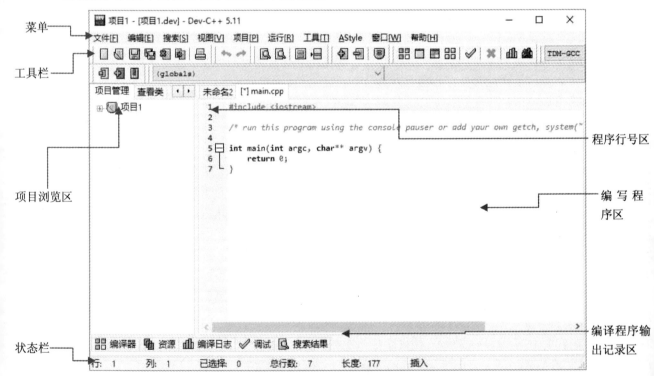

图 B-2 Dev C++ 集成开发环境

B-1-3 GCC

GCC 是在 UNIX/Linux 下广为程序员采用的 C/C++编译程序，全名为 GNU Compiler Collection，由自由软件基金会（Free Software Foundation，FSN）开发，就连 Dev C++程序也是以 GCC 作为编译程序编译生成的。如果对 GCC 感兴趣，可以到 http://gcc.gnu.org/查看相关信息（当前 GCC 语言中的编译程序名称为 g++），如图 B-3 所示。

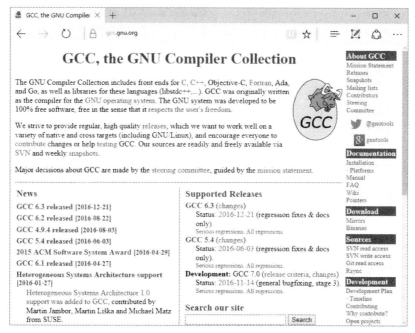

图 B-3　GCC 的官方网站

B-2 Dev C++的安装与介绍

Bloodshed Dev-C++是一款开放源码、功能完整的程序设计集成开发环境和编译程序，专为设计 C++语言所设计。

B-2-1 下载 Dev C++

本书中所有 C/C++程序文件都是通过 Dev C++编译的，本小节将为读者介绍 Dev C++的下载与安装等基本知识。在安装 Dev-C++软件之前，请大家自行下载最新版本的软件，网址如下：

http://sourceforge.net/projects/orwelldevcpp/?source=typ_redirect

在首页中单击"Dev-C++"项目，可以在网页上了解该软件的功能、系统需求以及授权信息。"下载"选项位于该窗口最下方的位置，提供两种版本供大家下载，选择适合自己使用的 Dev-C++版本即可。参照图 B-4 和图 B-5 所示的步骤下载和启动安装文件。

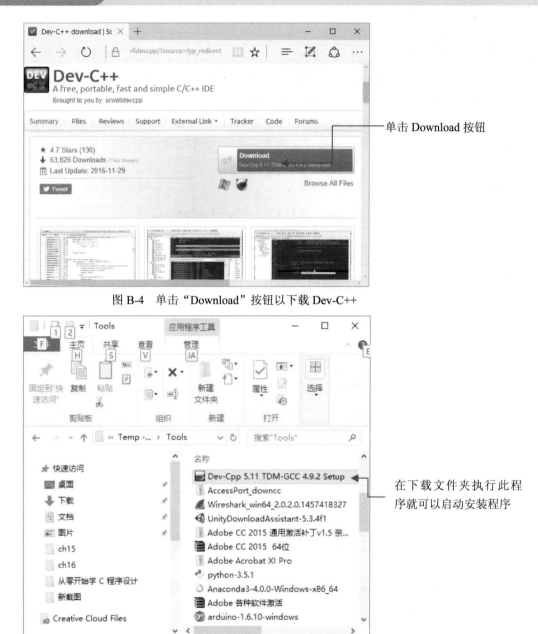

图 B-4　单击"Download"按钮以下载 Dev-C++

图 B-5　从下载文件夹启动 Dev-C++安装程序

如果下载网址有所变更，在百度或者谷歌搜索引擎输入关键字 Dev-C++，就可以搜索到最新版的 Bloodshed Dev-C++了。

B-2-2　安装 Dev C++

下载完 Dev-C++后，双击下载的文件名即可开始安装。可参照图 B-6~图 B-10 所示的步骤安装 Dev-C++软件。

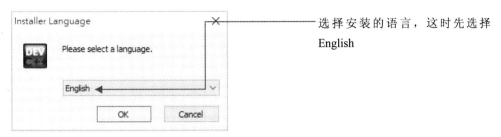

选择安装的语言，这时先选择 English

图 B-6　安装步骤 1

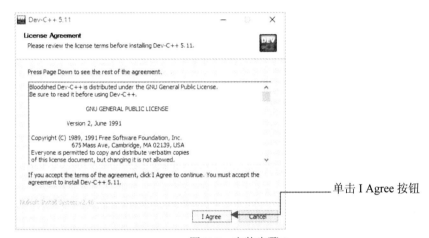

单击 I Agree 按钮

图 B-7　安装步骤 2

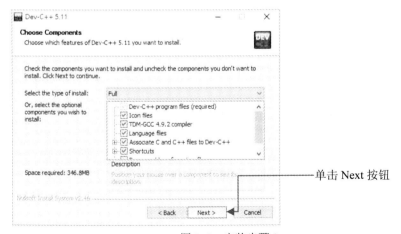

单击 Next 按钮

图 B-8　安装步骤 3

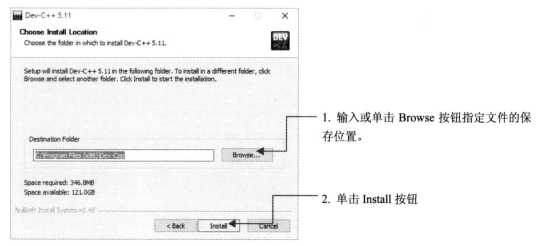

1. 输入或单击 Browse 按钮指定文件的保存位置。

2. 单击 Install 按钮

图 B-9　安装步骤 4

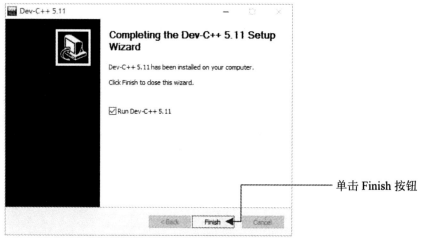

单击 Finish 按钮

图 B-10　安装步骤 5

B-2-3　程序项目的建立

安装完成后就可以看到 Dev-C++的集成开发环境。接下来介绍创建程序项目的步骤。

在 Dev-C++集成环境中，要新建一个程序项目可参照图 B-11~B-17 所示的步骤。

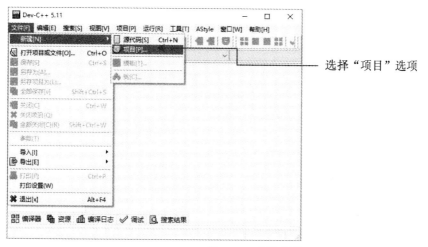

图 B-11　安装步骤 1

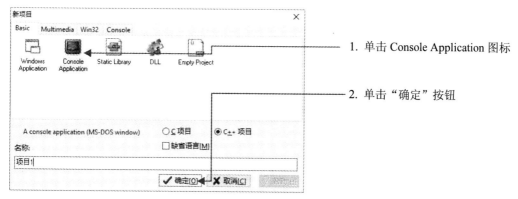

图 B-12　安装步骤 2

图 B-13　安装步骤 3

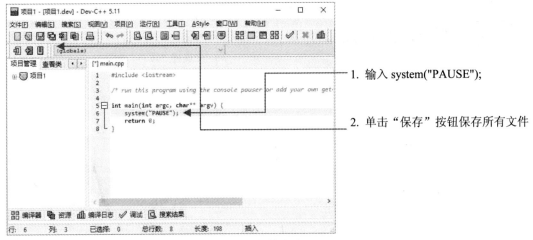

1. 输入 system("PAUSE");

2. 单击"保存"按钮保存所有文件

图 B-14　安装步骤 4

选择"编译运行"选项，
编译并运行该程序

图 B-15　安装步骤 5

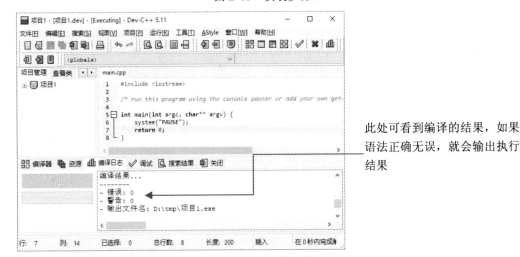

此处可看到编译的结果，如果
语法正确无误，就会输出执行
结果

图 B-16　安装步骤 6

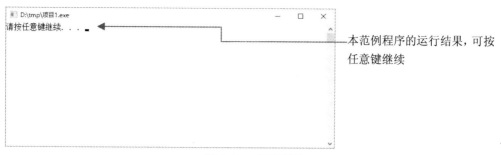

本范例程序的运行结果，可按
任意键继续

图 B-17   安装步骤 7

到目前为止，相信大家对 Dev-C++如何安装以及创建程序项目已经了解清楚了，接下来可以参照本书所提供的程序代码进行编辑、修改、调试、编译和运行。